"十三五"国家重点出版物出版规划项目·重大出版工程规划
5G关键技术与应用丛书

无人机通信与组网

冯志勇 尉志青 袁 昕 仇 琛 著

科 学 出 版 社
北 京

内 容 简 介

无人机在航拍、灾害救援、无线通信、物流等领域获得了广泛的应用，其中无人机通信与组网是重要的支撑技术。本书面向无人机网络空地组网和空中独立组网两大典型场景，对无人机网络的理论分析、组网方法、资源管理等问题进行研究。希望本书能帮助读者了解无人机通信与组网的研究进展、研究机会和标准化进展，为读者后续学习、研究和工程实践提供一定的启发和帮助。

本书可以作为信息通信技术行业技术人员的参考书，也可以作为高校本科生、研究生的教材或参考书。

图书在版编目（CIP）数据

无人机通信与组网 / 冯志勇等著. —北京：科学出版社，2021.12

（5G关键技术与应用丛书）

"十三五"国家重点出版物出版规划项目·重大出版工程规划
国家出版基金项目

ISBN 978-7-03-071095-6

Ⅰ. ①无… Ⅱ. ①冯… Ⅲ. ①无人驾驶飞机－无线电通信－组网技术 Ⅳ. ①V279 ②TN929.5

中国版本图书馆CIP数据核字（2021）第266930号

责任编辑：赵艳春 董素芹 / 责任校对：王 瑞
责任印制：师艳茹 / 封面设计：迷底书装

科学出版社 出版
北京东黄城根北街16号
邮政编码：100717
http://www.sciencep.com
三河市春园印刷有限公司 印刷
科学出版社发行 各地新华书店经销

*

2021年12月第 一 版 开本：720 × 1000 1/16
2021年12月第一次印刷 印张：16 插页：2
字数：320 000

定价：128.00元

（如有印装质量问题，我社负责调换）

“5G 关键技术与应用丛书”编委会

序

由科学出版社出版的“5G关键技术与应用丛书”经过各编委长时间的准备和各位顾问委员的大力支持与指导，今天终于和广大读者见面了。这是贯彻落实习近平同志在2016年全国科技创新大会、两院院士大会和中国科学技术协会第九次全国代表大会上提出的广大科技工作者要把论文写在祖国的大地上指示要求的一项具体举措，将为从事无线移动通信领域科技创新与产业服务的科技工作者提供一套有关基础理论、关键技术、标准化进展、研究热点、产品研发等全面叙述的丛书。

自19世纪进入工业时代以来，人类社会发生了翻天覆地的变化。人类社会100多年来经历了三次工业革命：以蒸汽机的使用为代表的蒸汽时代、以电力广泛应用为特征的电气时代、以计算机应用为主的计算机时代。如今，人类社会正在进入第四次工业革命阶段，就是以信息技术为代表的信息社会时代。其中信息通信技术（information communication technologies，ICT）是当今世界创新速度最快、通用性最广、渗透性最强的高科技领域之一，而无线移动通信技术由于便利性和市场应用广阔又最具代表性。经过几十年的发展，无线通信网络已是人类社会的重要基础设施之一，是移动互联网、物联网、智能制造等新兴产业的载体，成为各国竞争的制高点和重要战略资源。随着“网络强国”、“一带一路”、“中国制造2025”以及“互联网+”行动计划等的提出，无线通信网络一方面成为联系陆、海、空、天各区域的纽带，是实现国家“走出去”的基石；另一方面为经济转型提供关键支撑，是推动我国经济、文化等多个领域实现信息化、智能化的核心基础。

随着经济、文化、安全等对无线通信网络需求的快速增长，第五代移动通信系统（5G）的关键技术研发、标准化及试验验证工作正在全球范围内深入展开。5G发展将呈现“海量数据、移动性、虚拟化、异构融合、服务质量保障”的趋势，需要满足“高通量、巨连接、低时延、低能耗、泛应用”的需求。与之前经历的1G～4G移动通信系统不同，5G明确提出了三大应用场景，拓展了移动通信的服务范围，从支持人与人的通信扩展到万物互联，并且对垂直行业的支撑作用逐步显现。可以预见，5G将给社会各个行业带来新一轮的变革与发展机遇。

我国移动通信产业经历了2G追赶、3G突破、4G并行发展历程，在全球5G研发、标准化制定和产业规模应用等方面实现突破性的领先。5G对移动通信系统进行了多项深入的变革，包括网络架构、网络切片、高频段、超密集异构组网、新空口技术等，无一不在发生着革命性的技术创新。而且 5G 不是一个封闭的系统，它充分利用了目前互联网技术的重要变革，融合了软件定义网络、内容分发网络、网络功能虚拟化、云计算和大数据等技术，为网络的开放性及未来应用奠定了良好的基础。

为了更好地促进移动通信事业的发展、为 5G 后续推进奠定基础，我们在 5G 标准化制定阶段组织策划了这套丛书，由移动通信及网络技术领域的多位院士、专家组成丛书编委会，针对 5G 系统从传输到组网、信道建模、网络架构、垂直行业应用等多个层面邀请业内专家进行各方向专著的撰写。这套丛书涵盖的技术方向全面，各项技术内容均为当前最新进展及研究成果，并在理论基础上进一步突出了 5G 的行业应用，具有鲜明的特点。

在国家科技重大专项、国家科技支撑计划、国家自然科学基金等项目的支持下，丛书的各位作者基于无线通信理论的创新，完成了大量关键工程技术研究及产业化应用的工作。这套丛书包含了作者多年研究开发经验的总结，是他们心血的结晶。他们牺牲了大量的闲暇时间，在其亲人的支持下，克服重重困难，为各位读者展现出这么一套信息量极大的科研型丛书。开卷有益，各位读者不论是出于何种目的阅读此丛书，都能与作者分享 5G 的知识成果。衷心希望这套丛书能为大家呈现 5G 的美妙之处，预祝读者朋友在未来的工作中收获丰硕。

中国工程院院士
网络与交换技术国家重点实验室主任
北京邮电大学　教授

2019 年 12 月

前　　言

近年来，随着移动通信、人工智能、自动控制等技术的发展，无人机技术逐渐从军用走向民用。无人机由于具有机动性高、灵活性强等优点，正在被广泛用于航拍、灾害救援、无线通信、物流等领域。在深圳市大疆创新科技有限公司、北京佰才邦技术股份有限公司等公司的推动下，无人机的应用呈现井喷的态势，应用领域正在不断扩大。然而，受制于无人机极为有限的续航时间、体积、功耗等，单无人机难以快速、有效地完成任务，因此需要无人机集群紧密协作。例如，四川测绘地理信息局利用无人机集群进行灾情地理信息测绘，成功应用于“8·8 九寨沟地震”“6·24 茂县山体滑坡”等重大自然灾害的灾情评估工作，克服了单无人机无法及时、高效、稳定地对地形复杂、高原高寒的西部山区进行测绘的弱点。无人机集群由于对地覆盖好，被广泛应用于应急通信保障等领域。此外，在物流、农业、飞行表演等领域，无人机集群也有广泛的应用。在这些场景中，无人机集群通信与组网技术成为一个亟须攻克的难题，是制约无人机集群广泛应用的关键因素，正在获得国内外学者的广泛关注。

无人机集群经常在未知、复杂的环境中执行任务，亟须高容量、高可靠的通信与组网技术，而无人机通信与组网面临着无人机的快速飞行造成通信链路不稳定、拓扑高动态变化造成组网策略需快速适配等挑战。为了应对这些挑战，需要从理论分析、组网方法、资源管理等角度研究无人机通信和组网的理论与关键技术。在理论分析方面，通过分析环境、无人机动力学、无线资源等方面的参数对无人机网络连通性、容量等性能的影响规律，可以指导无人机网络的组网与资源管理方案的设计和优化。在组网方法方面，通过研究无人机网络的邻居发现、多址接入方案，实现在高速高动态拓扑结构下的无人机快速组网。在资源管理方面，通过研究无人机网络的频谱利用、联合路径规划与资源分配等方案，进一步提升无人机网络的资源利用效率，实现无人机网络性能的有效提升。

本书面向无人机网络空地组网和空中独立组网两大典型场景，对无人机网络的理论分析、组网方法、资源管理等问题进行研究。本书一共 10 章，在第 1 章之后，主要内容构成了三个部分。第一部分专注于无人机网络性能分析，该部分主要对无人机网络的连通性、容量等性能进行分析，为后续协议设计和资源管理提供理论指导。该部分包括第 2 章～第 5 章。第二部分专注于无人机网络组网方法，设计了无人机网络邻居发现与多址接入方法。该部分包括第 6 章和第 7 章。第三部分专注于无人机网络资源管理方法，研究了无人机网络的频谱利用、无人机空地组网场景下的联合资源分配和路径规划等问题。该部分包括第 8 章～第 10 章。

本书的研究得到了一些项目的资助，其中包括国家重点研发计划课题（编号：2020YFA0711303）、国家自然科学基金重点项目（编号：61631003）、北京市自然科学基金-海淀原始创新联合基金项目（编号：L192031）、国家自然科学基金项目（编号：62101293，61790553），在此感谢科学技术部高技术研究发展中心、国家自然科学基金委员会、北京市自然科学基金委员会。在本书撰写的过程中，刘欣怡、刘书航、郭子俊、许梦媛、孟泽洋、王锦宇、王媛、梁月月、张玲、韩家荣、李虎军、张峰恺、邹滢滢、王琳、陈茜等同学提供了非常多的帮助，感谢各位同学。

希望本书能帮助读者了解无人机通信与组网的性能分析、组网方法和资源管理等方面的研究进展、研究机会和标准化进展，为读者后续研究和工程实践提供一定的启发和帮助。但是受限于作者的知识水平，本书难免有不足之处，希望读者予以批评指正。

作　者

2021 年 11 月 1 日

目　录

第 1 章　绪　　论

1.1　无人机的发展

无人机（unmanned aerial vehicle，UAV）是一种由无线电遥控设备或自身程序控制的无人驾驶飞行器。无人机最早出现的时间是在第一次世界大战以后。1917 年，第一台自动陀螺稳定器诞生，这种装置能够使飞机保持平稳向前飞行。美国军方借助这项技术将海军寇蒂斯 N-9 型教练机改造为无线电控制的无人飞行器，这就是世界上的第一架无人机，而此时的无人机还处于研究初期，并未参与实战。到了第二次世界大战后，随着电子技术的进步，无人机被广泛应用于战场侦察。1982 年，以色列航空工业公司首次使用无人机进行侦察、情报收集、跟踪和通信等[1]。

在海湾战争之后，以美国为首的西方国家充分认识到无人机在战场环境中的作用，竞相把高新技术应用到无人机的研制上，无人机因此进入了飞速发展阶段，在续航时间、数据传输速率、安全性、稳定性等方面都得到了较大的提升。近年来，无人机进一步武器化，可以执行对地攻击、拦截导弹等空中作战任务，逐渐发展成为真正的作战装备[2]。

除军事用途外，由于无人机具有制造成本低廉、易于维护、飞行轨迹可控、有效载荷能力不断增强、通信链路质量好、易于部署等优点，被广泛应用于民用领域。随着深圳市大疆创新科技有限公司等公司的发展和对民用无人机的推广，无人机正在被广泛应用于多种场景，包括通信中继、通信基站、灾害救援、环境监测、电力线巡检、航拍等，预计未来的应用场景将不断扩大。

根据无人机的构造，可以将其分为以下三种类型[3]。

（1）多旋翼无人机（也称为旋翼无人机），可以垂直起飞和降落，并且可以悬停在固定位置上持续执行任务。这种高机动性使其适用于无线通信场景，因为它们可以高精度地将基站部署在所需的位置上，或者携基站按指定的轨迹飞行。但是多旋翼无人机的机动性有限，并且能量效率较低。

（2）固定翼无人机，可以在空中滑行，显著提高能量效率，并且载重较大。同时相比于多旋翼无人机，固定翼无人机能以更快的速度飞行。固定翼无人机的缺点是：无法进行垂直起降，并且不能悬停在固定位置上。

（3）混合型无人机，混合型无人机形似鹦鹉，它可以垂直起飞，通过在空中滑行快速到达目的地，然后使用四个旋翼切换到悬停状态。

伴随着无人机的学术研究和工业推广的不断演进，无人机吸引了很多大型企业以及国内外学者的高度关注。Google 推出的气球互联网项目目前已经可以使用空中无人机（气球）为偏远和农村地区提供持续的互联网服务[4]。亚马逊的航空项目预计将启动一个基于无人机的包裹递送系统[5]。高通公司和美国电话电报公司计划在第五代无线通信网络中部署无人机，以实现大规模无线通信[6]。欧洲研究委员会（European Research Council，ERC）在 Perfume 项目中提出了“自主空中蜂窝中继机器人”的概念，其中无人机作为中继能够增强现有商业终端的连通性，提高吞吐量[7]。Facebook 提出的 Aquila 项目旨在利用无人机为偏远地区提供网络覆盖，该项目中无人机能够以 18～20km 的高度沿自定义的轨迹飞行，通信覆盖范围约为 100km[8]。

1.2　无人机通信与组网的应用场景

多架无人机构成的无人机集群通常需要高效的通信技术。对此，很多学者在无人机无线通信领域进行了深入的研究。Shakhatreh 等组织了一项全面的调研，重点关注无人机在能量收集、防碰撞、网络安全等方面遇到的挑战，并就如何处理这些挑战提出了重要见解[9]。Cao 等对无人机在低空平台（low altitude platform，LAP）、高空平台（high altitude platform，HAP）和综合机载通信系统中的通信协议与技术进行了研究[10]。Sekander 等从频谱效率的角度分析了多层次无人机通信系统面临的各种挑战[11]。Khawaja 等对空对地（air to ground，A2G）信道测量以及各种衰落信道模型面临的挑战和未来的研究方向进行了广泛的调研[12]。Zeng 等对无人机无线通信的体系结构、信道特性、方案设计和未来机遇进行了综述[13]。Khan 等为多层无人机自组织网络提出了一种去中心化的通信范式，并提出了许多适用的路由协议[14]。Jiang 和 Han 调查了最具代表性的无人机路由协议，并比较了现有的路由协议的性能[15]。Lu 等介绍了为提高无人机飞行时长而设计的无线充电技术[16]。他们把无线充电技术分为基于非电磁和基于电磁两种类型。Mozaffari 等给出了无人机无线网络的整体调研，并回顾了为解决开放问题而设计的各种分析框架和数学工具，同时他们还全面概述了无人机在各种无线网络场景中的潜在应用和未来研究方向[17]。游文静等从系统架构的角度对分簇和联盟两种分层架构的近期研究成果进行了介绍和分析，讨论了大规模网络节点给无人机自组网带来的通信挑战[18]。卓琨等重点对多址接入控制（multiple access control，MAC）协议、路由协议、传输协议、跨层设计和机会网络这 5 个方面的研究进展进行了系统概述[19]。

通过上述文献调研，可以将无人机无线通信场景分为两大类。

（1）无人机辅助地面通信：无人机作为空中通信平台，通过安装通信收发器在高流量需求的情况下向地面用户提供增强的通信服务[20-22]。与固定在地面的基础设施相比，无人机辅助地面通信有很多优势：无人机可以按需灵活部署，特别适合野外紧急搜救等场景；无人机和地面用户通信时有更好的视距链路，提高用户调度和资源分配的可靠性；无人机的高机动性增强了通信的自由度，可根据地面通信需求调整位置。这些优势使无人机辅助地面通信成为蜂窝网络和5G网络研究的热点。目前无人机辅助地面通信的应用场景可以分为无人机基站，无人机辅助车联网、物联网等。

（2）无人机独立组网：多架无人机以自组织方式进行通信，可以在地面基础设施受限的地理区域扩大通信范围。无人机独立组网的优势在于即使某个节点无法与基础设施直接连接，仍可通过其他无人机进行多跳通信连接到基础设施；即使某个节点因故障离开网络，仍可利用独立组网的自愈性维持网络的稳定运行。在无人机独立组网性能分析方面，在评估无人机独立组网性能的同时需要考虑无人机的移动性，由于涉及空间和时间两个维度的变化和联系，无人机独立组网的性能分析仍然是个难题。此外，无人机独立组网的研究还包括多址接入协议、路由协议和高可靠、低时延的资源分配和轨迹优化等方面的难题。

1.3 无人机通信与组网的研究方向

由于无人机处于快速飞行的状态，多普勒频移等因素导致无人机无线通信链路存在不稳定性；无人机具有机动性高、灵活性强等特点，导致无人机网络拓扑动态变化。这些因素都给无人机通信网络的部署和应用带来了巨大的挑战。因此，亟须从理论上探索环境和无人机动力学等参数对无人机网络通信连通性（可靠性）和网络容量性能（有效性）的影响，为无人机网络的设计和优化提供理论指导。在此基础上，从协议设计和频谱利用两方面，提升无人机网络的性能。最后研究无人机网络联合路径规划与资源管理方案，利用通信与控制联合优化的方法提升无人机网络的资源利用率。

1.3.1 无人机通信与网络的性能分析

研究无人机A2G、空对空（air to air，A2A）通信的性能对优化无人机部署和网络设计都有重要的指导意义。目前学术界对无人机通信性能分析的研究现状如下。Wei等研究了无人机基站的网络容量，以及无人机数量对网络容量与路径损耗的影响[23]。Yuan等分析了无人机基站空地链路容量和随机三维轨迹之间的联系[24]。Liu等为了提高空地通信的频谱效率引入了非正交频分多址接入技术[25]。Bai等设计了高速无人机空地通信链路下的波束形成器，并采用特殊的功率控制方法以提供高健壮性和高质量的空地无线链路[26]。Qiu 等利用凸优化理论对带内无线回程的无人机基站（UAV-mounted base stations，UBS）部署和动态资源配置进行了研究[27]。文献[28]研究了空对空通信链路共享地面蜂窝网络上行用户的频段时，在频段复用和正交共用两种条件下的覆盖概率，并给出了最佳频谱共享方案。文献[29]研究了空对空通信系统的保密性能，推导了保密掉话概率和平均保密容量的闭式表达，并用蒙特卡罗方法验证了模型的正确性。文献[30]对无人机飞行轨迹进行设计，基于逐次凸逼近和经典 Dinkelbach 方法研究了一种节能的无人机空地通信方案。

此外，第三代合作伙伴计划（The 3rd Generation Partnership Project，3GPP）也对蜂窝网络中的 A2G、A2A 信道进行了建模研究。基于不同的流量需求和信道特征，3GPP 对蜂窝网支持无人机和地面用户场景下的服务性能进行了比较分析，发现无人机比地面用户更容易发生上下行链路干扰。针对无人机上下行链路干扰问题，3GPP 提出了一些降低干扰的技术，包括无人机与基站的连接切换技术（无人机移动性增强技术）、下行传输技术以及上行传输技术。

1.3.2　无人机网络的协议设计

MAC 协议对于协调无人机接入共享无线媒介非常重要。MAC 协议属于数据链路层，它规范了使用相同的传输媒介的用户接入媒介的行为准则，对网络性能有着重要的影响。多址接入协议本质上研究的是如何有效利用无线频谱，避免终端共享频谱资源时的竞争和冲突。针对不同的场景，多址接入协议设计的侧重点也不同。

（1）无人机辅助无线传感器网络的多址接入协议：在无人机数据采集场景下，Say 等提出的协议旨在提供一种有效节能的数据收集方式，引入了传输优先技术和循环优化帧选择技术[31]。同时为了解决丢包问题，让属于不同帧的两个传感器节点组成搭档，一个节点丢包后可以将数据包发给搭档。Ho 和 Shimamoto 根据收到信标的功率确定传感器的位置并划分子组优先级[32]。Li 等研究了信息在传感器网络中的分布，提出了一种基于动态优先级分配的 A-OAloha 协议[33]。Ma 等基于传感器节点与无人机之间的传输速率和接触持续时间变化，提出了基于固定信标持续时间和主动调度的混合 MAC 协议来协调传感器之间的数据通信[34]。

（2）无人机自组网的多址接入协议：利用无人机的移动性，Liu 等针对无人机传感器网络的两种数据传输模式（存储-携带-转发传输模式和多跳传输模式），设计了一种包含时延容忍模式的多址接入协议[35]。Zheng 等提出了一种新的基于多信道负载感知的分布式 MAC 协议，协议包括多优先级排队与调度机制、分组接纳控制机制、信道占用统计与预测机制、退避机制和多信道分配机制[36]。

Cai 等提出的协议代替了传统的竞争额外空闲时隙的方法，节点自动将当前空闲时隙转移到高负载的空闲时隙[37]。Huang 等提出的飞行自组网协议为了自适应地改变连续波的大小，引入了与无人机间距动态相关的触发状态参数邻居集群势能（collective neighboring potential，CNP）[38]。

除了 MAC 协议，无人机自组网的另一个研究热点是路由协议。目前的无人机自组网路由协议可按照有无地理位置辅助分为两大类。其中无地理位置辅助的路由又可以根据网络规模大小划分为平面路由和分级路由。其中平面路由适用于中小型无人机网络，具备较强的网络健壮性。平面路由中两个重要的研究方向是先应式路由和反应式路由，先应式路由的节点会定期广播路由信息，因为需要时刻维护网络拓扑，所以开销较大，但是时延较低，如最优链路状态路由（optimized link state routing，OLSR）协议和目的序列距离矢量（destination sequenced distance vector，DSDV）路由协议；反应式路由的节点只在通信时发起路由，因此路由开销小，但是时延较高，如按需距离矢量（ad hoc on-demand distance vector，AODV）路由协议和动态源路由（dynamic source routing，DSR）协议。Kaur 和 Singh 提出了一种改进的 DSDV 协议方法来寻找最短路径，对 DSDV 航向标绘协议进行了新的评估，通过增加少量参数来检验其总体性能[39]。Biomo 等研究了现有的一些路由协议如 AODV、OLSR、反应-贪婪-反应（reactive-greedy-reactive，RGR）协议和网关路由协议（gateway routing protocol，GRP）在使用定向天线的无人机网络中的性能，并通过比较发现反应式地理混合路由协议是无人机网络最理想的选择[40]。

1.3.3　无人机网络的频谱利用

民用无人机由于是新生事物，在早期一般工作在工业、科学、医学（industrial scientific medical，ISM）频段，主要包括 2.4GHz 和 5.8GHz，该频段主要提供给工业、科学以及医疗领域使用。为了满足无人机更高的通信性能需求、促进无人机的发展，国际和国内相关部门为民用无人机划分了新的频段。但是在具有高吞吐量需求的场景中，无人机通信仍然面临着频谱资源短缺的难题。在此背景下，无人机频谱共享技术得到了国内外学者的广泛关注，以扩展无人机网络频谱。

频谱共享技术在提高频谱利用率并最终提高无线网络容量方面具有极大的潜力。无人机网络和地面网络在空间上是分开的，这为它们之间的频谱共享提供了机会[41]。现有的频谱共享技术主要分为时域频谱共享技术、空域频谱共享技术和空时频谱共享技术。在文献[42]中，Shen 等利用无人机频谱传感器位置的灵活性研究了三维（three-dimensional，3D）空间中的空时频谱共享技术，其提出的基于感知的功率控制方案提高了频谱利用率。在文献[43]中，Shang 等开发了一种机器学习辅助的随机几何框架，用于研究地面 D2D（device-to-device）用户和无人机之间的频谱共享，利用此框架获取的无人机最佳频谱感知半径可以在确保 D2D 网络最小频谱效率的同时最大化无人机网络的频谱效率。在文献[44]中，Shamsoshoara 等提出了一种分布式学习算法，无人机可以用这种算法进行任务决策，使总频谱效率最大化。Shamsoshoara 等又在文献[45]中分析了无人机在紧急救援等场景中预先分配的频谱资源不足的情况，提出可以临时租用地面许可的部分频谱，进而提供中继服务。通过强化学习算法对无人机之间的感知和中继任务进行最优分配并设定每个时刻的最优位置，实现无人机网络的最优性能。目前很多 5G 通信技术包括多输入多输出（multiple input multiple output，MIMO）、毫米波、非正交多址（non orthogonal multiple access，NOMA）传输等技术都可以提高频谱利用效率。在文献[46]中，在无人机和地面用户频谱共享的条件下，Mei 和 Zhang 提出一种合作式非正交多址接入机制，并将其应用于无人机到蜂窝基站的上行通信以减少无人机视距连接带来的干扰，从而提高空地通信的性能。在文献[47]中，Geraci 等采用 MIMO 技术部署 5G 网络，实现了无人机频谱共享条件下的空地通信性能的最优化。在文献[48]中，Zhu 等针对无人机空对地毫米波网络设计了一种无人机动态飞行方案，并通过数值仿真证实了此方案可以提高频谱效率和能量效率。

1.3.4　无人机网络的资源管理方法

无人机的飞行路径将影响无人机网络的整体资源利用效率，因此无人机路径规划成为无人机通信领域中的重要研究内容。无人机路径规划是指在规定条件下，通过一系列算法得出无人机从起始点到目的点的最短路径[49]。通常将无人机路径规划问题分成两类，分别是最优控制问题和空间搜索问题。与之对应的算法称为基于控制理论的优化算法和基于几何问题的搜索算法[50]。通常，基于几何问题的搜索算法可以分为确定性搜索算法和随机性搜索算法。确定性搜索算法包括最短路径算法和路径规划算法等，随机性搜索算法包括遗传算法、蚁群算法等[50, 51]。

事实上，考虑到无人机的自身能量有限以及通信资源受限等问题，现在关于无人机路径规划的研究都是结合资源分配进行的，而正确选择路径点则是无人机路径规划中的另一个重要环节。因此，选择合适的路径算法和资源分配算法对于无人机的路径规划非常重要。

近年来，国内外学者已经对无人机路径规划问题进行了大量的研究。广泛利用栅格法[52]、A*算法[53]、人工势场（artificial potential field，APF）法[54]以及一些智能算法如蚁群算法等进行路径规划[55]。在无人机路径规划的研究中，国内外学者都使用了 Voronoi 图法[56]和 A*[57]算法来设计无人机在二维空间中的路径规划，目前这些算法都已经扩展到三维空间。除此之外，无人机路径规划算法还包括概率路线图（probabilistic roadmap，PRM）法[58]、快速搜索随机树（rapid-exploration random tree，RRT）法[59]等。Ladd 和 Kavraki 研究的路径规划算法集中在概率完整性和最优化方面[60]。Nikolos 等利用 B-spline 模拟了无人机的三维飞行轨迹[61]。此外，Anderson 等在研究无人机路径规划时考虑了飞行环境和机动性等因素[62]。Darrah 等研究了多无人机合并路径规划的问题[63]。

1.4　本书章节安排

面向无人机独立组网和无人机辅助地面通信两大场景，本书从性能分析、协议设计、资源管理等角度进行了研究。在第 1 章之后，本书的内容分为三部分，第一部分专注于无人机网络以容量和连通性为代表的性能分析，发现无人机网络的基本规律，为协议设计及资源管理提供指导，内容包括第 2 章～第 5 章，场景包括无人机独立组网和无人机辅助地面通信两大场景。第二部分专注于无人机网络组网方法，为无人机网络协议设计提供启发，内容包括第 6 章和第 7 章，主要研究无人机独立组网场景下的邻居发现和多址接入方法。第三部分专注于无人机网络的资源管理方法，研究无人机辅助地面通信场景下的频谱共享、资源分配和路径规划问题，内容包括第 8 章～第 10 章。具体的章节内容如下。

1）第一部分：无人机网络性能分析

第 2 章介绍无人机通信的关键技术和标准化进展，是本书中无人机网络性能分析、无人机网络组网方法和无人机网络资源管理的基础。

第 3 章分析具有三维分布和平滑转向运动模式的无人机之间通信链路的容量，得到无人机之间以及无人机与地面站之间的通信链路容量的理论界限，并且分析无人机密度、信道状态信息（channel state information，CSI）等因素对链路容量的影响。

第 4 章分析自主无人机集群网络中链路连通性的理论界限（包括单跳连通性和广播连通性）的闭式表达式。该章在理论上的贡献是：基于 3D 随机几何理论将无人机随机轨迹转化为空间中无人机的稳态分布，从而可以进行连通性分析。该贡献为高动态无人机网络性能分析提供参考。

第 5 章分析无人机辅助地面传感器网络数据采集场景下的容量分析，分析无人机飞行路径、工作方式、能量约束等因素对数据采集性能，即地面传感器容量的影响。

2）第二部分：无人机网络组网方法

第 6 章设计无人机网络邻居发现方法，创新之处在于将无人机的速度、位置等信息添加到邻居发现的数据包，从而无人机之间可以交互运动信息。为了降低邻居发现的开销，每架无人机以一定概率在发送、接收和睡眠状态之间切换，并且根据无人机的运动信息优化睡眠概率。

第 7 章设计无人机网络的多址接入方法，创新之处在于该多址接入协议同时支持多跳传输模式和时延容忍传输模式，并且对不同模式下的接入信道数进行了优化，从而提供了更高的多址接入效率。

3）第三部分：无人机网络资源管理方法

第 8 章研究无人机辅助地面通信场景下的频谱利用问题，研究了无人机网络与地面网络的频谱共享问题，并且分析了无人机二维和三维部署下的频谱共享性能。最后以无人机网络传输容量最大化为目标，得到了无人机网络的最优部署方案。该章提出的无人机网络频谱共享方法立足于提高无人机网络传输容量，为大容量无人机网络的设计提供参考。

第 9 章研究无人机辅助地面通信场景下，无人机基站联合位置优化、资源分配与用户关联方案设计，并且考虑了无人机基站带内回传和带外回传两种方案，分别给出了优化方案。

第 10 章研究固定翼无人机基站联合路径规划与资源分配方案，针对带内和带外两种回传策略分别设计相应的资源分配方案，并且利用连续凸优化算法解决了固定翼无人机基站的运动轨迹能效优化问题。

通过本书的介绍，希望能帮助读者深入了解无人机网络在理论分析、组网方法、资源优化等方面的学术问题、研究机会和标准化进展。为读者未来的研究和工程实践提供启发。

参 考 文 献

[1] 新椰国际. 无人机百年发展史：从一次性“废物”到隐形、侦察、格斗全方位. [2017-12-22]. https://baijiahao.baidu.com/s?id=1587410539383691149&wfr=spider&for=pc.

[2] 许智辉，李执力. 无人机武器化趋势及其未来作战应用// 第二届无人机发展论坛. 北京：国际航空杂志社，2006.

[3] Fotouhi A，Qiang H R，Ding M，et al. Survey on UAV cellular communications：Practical aspects，standardization advancements，regulation，and security challenges. IEEE Communications Surveys & Tutorials，2019，21（4）：3417-3442.

[4] Google. Google’s Loon Project. [2020-03-15]. https://loon.com.

[5] Amazon. Amazon prime air project for parcel delivery. [2020-03-05]. https://www.amazon.com/Amazon-Prime-Air/b?i.e.,=UTF8&node=8037720011.

[6] Qualcomm Technologies. Paving the path to 5G：Optimizing commercial LTE networks for drone communication. [2020-03-15]. https://www.qualcomm.com/news/onq/2016/09/06//paving-path-5g-optimizing-commercial-lte-networks-drone-communication.

[7] Eurecom. ERC perfume project. [2020-03-15]. http://www.ercperfume.org/about.

[8] Facebook. Building communications networks in the stratosphere. [2020-03-15]. https://code.facebook.com/posts/

993520160679028/building-communications-networks-in-the-stratosphere.

[9] Shakhatreh H，Sawalmeh A H，Al-Fuqaha A，et al. Unmanned aerial vehicles（UAVs）：A survey on civil applications and key research challenges. IEEE Access，2019，7：48572-48634.

[10] Cao X，Yang P，Alzenad M，et al. Airborne communication networks：A survey. IEEE Journal on Selected Areas in Communications，2018，36（9）：1907-1926.

[11] Sekander S，Tabassum H，Hossain E. Multi-tier drone architecture for 5G/B5G cellular networks：Challenges，trends，and prospects. IEEE Communications Magazine，2018，56（3）：96-103.

[12] Khawaja W，Guvenc I，Matolak D W，et al. A survey of air-to-ground propagation channel modeling for unmanned aerial vehicles. IEEE Communications Surveys & Tutorials，2019，21（3）：2361-2391.

[13] Zeng Y，Zhang R，Lim T J. Wireless communications with unmanned aerial vehicles：Opportunities and challenges. IEEE Communications Magazine，2016，54（5）：36-42.

[14] Khan M A，Safi A，Qureshi I M，et al. Flying Ad-Hoc networks（FANETs）：A review of communication architectures，and routing protocols// 2017 First International Conference on Latest Trends in Electrical Engineering and Computing Technologies（INTELLECT），Pakistan，2017：1-9.

[15] Jiang J，Han G. Routing protocols for unmanned aerial vehicles. IEEE Communications Magazine，2018，56（1）：58-63.

[16] Lu M，Bagheri M，James A P，et al. Wireless charging techniques for UAVs：A review，reconceptualization，and extension. IEEE Access，2018，6：29865-29884.

[17] Mozaffari M，Saad W，Bennis M，et al. A tutorial on UAVs for wireless networks：Applications，challenges，and open problems. IEEE Communications Surveys & Tutorials，2019，21（3）：2334-2360.

[18] 游文静，董超，吴启晖. 大规模无人机自组网分层体系架构研究综述. 计算机科学，2020，47（9）：232-237.

[19] 卓琨，张衡阳，郑博，等. 无人机自组网研究进展综述. 电信科学，2015，31（4）：128-138.

[20] Mozaffari M，Saad W，Bennis M，et al. Wireless communication using unmanned aerial vehicles（UAVs）：Optimal transport theory for hover time optimization. IEEE Transactions on Wireless Communications，2017，16（12）：8052-8066.

[21] Zeng Y，Zhang R，Lim T J. Throughput maximization for UAV-enabled mobile relaying systems. IEEE Transactions on Communications，2016，64（12）：4983-4996.

[22] Mozaffari M，Saad W，Bennis M，et al. Mobile unmanned aerial vehicles（UAVs）for energy-efficient Internet of things communications. IEEE Transactions on Wireless Communications，2017，16（11）：7574-7589.

[23] Wei Z，Wu H，Feng Z，et al. Capacity of UAV relaying networks. IEEE Access，2019，7：27207-27216.

[24] Yuan X，Feng Z，Xu W，et al. Capacity analysis of UAV communications：Cases of random trajectories. IEEE Transactions on Vehicular Technology，2018，67（8）：7564-7576.

[25] Liu M，Gui G，Zhao N，et al. UAV-aided air-to-ground cooperative nonorthogonal multiple access. IEEE Internet of Things Journal，2019，7（4）：2704-2715.

[26] Bai L，Han R，Liu J，et al. Air-to-ground wireless links for high-speed UAVs. IEEE Journal on Selected Areas in Communications，2020，38（12）：2918-2930.

[27] Qiu C，Wei Z，Feng Z，et al. Joint resource allocation，placement and user association of multiple UAV-mounted base stations with in-band wireless backhaul. IEEE Wireless Communications Letters，2019，8（6）：1575-1578.

[28] Azari M M，Geraci G，Garcia-Rodriguez A，et al. UAV-to-UAV communications in cellular networks. IEEE Transactions on Wireless Communications，2020，19（9）：6130-6144.

[29] Ye J，Zhang C，Lei H，et al. Secure UAV-to-UAV systems with spatially random UAVs. IEEE Wireless Communications Letters，2018，8（2）：564-567.

[30] Ahmed S，Chowdhury M Z，Jang Y M. Energy-efficient UAV-to-user scheduling to maximize throughput in wireless networks. IEEE Access，2020，8：21215-21225.

[31] Say S，Inata H，Ernawan M E，et al. Partnership and data forwarding model for data acquisition in UAV-aided sensor networks// 2017 14th IEEE Annual Consumer Communications & Networking Conference（CCNC），Las Vegas，2017：933-938.

[32] Ho D T，Shimamoto S. Highly reliable communication protocol for WSN-UAV system employing TDMA and PFS scheme// 2011 IEEE Globecom Workshops，Houston，2011：1320-1324.

[33] Li H，Wang L，Pang S，et al. A cross-layer design for data collecting of the UAV-wireless sensor network system. 2014 12th IEEE International Conference on Embedded and Ubiquitous Computing，Milano，2014：242-249.

[34] Ma X Y，Kacimi R，Dhaou R. Adaptive hybrid MAC protocols for UAV-assisted mobile sensor networks. IEEE Consumer Communications and Networking Conference（CCNC），Las Vegas，2018：1-4.

[35] Liu X，Wei Z，Feng Z，et al. UD-MAC：Delay tolerant multiple access control protocol for unmanned aerial vehicle networks// 2017 IEEE 28th Annual International Symposium on Personal，Indoor，and Mobile Radio Communications（PIMRC），Montreal，2018：1-6.

[36] Zheng B，Li Y，Cheng W，et al. A multi-channel load awareness-based MAC protocol for flying Ad Hoc networks. EURASIP Journal on Wireless Communications and Networking，2020，（1）：1-18.

[37] Cai C，Fu J，Qiu H，et al. An active idle timeslot transfer TDMA for flying Ad-Hoc networks// 2020 IEEE 20th International Conference on Communication Technology（ICCT），Nanning，2020：746-751.

[38] Huang X，Liu A，Zhou H，et al. FMAC：A self-adaptive MAC protocol for flocking of flying Ad-Hoc network. IEEE Internet of Things Journal，2020，（99）：1.

[39] Kaur S，Singh A. Experimental analysis on DSDV protocol for FANETs. International Journal for Research in Applied Science & Engineering Technology（URASET），2016，4（8）：1-3.

[40] Biomo J，Kunz T，St-Hilaire M. Directional antennas in FANETs：A performance analysis of routing protocols. 2017 International Conference on Selected Topics in Mobile and Wireless Networking，Avignon，2017：1-8.

[41] Gupta P，Kumar P R. The capacity of wireless networks. IEEE Transactions on Information Theory，2000，46（2）：388-404.

[42] Shen F，Ding G，Wang Z，et al. UAV-based 3D spectrum sensing in spectrum-heterogeneous networks. IEEE Transactions on Vehicular Technology，2019，68（6）：5711-5722.

[43] Shang B，Liu L，Rao R M，et al. 3D spectrum sharing for hybrid D2D and UAV networks. IEEE Transactions on Communications，2020，68（9）：5375-5389.

[44] Shamsoshoara A，Khaledi M，Afghah F，et al. Distributed cooperative spectrum sharing in UAV networks using multi-agent reinforcement learning// 2019 16th IEEE Annual Consumer Communications & Networking Conference（CCNC），Las Vegas，2019：1-6.

[45] Shamsoshoara A，Khaledi M，Afghah F，et al. A solution for dynamic spectrum management in mission-critical UAV networks// 2019 16th Annual IEEE International Conference on Sensing，Communication，and Networking（SECON），Boston，2019：1-6.

[46] Mei W，Zhang R. Uplink cooperative NOMA for cellular-connected UAV. IEEE Journal of Selected Topics in Signal Processing，2019，13（3）：644-656.

[47] Geraci G，Garcia-Rodriguez A，Giordano L G，et al. Enhanced cellular support for UAVs with massive MIMO.

UAV Communications for 5G and Beyond，2020：181-201.

[48] Zhu Y，Zheng G，Wong K K，et al. Spectrum and energy efficiency in dynamic UAV-Powered millimeter wave networks. IEEE Communications Letters，2020，24（10）：2290-2294.

[49] Jiao Y S，Wang X M，Chen H，et al. Research on the coverage path planning of UAVs for polygon areas// 5th IEEE Conference on Industrial Electronics and Applications，Taichung，2010：1467-1472.

[50] Wang W P，Liu J. Introduction to unmanned air vehicle route planning methods. Flight Dynamics，2010，28（2）：6-8.

[51] Feng Q，Gao J，Deng X. Path planner for UAVs navigation based on A* algorithm incorporating intersection// 2016 IEEE Chinese Guidance，Navigation and Control Conference（CGNCC），Nanjing，2016：2275-2279.

[52] 朱庆保，张玉兰. 基于栅格法的机器人路径规划蚁群算法. 机器人，2005，27（2）：132-136.

[53] Silva J B B，Siebra C A，Nascimento T P D. A new cost function heuristic applied to A* based path planning in static and dynamic environments// Latin American Robotics Symposium. IEEE，Recife，2016：181-186.

[54] 沈永增，陈瑞，黄海港. 基于遗传神经网络的车辆导航路径规划. 计算机系统应用，2013，22（8）：210-213.

[55] Zhang X，Duan H，Yang C. Pigeon-inspired optimization approach to multiple UAVs formation reconfiguration controller design// Navigation and Control Conference. IEEE，Yantai，2014：2707-2712.

[56] Beard R W，Mclain T W，Goodrich M. Coordinated target assignment and intercept for unmanned air vehicles// IEEE International Conference on Robotics & Automation，Washington，2002：911-922.

[57] Ghangrekar S，Conrad J M. Modeling and simulating a path planning and obstacle avoidance algorithm for an autonomous robotic vehicle// IEEE International Symposium on Modeling，London，2009：1-3.

[58] Boor V，Overmars M H，Stappen A. The Gaussian sampling strategy for probabilistic roadmap planners// IEEE International Conference on Robotics & Automation，Detroit，1999：1018-1023.

[59] Prentice S，Roy N. The belief roadmap：Efficient planning in linear POMDPs by factoring the covariance. International Journal of Robotics Research，2009，28（11-12）：1448-1465.

[60] Ladd A M，Kavraki L E. Measure theoretic analysis of probabilistic path planning. IEEE Transactions on Robotics & Automation，2004，20（2）：229-242.

[61] Nikolos I K，Valavanis K P，Tsourveloudis N C. Evolutionary algorithm based offline/online path planner for UAV navigation. IEEE Transactions on Systems，Man，and Cybernetics，Part B：Cybernetics，2003，33（6）：898-912.

[62] Anderson M B，Lopez J L，Evers J H. A comparison of trajectory determination approaches for small UAVs. Zeitschrift Für Kreislaufforschung，2006，55（9）：902-911.

[63] Darrah M，Fuller E，Munasinghe T，et al. Using genetic algorithms for tasking teams of raven UAVs. Journal of Intelligent & Robotic Systems，2013，70（1-4）：361-371.

第 2 章　无人机通信技术与标准化进展

2.1　引　　言

在无人机辅助地面通信场景中，无人机部署和优化的主要目标是增强对地面用户的覆盖和容量；在无人机独立组网场景中，无人机的感知与控制信息需要高可靠、低时延地传输。针对以上场景中广覆盖、大容量、高可靠、低时延的通信需求，本章对无人机通信频段、天线、调制技术、信息编码以及抗干扰技术方面进行总结和分析。针对无人机的大容量通信需求，最有效的方法是提高频谱利用效率，本章从无人机通信频谱使用现状调研出发，探索从频谱利用角度提高无人机网络容量的方法。另外，本章对无人机的天线结构，以及针对无人机通信的调制和信道编码技术进行总结。此外，针对强干扰环境下的无人机应用，本章对无人机通信中的干扰检测和抗干扰技术进行总结。最后，本章对无人机通信标准进行调研，以全面展示无人机通信在学术界和产业界的研究进展。

2.2　无人机通信频段

民用无人机通信早期一般工作在非授权频谱，主要包括 2.4GHz 和 5.8GHz，该频段主要提供给工业、科学以及医疗领域使用[1]。为了促进无人机技术的进一步发展，国际和国内相关部门为民用无人机划分了新的频段，以满足更高的通信需求。根据国际电信联盟（International Telecommunication Union，ITU）发布的文件，无人机的用频需求可以分为陆地业务用频和卫星业务用频[2]。考虑到第 1 章提到的无人机的两种应用场景，我们主要讨论无人机的陆地业务用频情况。Rep-ITU-R-M-2205 将 960～1164MHz 用于无人机业务的陆地视距通信[3, 4]，包括无人机与地面无人机控制台之间的视距通信。尽管该频段已被许多导航系统使用，但是某些子频段如 960～976MHz 和 1151～1156MHz 还未被使用，因此可以利用这些频段实现无人机对地面网络的辅助通信。Rep-ITU-R M-2118 报告将无人机业务作为一种航空移动业务，并研究了与固定卫星业务共享 5091～5250MHz 时的兼容问题[5]。除此之外，工业和信息化部已经开始根据《中华人民共和国无线电频率划分规定》及我国频谱使用情况为民用无人机系统分配专有频段，如表 2-1 所示[6, 7]。

表 2-1　民用无人机频谱使用情况

频段	用途
840.5～845MHz	用于上行遥测链路
1430～1444MHz	用于下行遥测与信息传输链路
2408～2440MHz	上下行遥测链路和信息传输链路的备份频段

841～845MHz 也可采用时分方式用于无人机驾驶航空器系统的上行遥测和下行遥测链路。1430～1438MHz 用于警用无人机驾驶航空器和直升机视频传输，其他无人机驾驶航空器使用 1438～1444MHz。

考虑到无人机主要在 ISM 频段工作，该频段主要开放给工业、科学和医疗领域使用，因此会存在大量的无线设备（如蓝牙、Wi-Fi 等），此时还需要考虑设备共存时的干扰问题。未来接入该频段的无线设备和无人机的规模会不断增加，频谱日渐拥挤，未授权频段的频谱资源已经不满足日益增长的通信需求，因此需要开发新的频谱资源来提高网络容量。然而目前频谱资源面临日渐拥挤的难题，再加上静态频谱分配策略，当信道空闲时其他用户无法使用该频谱资源，存在着频谱空洞，这造成了频谱资源的极大浪费。因此可以通过研究频谱共享技术，使无人机在其他网络（如地面蜂窝网络）频谱资源空闲时接入频谱，从而提高频谱资源利用率。

2.3　无人机通信关键技术

2.3.1　天线技术

1. 无人机辅助地面通信场景

无人机辅助地面通信时经常会遇到通信距离受限的问题，而通信距离很大程度上取决于信号的强弱。天线的方向性以及辐射效率则是影响信号强弱的关键因素。因此研究人员一直致力于提高天线增益、优化天线方向和提高天线的辐射效率[8]。Wang 等在圆柱形螺旋天线的基础上进行改进，提出了圆锥形四臂螺旋天线，通过增大螺旋臂的长度或者减小圆锥角的大小达到展宽波束的效果[9]。Hebib 等通过类似金字塔形状的天线结构完成了一款工作在全球定位系统（global positioning system，GPS）、Galileo 以及 MicroSat 三个频段的多模天线[10]。谈田爽设计出一种层叠式北斗导航天线，其波束宽度较宽，低仰角增益较大[11]。Chao 等运用短路加载技术设计了一款频率可重构的微带天线，其在各个频段都具有良好的辐射特性[12]。He 和 Deng 基于印刷单极子及印刷偶极子设计了 H 面全向的全向天线[13]。

李振越提出了三种能覆盖无线局域网频段的天线，分别是矩形贴片环天线、垂直交叉偶极子贴片天线和矩形波导缝隙天线[14]。

2. 无人机独立组网场景

无人机独立组网由高密度的无人机集群构成，为了降低无人机碰撞的概率，需要机载天线具有较低的高度和较小的宽度，也就是需要具备低剖面小型化的特征。同时，具有全向性特征的天线可以改善信号质量，提升无人机平台的系统性能。Oh 和 Sarabandi 设计出一种在同一平面内操纵具有电容耦合寄生元件的低剖面折叠单极天线的拓扑结构，以实现全向辐射方向图[15]。Lee 等设计了一款具有嵌入式安装结构的三维打印锥形背腔可平装宽带天线，实现了宽带宽和全向辐射[16]。Morrow 等设计了一个带有套筒同轴馈电的宽带叶片单极天线，该天线具有良好的辐射效率[17]。Lee 等提出了一种简单且低剖面的无线局域网（wireless local area network，WLAN）缝隙天线，这是一种平面槽天线[18]。此外，还有一种天线——共形天线目前正广泛应用于预警侦察无人机。共形天线附着于载体表面且与载体十分贴合，能够帮助飞机减少空气阻力。同时，共形天线具有很好的抗干扰特性且信号好、探测范围远，可以扩大无人机的侦察范围。共形天线不仅提升了无人机方向定位的能力，还延长了无人机的飞行时间[19]。

2.3.2　调制技术

1. 无人机辅助地面通信场景

在无人机辅助地面通信时，地面控制站与无人机之间的通信信道可以分为两种情况：当无人机通信仰角较小时，其通信信道为快衰落信道，且直射径功率较小；当无人机通信仰角较大时，其通信信道为慢衰落信道，且直射径功率较大。设计适用于无人机通信的调制方案必须紧密结合无人机通信的信道特点。当无人机飞行高度较低时，信道状态参数变化剧烈，使载波恢复困难。载波跟踪环路是一个低通系统，当信道参数变化较快或存在相位跳变时，可能造成跟踪误差增加甚至失锁，从而导致系统不能正常工作。这时差分相移键控（differential phase shift keying，DPSK）是一种很好的选择[20]。DPSK 差分解调实现简单，省去了做信道估计所需要的载波跟踪环路，简化了接收机结构，提高了接收机的可靠性。通常多进制差分相移键控（M-ary differential phase-shift keying，MDPSK）的方法是比较两个相邻的接收符号（symbol）的相位，然后再判决，得出所发送的信息。此外，采用多码元差分解调（multiple symbol detection，MSD）可以显著提高非相干解调的性能[20]。与通常的差分算法不同，这种算法连续观察多个码元符号的相位，并且对多个码元进行联合判决，得出判决结果。

2. 无人机独立组网场景

无人机长航侦察或测控过程中，由于其自身体积和工作环境等因素，动力资源的节约和供给问题变得突出[21]。因此，为了提高能量效率，大多数飞行器通常采用非线性高功率放大器（high-power amplifier，HPA），这就要求发送信号波形的瞬时幅度波动要小[22]。无人机的通信信道不仅是功率和带宽受限的信道，又是非线性信道，加上对通信速率需求的日益增加，这就要求发送信号在通过该信道后能够尽量好地保持频谱特性。因此幅度调制的信号波形在无人机系统中的应用受到了限制，应采用具有恒定包络或准恒定包络的调制方式[23]。美国“全球鹰”无人机通信系统中配置了高速卫星链路和高速视距链路，采用多种相移键控（phase shift keying，PSK）调制方式通信，其中卫星链路中无人机收发都采用二进制相移键控（binary phase shift keying，BPSK）和正交相移键控（quadrature phase shift keying，QPSK），视距链路发射采用偏移四相相移键控（offset-QPSK，OQPSK），接收采用扩频扩展二进制相移键控（spread spectrum-BPSK，SS-BPSK）[24]。但上述PSK调制方式在码元转换时刻存在相位的突跳，为了解决这个问题，美军在“捕食者”无人机上行链路中首先使用最小频移键控（minimum shift keying，MSK）调制，它是连续相位调制（continue phase modulation，CPM）的一个特例。CPM 在一些实际的空军系统中已经获得了广泛应用，基于 CPM 改进的多进制部分响应连续相位调制（partial response continuous phase modulation，PRCPM）可以显著提高频谱的利用率和数据传输速率[25]。

2.3.3　信息编码技术

1. 无人机独立组网场景

当无人机网络在传输信息的时候，可靠性是首要考虑的问题。由于噪声的存在，信息传输的过程中总是不可避免地伴随着错误。无人机测控系统的信道环境非常复杂与恶劣。在传播过程中，电波会发生多次反射、绕射和散射，最终到达接收端的信号将来自多个不同的传播路径，因此为民用无人机设计信息编码方案是非常重要的。

无人机侦察图像编码主要采用差分脉冲编码调制（differential pulse code modulation，DPCM）、无损熵编码和联合图像专家组（joint photographic experts group，JPEG）图像压缩编码标准，但是它们都存在一些缺陷，如 DPCM 编码和无损熵编码的压缩比很低，只有3～5.1，JPEG标准在较高压缩比时，会产生严重的方块效应。近年来JPEG 2000等新的图像视频编码标准被提出，并逐渐应用于无人机通信中[26]，JPEG 2000标准不仅提高了压缩比，而且能够有效地消除方块效应并在较高的压缩比下保证图像的恢复质量。

由于无人机测控系统的视频数据量极大，较高的压缩比成为其选择视频压缩编码标准的重点。视频压缩编码的标准非常多，其主要是由国际标准化组织/国际电工委员会（International Standard Organization/International Electro Technical Commission，ISO/IEC）和国际电信联盟远程通信标准化组织（ITU-T for ITU Telecommunication Standardization Sector，ITU-T）制定的。其中由ITU-T制定的视频编码标准称为“建议”，即H.26X系列，包含H.261、H.262、H.263、H.264等，动态图像专家组（moving picture experts group，MPEG）系列标准则是由ISO/IEC制定的，包括MPEG-1、MPEG-2、MPEG-4、MPEG-7等，现在两种视频压缩编码标准及其改进算法被用于民用无人机通信之中[27, 28]。

无人机通常需要高速飞行，这将会带来较大的多普勒频移，造成频率色散，进而产生时间选择性衰落。因此，采用高效的信道编码方案来提高测控系统的可靠性显得尤为重要，典型信道编码码型有BCH（Bose Chaudhuri Hocquenghem）码、里德-所罗门（Reed-Solomon，RS）码、卷积码、RS-卷积级联码、Turbo码、低密度校验（low-density parity-check，LDPC）码。其中BCH码的码率性能比较差，但译码复杂度较低。RS码和卷积码的性能码率比和译码复杂度处于比较平衡的状态，但应用环境会受到限制。RS-卷积级联码、Turbo码、LDPC码的性能码率比好、应用环境广泛、抗干扰能力强。其中，Turbo码与LDPC码可以纠正随机错误和突发错误，并且在信道环境相对恶劣的条件下，仍然能够保持高效的传输特性，近年来成为无人机信道编码的有效方案[29, 30]。

2. 无人机基站通信场景

在无人机与基站进行通信时，根据数据传输方向的不同，无人机数据链可分为上行链路和下行链路，上行链路主要负责在地面控制站与无人机之间传递遥控指令，下行链路则主要完成无人机至地面终端的遥测数据以及任务传感器信息的传输。另外，无人机数据链的上、下行链路显然是不对称的，其下行链路的数据传输速率要远高于上行链路，这就表明要针对上、下行链路各自的特点分别设计信息编码方案。

无人机测控系统信源编码的主要对象包括上行链路的遥控指令、下行链路的遥测数据（一般为模拟信号）以及任务传感器信息（包括静止图像和动态视频流等）。无人机与基站调制方式应保持一致，自第三代（3rd generation，3G）移动通信技术以来，调制技术如表2-2所示。

表 2-2　编码调制方式

3G	4G LTE	5G NR
QPSK 16QAM	QPSK 16QAM 64QAM	π/2-BPSK QPSK 16QAM 64QAM 256QAM

2.3.4　抗干扰技术

因为零人员伤亡、制造成本低、功能全面、使用方便、高机动性等诸多优势，无人机被广泛应用于军事场景中[31]。但是无人机无线通信的开放性使其容易遭受多种敌方的攻击：欺骗、干扰、窃听等。在多种攻击方式中，各类干扰攻击都会对无人机网络通信安全造成严重威胁。作为一种恶意攻击，干扰器通过发射大功率的无线电信号来中断正常通信，导致在接收端发生冲突。一旦无人机受到攻击，网络通信质量将下降，甚至无法满足当前需求而导致任务中断，当无人机遭受严重干扰时，它们不能够与其他无人机以及控制站点建立连接[32]。

目前对于无人机网络抗干扰方法的研究主要集中在干扰的模型、干扰检测方法以及抗干扰的手段方面。其中，干扰检测方法主要分为以下几类。

1. 扩频技术

扩频技术在军事应用领域有着重要的地位。在通信系统的发送端对通信信号以扩频编码进行扩频调制，扩展通信信号的通信带宽，之后在接收节点采用相应的解扩技术，将通信信号的频谱压缩后通过窄带滤波提取出来，滤除大部分干扰信号，从而达到抗干扰的效果。常见的扩频技术主要有直接序列扩频、跳频扩频、跳时扩频以及混合扩频[33]。

1）直接序列扩频

直接序列扩频将待传输的信息使用具有良好自相关性的伪随机序列进行扩频调制，实现频谱扩展后再进行传输，接收端则采用相同的序列进行相关解扩，恢复出原始信息[34]。

2）跳频扩频

跳频通信利用二进制伪随机码序列，控制载波频率振荡器，产生随伪随机码的变化而跳变的载波频率，利用该载波频率将待发射的信号发送出去。换言之，使经过频谱扩展后信息的信号在一个较宽的频带范围内不断地进行跳变，依靠载波频率的不断改变对抗传输信道中的干扰[35]。

3）跳时扩频

与跳频系统类似，跳时是使发射信号在时间轴上离散地跳变，主要用于时分多址（time division multiple access，TDMA）中。将时间轴分成许多时隙，若干时隙组成一跳时间帧。在比较短的时间帧里发送信号，以此展宽信号频谱。跳时扩频能够用时间的合理分配来避开附近发射机的强干扰，是一种理想的多址技术。

4）混合扩频

混合扩频采用两种或者多种扩频技术，结合多种技术的优势，达到提高抗干扰性能的目的。例如，综合直接序列扩频频谱密度低、抗截获、抗多径和跳频扩频的抗跟踪式干扰的优势而衍生的跳频直序（frequency-hopped/direct sequence，FH/DS）混合扩频技术[36]。

2. 信道编码与交织技术

在信号传输过程中，敌方干扰的存在使接收端产生图像跳跃、不连续、马赛克等现象。通过信道编码，在发送端信息中加入冗余信息如校验码等，通过在接收端的判错和纠错使系统具备一定的抗干扰能力。无人机通信中常用的信道编码有喷泉码、Turbo 码、LDPC、卷积码等。在无人机变参信道通信场景下，比特差错成串发生，适用于检测和校正单个差错和较短的差错串的信道编码存在一定缺陷，因此交织技术应运而生。该技术在发送端重新构建待发送字符的顺序，通过解交织在接收端恢复原始顺序。随后把较长的突发差错离散成随机差错，再用纠正随机差错编码等信道编码技术消除随机差错。文献[37]就采用了信道编码交织的方式增强 Link-16 无人机数据链的抗干扰能力。

3. 分集技术

在无人机与基站通信场景中，不同信道衰落情况不同，信号经过多个信道（时间、频率、空间）产生多个副本。分集技术对接收到的多径信号进行选择性组合。与均衡器原理一致，该技术采用多重接收方法来补偿衰落信道的损耗，利用副本包含的信息集合能够在很大程度上还原初始信号。因此能够在不增加传输功率和带宽的前提下，提升无线通信信道的传输质量。分集技术包括频率、路由、时间、空间和角度分集等[38]。

2.4　无人机通信标准化进展

下面按照第 1 章总结的无人机通信的两大场景，即无人机辅助地面通信场景和无人机独立组网场景综述无人机通信标准化的进展。

2.4.1 无人机辅助地面通信场景

1. 介绍

通信网络能为无人机系统提供稳定的通信服务。反之，无人机也需要为通信网络提供指控和无线电接入服务，其中无人机作为空中基站的场景受到广泛关注。

例如，对于有重大体育赛事等热点事件发生的小区，在某一个特定时间段对无线通信的需求会大幅度增加，并极有可能超过小区的负载。如果只是在这些地区增大通信基础设施的配置密度，不仅会造成经济浪费，同时会导致通信资源的浪费。针对这种流量负载动态变化的问题，无人机可以通过无线中继的方式卸载部分流量或者直接作为通信基站服务地面用户。这样既能够保证一定时间段内的通信需求，同时在突发事件结束后，又可以将无人机回收，减少了经济和通信资源的浪费。同样地，在地震等自然灾害发生的地区，通信基础设施通常会因不同程度的破坏而无法工作。而救灾抢险的开展离不开有效的沟通，在这种情况下，可以部署无人机基站为受灾群众以及搜救人员、救援车辆提供通信服务。

由于无人机能够在三维空间灵活移动，并且能够以较低的部署及维护成本在低空固定位置盘旋，因此研发人员广泛使用现代无线电作为无人机的有效载荷。这些无线电能够为各种应用建立宽带数据链路，并作为地面通信网络的空中支持节点承担空中基站的任务。3GPP 将这种空中无线电节点命名为机载无线电接入节点（radio access node on-board UAV，UxNB）[39]。

除了作为空中基站（air base station，ABS）之外，UxNB 也可以作为空中中继（air relay，AR）节点，还可以为搭建独立的演进通用陆地无线电接入网（evolved universal terrestrial radio access network，E-UTRAN）提供解决方案。如图 2-1 所示，根据场景需求的不同，UxNB 可以像普通的地面基站一样连接到 3GPP 核心网，从而提供带回传或者不带回传连接的无线接入网。

当 UxNB 节点作为空中基站时，无人机首先根据业务目标、需求、具体操作等确定系统的配置参数，然后向网络管理系统（network management system，NMS）获取授权，飞行到需要提供服务的区域，之后在低空持续盘旋，为地面用户提供特定的频谱资源以实现用户之间的无线通信。为了解决无人机普遍具有的续航时间短的问题，实际应用中会关注包括无人机尺寸、机载电池大小、物理环境、空域使用相关法规在内的各种客观因素。对此，3GPP 系统提供对 UxNB 节点的实时监控报告，包括无人机的实时功耗情况、位置、飞行轨迹、业务变换情况等。

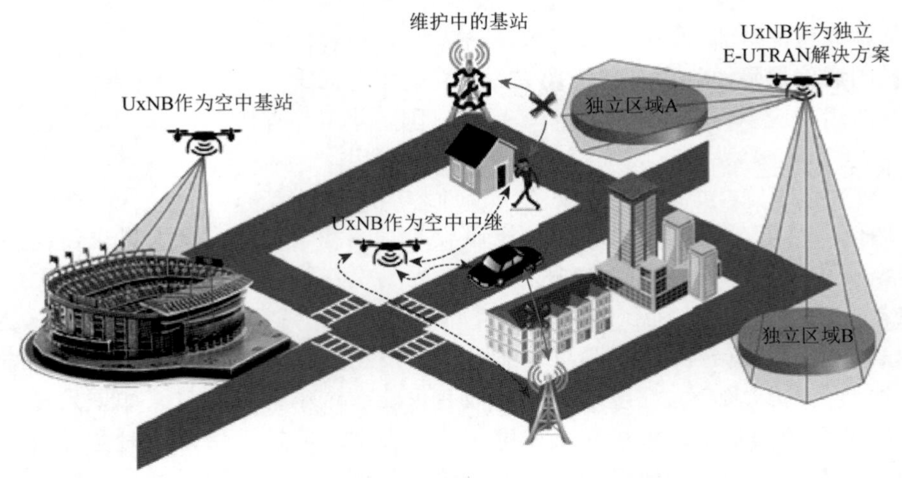

图 2-1　UxNB 节点的应用场景[40]

这种实时监控一方面能够优化服务参数和运行路径，并降低无人机基站的功耗。另一方面，能够优化节点管理系统，通过动态变换无人机位置或者更换能源即将耗尽的节点，提高无人机能源使用效率，提供不间断的通信服务。此外，3GPP 也关注无人机空中基站与地面用户之间的射频干扰问题。5G 核心网中 UxNB 节点作为空中基站和中继的场景如图 2-2、图 2-3 所示。

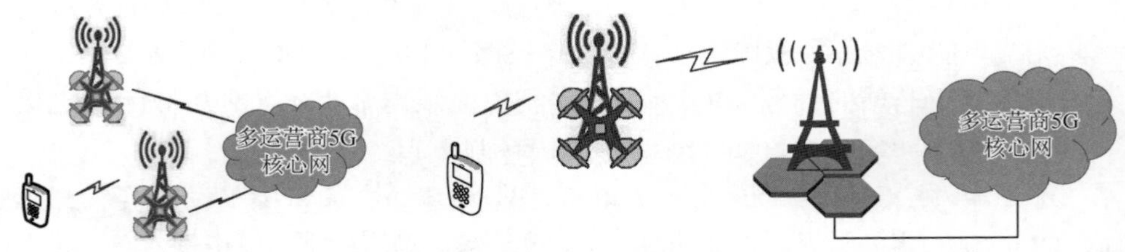

图 2-2　UxNB 作为空中基站[39]　　　图 2-3　UxNB 作为中继[39]

2. *无人机基站服务流程*

在一些紧急场景或者突发事件中，临时的通信服务十分重要。由于地面固定基础设施损毁且车载基站部署成本高、时间久，UxNB 作为无人机基站能够实现快速部署，提供暂时的通信服务。例如，在 2017 年 7 月 2 日，湖南遭受洪水侵袭，高塘村基站全部被淹而无法恢复，通信中断。还有 2017 年 8 月 8 日，四川九寨沟发生地震，道路受损，基站损毁，应急通信车难以到达。在这些情况下，中国移动系留式无人机高空应急基站快速升空，有效保障了通信畅通，为后续的抗洪抢险和地震救灾提供了稳定的通信保障。这是华为与中国移动联合开发的无人救援高空基站，具备易部署、长滞空、大容量、广覆盖等优势，能够为灾区提供快速、高质量的通信保障，为灾难救助及灾后恢复提供有效支撑。除救灾抢险外，它还可广泛适用于应急保障、野外作业、反恐、国防军工等领域，具有广阔的市场前景。无人机高空基站的无线接口部分，如用户通用（user universal，Uu）接口、S1 接口等均采用 3GPP 标准接口，可完全兼容现有长期演进（long term evolution，LTE）蜂窝网络，支持载波聚合、高阶调制、长期演进语音承载（voice over long-term evolution，VoLTE）等功能。

3GPP TR 22.829 中确定了无人机基站具体的服务流程[39]。

（1）运营商确定一个区域需要临时覆盖，且可以通过部署 UxNB 来实现。

（2）确定覆盖所需的全部参数，如地理区域、覆盖时间、带宽、频谱等。

（3）派一些 UxNB 到指定的地区。

（4）到达目标区域/位置后，每个 UxNB 启动其基站功能，并通过网络管理系统获取授权，作为基站工作。

（5）网络管理系统将配置数据下载到 UxNB。

（6）UxNB 对自身进行相应的配置，如系统信息块（system information block，SIB）信息、N2/N3 接口，一旦配置完成，UxNB 将基站功能转换为运行模式。

（7）作为基站工作时，UxNB 相对于地面不移动，即一直悬停在低空固定位置。终端用户可以通过 UxNB 接入 3GPP 网络。从用户的角度来看，无人机基站和地面基站没有区别。

（8）当临时覆盖时间即将结束或者 UxNB 能源即将耗尽时，UxNB 会关闭其基站功能，并返回控制中心。

（9）在临时覆盖期间，运营商可以随时根据业务需求发送更多的 UxNB。

（10）时间一到，所有 UxNB 都要飞回控制中心。

（11）在 UxNB 工作期间，运营商需要持续监控 UxNB 的工作状态。如果检测到异常，如 UxNB 的无线回传断开或者无人机的电源耗尽，运营商可以分配另一个新的 UxNB 更换异常的 UxNB 并接管其任务，或调整该区域的其他 UxNB，以帮助覆盖。同时，3GPP 系统可以保证连接到异常 UxNB 的用户终端可以无缝交接给其他 UxNB。

因此，为了支持无人机空中基站场景，第五代移动通信技术系统需要为 UxNB 提供高质量的无线回传，且 3GPP 系统需要实时监控 UxNB（如无人机的功耗、位置等）。

2.4.2 无人机独立组网场景

与 3GPP 关注的空地组网不同，无人机空中组网不需要地面基础设施的辅助就可以实现无人机节点间的相互通信。无人机空中组网系统通常由一个地面控制站和若干个无人机组成。每个无人机节点都同时具有路由和报文转发的能力，因此每个无人机节点都兼具用户终端和中继两种功能。作为用户终端，无人机节点可以在地面控制站和其他无人机的指控下执行相应任务；作为中继，可以执行预设的路由方案并参与路由的维护工作。无人机空中组网和普通的无线自组网一样，具备独立组网、自组织、动态拓扑、自由移动、多跳路由等特点。除此之外，无人机空中组网还具有一些独有的特点，如抗干扰能力强、高度智能化、多路高清数据传输等。

目前 ITU 已经针对无人机空中组网的相关技术制定了一些标准，按照不同工作组/标准内容划分的情况如下。

1. ITU-R 第 5 研究组（无人机频谱需求）

ITU-R（无线电通信部门）第 5 研究组（SG5）对于无人机的研究主要聚焦在频谱需求领域，规范了无人机安全运行的频谱要求和相关注意事项。针对无人机系统在不同频段的视线控制和非有效载荷通信链路的兼容性问题制定了多项标准，如表 2-3 所示。

表 2-3　ITU-R 无人机标准

标准	发布时间	工作组	内容
M-2171-0	2009 年	WP5B	无人机系统的特性和支持非隔离空域安全运行的频谱要求
M-2204-0	2010 年	WP5B	感知和碰撞避免系统在无人机系统上使用的特性和频谱注意事项
M-2205-0	2010 年	WP5B	为支持无人机系统的视线链路控制和非有效载荷通信链路而在 960～1164MHz 频段内进行的航空移动服务（aeronautical mobile（route）service，AM（R）S）分配和在 5030～5091MHz 频段内进行的航空移动卫星服务（aeronautical mobile-satellite（route）service，AMS（R）S）分配的研究结果
M-2229-0	2011 年	WP5B	为在 15.4～15.5GHz 频带中的无人机系统提供视线链路控制和非有效载荷通信链路的兼容性研究
M-2230-0	2011 年	WP5B	视线链路控制和非有效载荷通信链路以外的无人驾驶飞机系统之间的频率共享以及 13.25～13.40GHz、15.4～15.7GHz、22.5～22.55GHz 和 23.55～23.60GHz 频段内的其他现有的和计划中的服务
M-2233-0	2011 年	WP5B	无人机系统的视线链路控制和非有效载荷通信链路的技术特性示例
M-2236-0	2011 年	WP5B	为在 5000～5010MHz 和 5010～5030MHz 频段中的无人机系统提供视线链路控制和非有效载荷通信链路的兼容性研究
M-2237-0	2011 年	WP5B	为在 5030～5091MHz 频段中的无人机系统提供视线链路控制和非有效载荷通信链路的兼容性研究
M-2238-0	2011 年	WP5B	为在 5091～5150MHz 频段中的无人机系统提供视线链路控制和非有效载荷通信链路的兼容性研究

2. ITU-T 第16研究组（民用无人机）

ITU-T 第16研究组（SG16）对于无人机的研究主要聚焦在民用无人机（civilian unmanned aerial vehicle，CUAV）方向，在2019～2020年期间，研究组针对民用无人机的通信服务框架、应用领域、通信要求等制定了详细的标准。除此之外，还研究了CUAV支持移动边缘计算（mobile edge computing，MEC）的场景。具体的标准内容如下。

（1）F.749.11：支持CUAV的MEC，利用CUAV作为MEC平台来实现灵活、高效和按需的计算服务，可以根据设备的实际服务需求快速部署和移动该服务。F.749.11描述了该框架并规定了CUAV-MEC系统的要求，包括功能、服务和安全要求。

（2）F.749.10：提供了CUAV通信服务的要求，以及在工业和消费者应用领域中CUAV的使用案例。F.749.10包括通用通信服务框架、通信系统要求、飞行控制通信和飞行数据传输要求以及任务有效载荷通信服务（如音频/视频/图像传输、传感器数据传输和通信信号中继）要求。

（3）F.749.12：提出了CUAV通信应用的总体框架。民用无人机广泛用于工业和消费领域，如农业和植物保护、电力线和石油管道检查、警察和交通安全监视、灾难监视、航空摄影和录像、快递、林业和森林火灾监视、气象、资源、科研等。

3. ITU-T 第17研究组（无人机身份识别）

ITU-T 第17研究组（SG17）将研究重点放在了无人机身份识别的问题上。在2020年，研究组针对无人机的身份识别的具体流程和识别机制制定了详细的标准X.677，标准分析了出于安全考虑的无人驾驶飞行器的完整生命周期管理和操作身份识别的要求。它还指定了使用对象标识符（object identifier，OID）的无人机的识别机制，包括用于无人机的OID的分配规则和注册过程的详细规范。

4. ITU-T 第20研究组（无人机应用于特殊网络）

ITU-T第20研究组致力于研究无人机在不同网络场景中的接入和通信的问题。在2017～2018年期间，研究组分别针对无人机服务于物联网（internet of things，IoT）和IMT-2020网络的情况制定了相关标准。具体标准内容如下。

（1）Y.IoT-UAS-Reqts：指定了无人机系统（unmanned ariel system，UAS）作为通信平台服务于物联网的使用案例，还规定了相关的需求和功能，以适用于不同的用例，例如，UAS辅助的普遍覆盖、UAS辅助的中继以及UAS辅助的信息分发和数据收集。

（2）Y.UAV.arch：提供了使用 IMT-2020 网络的无人机和无人机控制器的功能架构，以及在应用层、服务和应用支持层以及安全功能中定义的功能。定义了民用无人机加载 5G 能力中涉及的功能架构体系，制定了统一的接入授权、认证和配对、飞行状态、业务质量监测及公共信息分发等标准。广泛使用的民用无人机对通信和网络功能的需求不断增长，包括无缝覆盖、低延迟、Gbit/s 级速率和高精度定位。民用无人机的现有商业产品利用直接无线电链路，这受到服务距离和质量的限制。因此，IMT-2020 可用于无人机通信。无人机可以同时提供具有不同特征的服务，这对于 IMT-2020 来说是一种新型用户终端。同样，由于 IMT-2020 最初是为地面覆盖而设计的，所以它对无人机来说是一个新的通信网络。为了在 IMT-2020 网络中实现对民用无人机作战的支持并提高无人机应用服务的质量，需要一系列功能来弥合无人机与 IMT-2020 网络之间的互操作差距。本建议书的目的是使用其传输能力来解决民用无人机在 IMT-2020 网络中接入和通信的问题。

5. ITU 标准化进展分析

ITU-R 一直负责无线电频谱和卫星轨道资源的管理工作，其中第 5 研究组在 2009～2011 年期间针对无人机系统在不同频段如何提供控制和非有效载荷通信链路（control and non payload communications，CNPC）制定了详细的标准，这些标准虽然提出了一些频谱分配和双工的方案，但是没有考虑更加高效的频谱资源管理方案，对此本书在第三部分进行深入研究。

ITU-T 一直致力于制定被称为 ITU-T 建议书的国际标准，在 2017～2020 年期间，第 16、17 和 20 研究组分别针对民用无人机通信框架、无人机身份识别、无人机应用于物联网和 IMT-2020 的功能架构制定了多项国际标准。这些标准虽然规定了无人机系统的通信与服务要求，也对应用层的功能进行了一些定义，但是没有对这些方案进行不同维度的性能分析，也没有制定关于无人机网络中最重要的 MAC 协议、路由协议等的国际通用标准，对此本书在前两部分从性能分析和协议设计两个层面进行深入研究。

从上述无人机基站和无人机独立组网的标准化进展中我们可以看出，3GPP 目前只在 5G 使用案例中提出了无人机基站概念：UxNB 节点。标准中关于无人机基站的服务流程等都是来源于现有的一些企业的实际使用案例，3GPP 还没有针对无人机基站服务流程中涉及的相关技术进行标准规范。ITU 针对无人机独立组网制定的标准大都聚焦于无人机实际应用于不同场景中的通信服务流程与框架，而对无人机独立组网中通用的一些通信协议、资源分配技术等还没有制定相关的标准，这可能是未来工业界的重点关注方向。

参 考 文 献

[1] Shang B，Marojevic V，Yi Y，et al. Spectrum sharing for UAV communications：Spatial spectrum sensing and open issues. IEEE Vehicular Technology Magazine，2020，15（2）：104-112.

[2] ITU. Rep-ITU-R M-2171. Radiocommunication Sector of ITU，2009.

[3] ITU. Rep-ITU-R M-2205. Radiocommunication Sector of ITU，2010.

[4] 丁鲜花，方箭，刘艳洁，等. 无人机通信链路频率划分研究. 无线电工程，2015，45（5）：76-80.

[5] ITU. Rep-ITU-R M-2118. Radiocommunication Sector of ITU，2007.

[6] 中华人民共和国工业和信息化部. 工业和信息化部关于无人驾驶航空器系统频率使用事宜的通知. 北京：中华人民共和国工业和信息化部，2015.

[7] 张原，柯玉宝，王夏峥，等. 我国民用无人机频谱规划及同频干扰分析. 第十一届全国信号和智能信息处理与应用学术会议专刊. 中国高科技产业化研究会智能信息处理产业化分会、中国高科技产业化研究会信号处理专家委员会，2017：6.

[8] 韩海龙. 无人机机载接收机天线的设计与研究. 呼和浩特：内蒙古大学，2019.

[9] Wang Y，Sun Y，Yang H. Analysis and design of a satellite-borne wide-beam conical quadrifilar helical antenna//International Symposium on Signals Systems and Electronics，Salerno，2008：1-4.

[10] Hebib S，Aubert H，Pascal O，et al. Pyramidal multi-band antennas for GPS/Galileo/MicroSat application//Antennas & Propagation Society International Symposium，Niigata，2007：2041-2044.

[11] 谈田爽. 多频点宽波束圆极化 GPS/北斗微带天线研究. 合肥：中国科学技术大学，2015.

[12] Chao S，Zheng H，Zhang L，et al. A compact frequency-reconfigurable patch antenna for Beidou（COMPASS）navigation system. IEEE Antennas & Wireless Propagation Letters，2014，13（5）：967-970.

[13] He X，Deng H. Modified ultra wideband circular printed monopole antenna. Transactions of Nanjing University of Aeronautics and Astronautics，2008，25（3）：214-218.

[14] 李振越. 用于无人机的全向 WLAN 天线. 成都：电子科技大学，2017.

[15] Oh J，Sarabandi K. Low profile vertically polarized omnidirectional wideband antenna with capacitively coupled parasitic elements. IEEE Transactions on Antennas and Propagation，2014，62（2）：977-982.

[16] Lee S，Jeoung G，Choi J. Three-dimensional-printed tapered cavity-backed flush-mountable wideband antenna for UAV. Microwave & Optical Technology Letters，2017，59（12）：2975-2981.

[17] Morrow I，Dingley G，Whittow W，et al. Wideband blade monopole antenna with sleeved coaxial feed. Antennas & Propagation Conference. IEEE，Charleston，2009：789-792.

[18] Lee C，Su S，Chen S，et al. Low-cost，direct-fed slot antenna built in metal cover of notebook computer for 2.4/5.2/5.8-GHz WLAN operation. IEEE Transactions on Antennas and Propagation，2017，5（65）：2677-2682.

[19] 王耀华. 关于机载预警侦察无人机共形天线的研究. 数字通信世界，2019，(3)：59.

[20] 叶威. 无人机通信中编码与调制的几个关键技术. 西安：西北工业大学，2002.

[21] 吕雪. 无人机数据链中基于 MIMO 的联合编码调制技术研究. 哈尔滨：哈尔滨工程大学.

[22] 陈博. 飞行器载数据链信道编码技术研究. 北京：北京邮电大学，2011.

[23] 李丹倩. 基于多元 LDPC 码的 CPM 编码调制系统性能研究. 西安：西安电子科技大学，2007.

[24] 丛伟. OFDM 在无人机通信链路中的应用. 西安：西北工业大学，2007.

[25] 赵旦峰，薛睿，苗延辉. Turbo-CPM 系统在窄带低信噪比条件下的性能研究. 高技术通讯，2010，20（7）：685-689.

[26] Qu Y，Song Z X. UAV image compression system based on M-JPEG2000. 2012 International Conference on Industrial Control and Electronics Engineering，Xi'an，2012：1074-1077.

[27] Balobanov V，Balobanov A，Potashnikov A，et al. Low latency ONM video compression method for UAV control and communication. 2018 Systems of Signals Generating and Processing in the Field of on Board Communications，Moscow，2018：1-5.

[28] Belyaev E，Forchhammer S. Drone HDR infrared video coding via aerial map prediction. 2018 25th IEEE International Conference on Image Processing（ICIP），Athens，2018：1733-1736.

[29] Wang F，Liu J，Wang S. LDPC code design for quadrature-quadrature phase shift keying. 2017 IEEE 9th International Conference on Communication Software and Networks（ICCSN），Guangzhou，2017：15-19.

[30] Ding C，Xiu C. Block Turbo coded OFDM scheme and its performances for UAV high-speed data link. 2009 International Conference on Wireless Communications & Signal Processing，Nanjing，2009：1-4.

[31] 刘丹丹，姜志敏. 军事无人机作战应用及发展趋势. 舰船电子对抗，2020，43（6）：30-33，38.

[32] 张新宇. 无人机网络抗干扰方法研究. 北京：北京邮电大学，2019.

[33] 韩晓. 无人机网络欺骗式抗干扰方法研究. 北京：北京邮电大学，2019.

[34] 陈锐. 无线跳扩频通信技术研发. 西安：西安电子科技大学，2014.

[35] 王丁. 跳频通信系统中同步技术的研究与仿真分析. 杭州：杭州电子科技大学，2014.

[36] 唐辉敏，陈建伟. FH/DS 混合扩频技术研究. 移动通信，2003，（S2）：84-87.

[37] 赵志勇，毛忠阳，张嵩，等. 数据链系统与技术. 北京：电子工业出版社，2014.

[38] 辛登松. 短波通信抗干扰技术应用与探讨. 信息安全与技术，2015，6（9）：77-78，85.

[39] 3rd Generation Partnership Project. Technical Specification Group Services and System Aspects，Enhancement for Unmanned Aerial Vehicles. 3GPP Technical Report 22.829，2019.

[40] 佚名. 3GPP 无人机系统通信和网络标准概览. [2021-03-15]. https://www.52fuqu.com/zixun/2891055.html.

第 3 章　无人机网络容量分析

3.1 引　　言

无人机系统可以为偏远地区提供无线网络覆盖，也可以作为地面通信网络与卫星通信网络之间信息传递的有效中继[1, 2]。然而受尺寸、电量、有限载荷等因素的限制，单一无人机不能满足任务需求[3]，因此，无人机的应用逐渐从单机作业到多机协同执行任务的方向发展。与单一无人机系统相比，使用多无人机系统来执行任务的效率更高，在执行任务所需时间、执行任务区域范围、任务有效负载均衡等方面获得更多的优势[4]。

多无人机系统的应用会带来很多问题和挑战，特别是当多无人机系统自主执行特定任务时。由于需要在人烟稀少甚至无人参与的情况下执行不同的操作，通过预先设置任务方式的无人机通常难以处理任务期间遇到的突发事件[5]。为了确保任务的正常执行，需要保证多无人机系统中各个无人机之间的相互协作。通信和组网可以实现无人机之间的互通，对于完成无人机协作行为、协调多架无人机以及实现自主空中组网至关重要。

无线自组织网络（wireless Ad Hoc network，WANET）不需要预先架设网络基础设施，具有易部署、自组织、动态拓扑等特点，广泛应用于灾害搜救等缺乏通信基础设施的场景，成为无人机网络的主要组网通信方式之一。对于无线自组织网络来说，节点的移动性给快速可靠组网带来了挑战。在无人机网络中，无人机的移动性主要取决于应用场景。例如，为地震后的灾区提供通信覆盖服务，无人机盘旋在灾区上空区域，此时无人机之间的通信链路变化缓慢。相反，农业或森林监测等应用要求无人机在大范围内移动，无人机之间通信链路经常断开和重新建立，同时由于故障或电池需要充电等情况，无人机可能会定期停止运行，此时网络配置和链路的动态特性更加明显。而无人机移动性对无线自组织网络的性能影响目前仍然较少研究。

无人机无线自组织网络一般由无人机集群和基站组成，多架无人机之间的通信不完全依赖于地面控制站或者卫星等通信基础设施，而是将无人机作为网络节点，各个无人机节点之间能够相互发送信息，交换对周围环境的感知态势和搜集到的感知信息，这些无人机之间通过自组织的方式建立连接，从而组成一个移动的、自组织式的无人机网络。在该网络中，每个无人机节点同时具有收发信机和路由器的功能，能够通过多跳的方式把数据转发给更远的无人机节点。一般来说，无人机无线自组织网络具备无中心、自组织、网络拓扑变化大、网络稀疏且异构、三维分布等特性。

无人机集群通信无线网络的网络规模大、网络拓扑变化快，无中心节点、无线通信链路易发生中断等特点，给无人机集群通信无线网络的部署和应用带来了巨大的挑战。其中，由于集群通信无线网络中无人机节点高速运动且节点随机分布，通信链路高动态变化，网络中任意两个无人机节点的通信容量以及连通性问题是无人机集群通信无线网络可行性分析中的基础研究课题之一。此外，无人机可能会处于高速飞行的状态，高速相对运动会产生严重的多普勒频移，对无人机之间的通信链路造成影响[6-8]。同时，无人机的高速运动使无人机之间的距离变化很快，通信链路不稳定，甚至是时通时断的，导致无人机网络拓扑发生动态变化。从网络的角度来说，高动态的拓扑变化导致部分无人机节点被孤立，也就是说，在该无人机周围没有其余无人机与之通信。一旦发生无人机被孤立的情况，可能会引发无人机失联。因此，必须降低或者避免无人机被孤立的可能性。网络中没有孤立无人机是网络连通的必要条件，也是无人机组网的最低标准。因此，亟须研究无人机集群通信网络的连通性和容量等网络性能，而这就是本章的主题。

迄今为止，对 3D 空间中自主无人机之间通信性能的研究很少。大多数现有研究都是基于无人机的静态设置，或假设无人机姿态确定或者假设无人机的飞行轨迹已知。在无人机处于静止状态的设置下，文献[9]推导了无人机网络在 Nakagami-m 衰落信道下的链路中断概率。Abualhaol 和 Matalgah 在文献[8]中，对协作多载波无人机网络在广义高斯有限混合衰落信道下链路的中断概率和可达数据传输速率进行了分析。大部分关于无人机通信的现有研究都局限在二维（two-dimensional，2D）的场景设置下，或者是静止的、确定飞行轨迹的无人机的假设下，没有考虑 3D 的场景设置，以及无人机的飞行轨迹、姿态对通信性能的影响。因此，本章的分析与上面提到的研究具有显著的差别。

在本章中，我们主要分析了 3D 随机平滑转向（smooth turn，ST）轨迹飞行的自主无人机集群中通信链路在莱斯信道衰落下的链路容量，这对于实施无人机监视、监测等实际应用特别有意义。

本章的一个关键贡献是，从 3D 随机几何分析的角度，推导出 3D 空间中分配有相同任务且自主飞行的一对无人机之间距离的概率分布，进而得到距离的统计特性，如距离的均值等。

利用詹森不等式，无人机之间距离的统计特性被转换为 3D 空间中无人机之间的链路遍历容量和中断容量的闭式界限。本章还分析推导了固定高度下的无人机对无人机（UAV-to-UAV，U2U）链路的遍历容量和中断容量，以及具有 3D 随机轨迹飞行的无人机与静止的地面站之间的无人机对地面（UAV-to-ground，U2G）

链路遍历容量和中断容量。另一个重要的贡献是，我们将上述分析扩展到密集的 3D 无人机网络，进一步量化分析了网络密集化对容量和无人机覆盖范围的影响。通过利用顺序统计量的特性，评估相邻无人机之间的距离，进而建立多跳遍历容量的闭式下界。本章的其他贡献还包括，接收机存在不完美 CSI 时 U2U 链路的遍历容量的下界，通过仿真验证了分析的正确性，同时表明，由于随机 2D 轨迹（由 ST 移动模型生成的实际平滑转向的随机轨迹）的 U2U 链路的平均链路距离短，其遍历容量和中断容量明显优于随机 3D 轨迹的 U2U 链路以及 U2G 链路。由于相比于其他两种场景，U2G 链路的平均链路长度较长，本章还揭示了即使在无人机的 3D 覆盖相同的情况下，U2G 链路的容量也可能会低于 U2U 链路的容量，这是由于 U2G 链路相比于 U2U 链路，受地面反射和折射等影响可能会经历更多的无线信号传输衰减。

本章的具体内容安排如下：3.2 节介绍系统模型，包括网络模型、信道模型、无人机移动性模型，以及涉及的性能指标；3.3 节通过评估链路长度的分布来分析 U2U 和 U2G 链路的遍历容量和中断容量；3.4 节分析无人机网络密集化对遍历容量的影响，以及不完美 CSI 接收对容量的影响；3.5 节提供仿真结果验证理论分析的准确性；最后，在 3.6 节中进行本章研究内容的总结。

3.2　无人机通信网络系统模型及问题描述

3.2.1　系统模型

1. 网络模型

如图 3-1 所示，考虑 3D 空间中两架无人机通信的场景，每架无人机装备一台全向天线。可以通过在无人机的周边部署天线阵列元件或者在无人机的上下表面附接一对贴片天线，有效地实现全向天线覆盖，从而消除由无人机的高速移动性和飞行姿态变化而引起的机身遮挡。不同的天线元件或贴片天线在连接到单一的射频（radio frequency，RF）链之前，先聚合到一个 RF 组合器/分离器上（该 RF 组合器/分离器包含功率放大器、滤波器、上变频器和下变频器，以及模拟到数字/数字到模拟转换器），

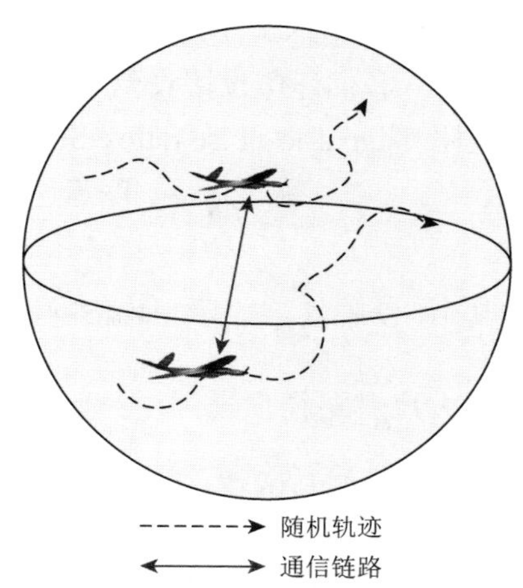

图 3-1　三维球体中随机运动的无人机通信示意图

然后连接到基带数字信号处理器，从而有效地形成一个没有机体遮挡的全向天线。

2. 移动性模型

本章假设无人机具有独立的 3D-ST 随机飞行轨迹，该移动性模型结合了向心和切向加速度并保持了无人机空中飞行轨迹的平滑性，并且可以满足无人机可操纵性的动态特征和约束限制[10, 11]。此外，在该移动性模型下网络中无人机的位置在空间中服从稳态均匀分布[12]。无人机的尺寸与其飞行区域相比可以忽略不计，可以假设无人机之间没有碰撞冲突。由于均匀节点具有连续分布的性质，即使在无人机相互之间没有协调、独立分布的情况下（正如前面对 ST 移动性模型的描述），无人机之间的碰撞概率也接近于零。此外，在实际中，无人机不仅可以通过感知和测距等技术防止冲突，也可以通过广播安全消息来实现冲突规避。本章对无人机通信链路信道容量的研究也有助于防止无人机之间的冲突和碰撞。

3. 信道模型

当一架无人机给另一架无人机传输数据时，接收无人机接收到的信号表示如下：

$$y_{\mathrm{r}}(t)=\sqrt{P}h_1 x(t)+n(t) \tag{3-1}$$

其中，P 表示发送无人机的发送功率；$x(t)$ 表示发送的信号（这里，我们假设 $x(t)$ 服从圆对称复高斯分布，即 $\mathbb{E}[|x(t)|^2]=1$，其中 $\mathbb{E}[\cdot]$ 表示求平均的操作）；$n(t)$ 表示接收无人机端的零均值加性高斯白噪声，噪声功率为 $\mathbb{E}[|n(t)|^2]=\sigma^2$；$h_1$ 是无人机之间的复信道系数，除非另有说明，本章中假设 h_1 对于接收无人机是已知的。由于无人机之间可能会存在视距（line-of-sight，LoS）路径，因此本章假设无人机之间的通信链路服从莱斯衰落，莱斯因子 K 用来表示来自周围环境所产生的散射和反射等影响，被定义为直射径信号功率和其他散射或反射径信号功率的比值。同时，我们还假设接收无人机可以准确估计 CSI。在这些假设下，接收无人机的信噪比（signal-to-noise ratio，SNR），用符号 ϑ 表示，ϑ 的概率密度函数可以表示为[13]

$$f_{\vartheta}(x)=\frac{1+K}{\bar{\vartheta}}\exp\left(-K-\frac{(1+K)x}{\bar{\vartheta}}\right)\mathrm{I}_0\left(2\sqrt{\frac{K(K+1)}{\bar{\vartheta}}x}\right) \tag{3-2}$$

其中，$\bar{\vartheta}=\dfrac{P}{\sigma^2 l^{\alpha}}$ 表示平均信噪比，l 表示发送无人机和接收无人机之间的距离；α 表示大尺度路径损耗因子；$\mathrm{I}_0(x)=\sum\limits_{n=0}^{\infty}\dfrac{(x/2)^{2n}}{n!\Gamma(n+1)}$ 表示零阶修正第一类贝塞尔函数；$\Gamma(\cdot)$ 表示伽马函数。

3.2.2　性能指标的定义

本章中涉及的性能指标定义如下。

1）遍历容量

遍历容量（ergodic capacity，单位：bit/(s·Hz)）是用来衡量具有随机轨迹的无人机之间链路性能的关键度量指标，通过对所有衰落状态下的瞬时容量取平均值得到。它的定义如下：

$$
\begin{aligned}
C_{\mathrm{erg}}(\vartheta) &= \mathbb{E}[\log_2(1+\vartheta)] \\
&= \int_0^{\infty} \log_2(1+x) f_{\vartheta}(x)\,\mathrm{d}x
\end{aligned}
\tag{3-3}
$$

假设信道为莱斯衰落信道，已知平均信噪比 $\bar{\vartheta} = \dfrac{P}{\sigma^2 l^{\alpha}}$，遍历容量可以近似表示为[14]

$$
\begin{aligned}
C_{\mathrm{erg}}(\bar{\vartheta}) &\approx \frac{1}{\ln 2}\left(\ln(1+\bar{\vartheta}) - \frac{(2K+1)\bar{\vartheta}^2}{2(1+K)^2(1+\bar{\vartheta})^2}\right) \\
&= \frac{1}{\ln 2}\left(\ln\left(1+\frac{P}{\sigma^2} l^{-\alpha}\right) - \frac{2K+1}{2(1+K)^2\left(1+\dfrac{\sigma^2}{P} l^{\alpha}\right)^2}\right) \\
&\triangleq C_{\mathrm{erg1}}(l)
\end{aligned}
\tag{3-4}
$$

该近似的准确性在文献[14]中得到验证，并且已经被文献广泛接受和使用，如文献[15]。

通过证明，我们发现当 $\alpha \leqslant \dfrac{1}{2}$ 或 $\alpha \geqslant \dfrac{121}{79}$ 时，可以得到 $\dfrac{\partial^2 C_{\mathrm{erg1}}(l)}{\partial l^2} \geqslant 0$（而实际无线通信系统中，路损因子 α 不小于 2)，因此 $C_{\mathrm{erg1}}(l)$ 关于距离 l 是凸的，详细的证明过程见附录 A。

2）中断概率

该指标定义了接收机的瞬时 SNR 低于成功接收所需 SNR 阈值 ϑ_{th} 的概率。在莱斯衰落信道的条件下，中断概率可以进一步表示为

$$
\begin{aligned}
P_{\mathrm{out}} &= \Pr(x \leqslant \vartheta_{\mathrm{th}}) \\
&= \int_0^{\vartheta_{\mathrm{th}}} f_{\vartheta}(x)\mathrm{d}x \\
&= \int_0^{\vartheta_{\mathrm{th}}} \frac{1+K}{\bar{\vartheta}} \exp\left(-K - \frac{1+K}{\bar{\vartheta}} x\right) \mathrm{I}_0\left(2\sqrt{\frac{K(K+1)}{\bar{\vartheta}} x}\right)\mathrm{d}x \\
&= 1 - Q\left(\sqrt{2K}, \sqrt{\frac{2\vartheta_{\mathrm{th}}(1+K)}{\bar{\vartheta}}}\right)
\end{aligned}
\tag{3-5}
$$

其中，$Q(\sqrt{a},\sqrt{b}) = \int_b^{\infty} \dfrac{1}{2}\exp\left(-\dfrac{x+a}{2}\right)\mathrm{I}_0(\sqrt{ax})\mathrm{d}x$ 是一阶 Marcum Q 函数。根据通信

链路服务质量（quality of service，QoS）要求，我们设置通信链路信噪比阈值为ϑ_{th}。一阶 Marcum Q 函数$Q(\sqrt{a},\sqrt{b})$可以近似为[16]

$$Q\left(\sqrt{2K},\sqrt{\frac{2\vartheta_{\text{th}}(1+K)\sigma^2 l^\alpha}{P}}\right)$$
$$\approx \exp\left(-\mathrm{e}^{\nu(\sqrt{2K})}\left(\frac{2\sigma^2\vartheta_{\text{th}}(1+K)l^\alpha}{P}\right)^{\frac{1}{2}\mu(\sqrt{2K})}\right)\triangleq \tilde{Q}(l) \tag{3-6}$$

其中，$\nu(\sqrt{2K})$和$\mu(\sqrt{2K})$是与莱斯因子K有关的非负参数。

3）中断容量

中断容量（outage capacity，单位：bit/(s·Hz)）主要用于缓慢变化的衰落信道场景，在该场景下，我们假设瞬时 SNR ϑ对于大部分传输符号是恒定的。与遍历容量场景不同，实现中断容量要求的方案是允许信道错误的。因此，在慢衰落中的一些传输方案允许数据丢失，从而实现比遍历容量场景（要求数据在所有的衰落状态被正确接收）下更高的数据速率。

因此，中断容量可以定义为，给定中断概率下可实现的最大数据速率，具体表达式定义如下：

$$\begin{aligned}C_{\text{out}} &= (1-P_{\text{out}})\cdot\log_2(1+\vartheta_{\text{th}})n\\ &= Q\left(\sqrt{2K},\sqrt{\frac{2\vartheta_{\text{th}}(1+K)}{\bar{\vartheta}}}\right)\cdot\log_2(1+\vartheta_{\text{th}})\\ &\approx \tilde{Q}(l)\cdot\log_2(1+\vartheta_{\text{th}})\end{aligned} \tag{3-7}$$

值得注意的是，遍历容量和中断容量都提供了实际可实现数据速率的理论界限。遍历容量给出了不考虑发送机和接收机的能力或相关操作（例如，调制等）下信道的容量。中断容量主要反映接收机的能力，同时考虑了接收机灵敏度，即ϑ_{th}，因此链路的中断容量主要取决于发送机-接收机对可用的调制和编码方案。此外，在最新的研究中，新的编码理论已经进一步缩小了香农容量（即遍历容量）与实际可实现数据速率之间的差距。例如，低密度奇偶校验码的设计实现了香农容量在 0.0045dB 范围内的信道容量[17]。因此，本章对遍历容量和中断容量的分析具有一定的实用价值。

3.3　无人机通信链路性能分析

3.3.1　3D 随机运动轨迹下 U2U 链路

本节首先考虑一般的 3D 场景，其中，两个无人机在半径为r_s的 3D 球形区域中随机飞行，如图 3-2 所示，dl 表示球冠的厚度。通过考虑 ST 移动性模型下无人机节点的均匀分布，可以评估无人机对之间遍历容量和中断容量的闭式表达式。

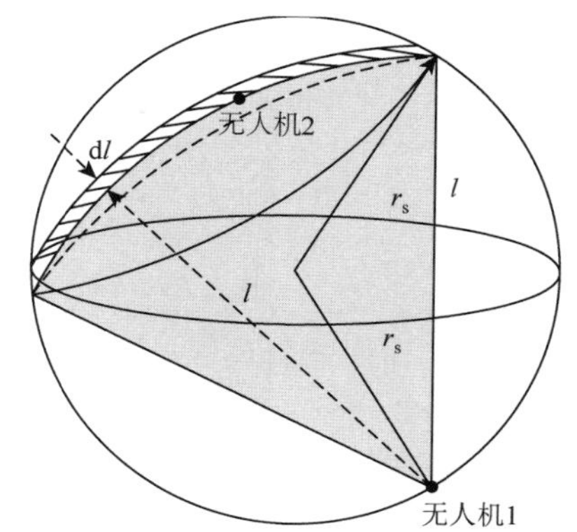

图 3-2　三维球体区域中的两架无人机（特殊情况：无人机 1 位于三维球体表面）

本节的关键是利用 Crofton 固定点定理[18]来计算无人机之间的距离。首先，我们首先给出 Crofton 固定点定理，即引理 3-1。

引理 3-1　假设 N 个节点 ζ_i，$i=1,2,\cdots,N$，随机且独立地分布在区域 A 中，该区域的体积为 $|A|$。令 $A'\subset A$，δA 是区域 A 的无穷小边界，但并不在区域 A 的内部。H 表示与 $\zeta_1,\cdots,\zeta_N$ 有关的事件，则有以下关系成立：

$$\mathrm{d}\Pr\{H\}=n(\Pr\{H\mid\zeta_i\in\delta A\}-\Pr\{H\})|A|^{-1}\,\mathrm{d}|A| \tag{3-8}$$

其中，$\Pr\{H\mid\zeta_i\in\delta A\}$ 表示区域 A 中任意一个随机点 ζ_i 落在区域 A 边界 δA 上的概率[19]。

利用 Crofton 固定点定理和詹森不等式，可以得到关于具有 ST 随机轨迹的无人机之间链路遍历容量和中断容量的定理，即定理 3-1。

定理 3-1　考虑 3D 球体中以 ST 随机轨迹飞行的无人机通信场景，当它们之间的通信链路经历莱斯信道衰落时，可以建立以下 U2U 链路遍历容量的下界：

$$C_{\mathrm{erg1}}^{*}=\frac{1}{\ln 2}\left(\ln\left(1+\frac{P}{\sigma^2}\left(\frac{36}{35}r_{\mathrm{s}}\right)^{-\alpha}\right)-\frac{2K+1}{2(1+K)^2\left(1+\frac{\sigma^2}{P}\left(\frac{35}{36}r_{\mathrm{s}}\right)^{\alpha}\right)^2}\right) \tag{3-9}$$

U2U 链路的中断容量，即 C_{out1} 满足如下性质：

$$\begin{cases} C_{\mathrm{out1}}>C_{\mathrm{out1}}^{*}, & \text{如果}\mathbb{E}[L_1]<l_{\mathrm{th}} \\ C_{\mathrm{out1}}\leqslant C_{\mathrm{out1}}^{*}, & \text{如果}\mathbb{E}[L_1]\geqslant l_{\mathrm{th}} \end{cases} \tag{3-10}$$

其中，L_1 表示无人机之间的距离；$l_{\mathrm{th}}=\sqrt[\tau_3]{\dfrac{\tau_3-1}{\tau_1\tau_2\tau_3}}$，$\tau_1=\mathrm{e}^{\nu(\sqrt{2K})}$，$\tau_2=\left(\dfrac{2\sigma^2\rho_{\mathrm{th}}(1+K)}{P}\right)^{\frac{1}{2}\mu(\sqrt{2K})}$，$\tau_3=\dfrac{1}{2}\alpha\mu(\sqrt{2K})$；

$$C_{\mathrm{out1}}^{*}=\log_2(1+\vartheta_{\mathrm{th}})\exp\left(-\mathrm{e}^{\nu(\sqrt{2K})}\left(\frac{2\sigma^2\vartheta_{\mathrm{th}}(1+K)\left(\frac{36}{35}r_{\mathrm{s}}\right)^{\alpha}}{P}\right)^{\frac{1}{2}\mu(\sqrt{2K})}\right)$$

证明：详细证明过程见附录 A。

3.3.2 2D 随机运动轨迹下 U2U 链路

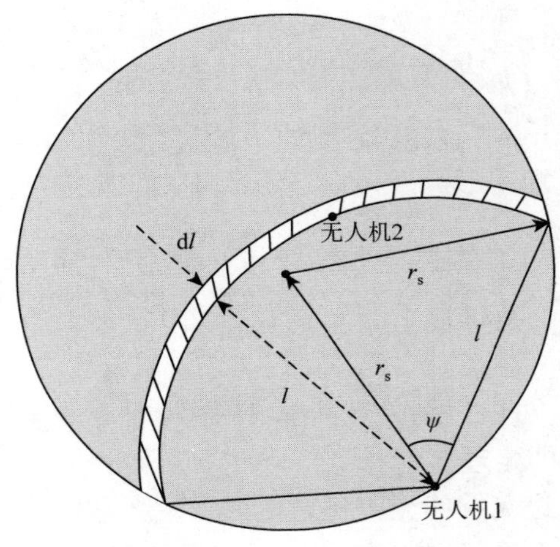

图 3-3 2D 圆盘中的两架无人机
（特殊情况：无人机 1 位于圆盘的边）

上述关于具有 ST 随机轨迹无人机通信场景下的容量分析具有通用性，并且可以扩展到其他不同的场景。考虑一个 2D 无人机通信场景：两架无人机在高度固定、半径为 r_{s} 的 2D 圆盘上随机飞行，如图 3-3 所示。该 2D 场景适用于无人机监控和监测等应用。

扩展定理 3-1 可以得到 2D 场景下的相关推论，如下所示。

推论 3-1 考虑 2D 圆盘区域中无人机以 ST 随机轨迹飞行的场景，当它们之间的通信链路服从莱斯信道衰落时，可以建立以下 U2U 链路遍历容量的下界：

$$C_{\mathrm{erg2}}^{*}=\frac{1}{\ln 2}\left(\ln\left(1+\frac{P}{\sigma^2}\left(\frac{128}{45\pi}r_{\mathrm{s}}\right)^{-\alpha}\right)-\frac{2K+1}{2(1+K)^2\left(1+\frac{\sigma^2}{P}\left(\frac{45\pi}{128}r_{\mathrm{s}}\right)^{\alpha}\right)^2}\right) \tag{3-11}$$

U2U 链路的中断容量满足如下性质：

$$\begin{aligned} &C_{\mathrm{out2}}>C_{\mathrm{out2}}^{*}, \quad 如果\mathbb{E}[L_2]<l_{\mathrm{th}} \\ &C_{\mathrm{out2}}\leqslant C_{\mathrm{out2}}^{*}, \quad 如果\mathbb{E}[L_2]\geqslant l_{\mathrm{th}} \end{aligned} \tag{3-12}$$

其中

$$C_{\mathrm{out2}}^{*}=\log_2(1+\vartheta_{\mathrm{th}})\exp\left(-\mathrm{e}^{\nu(\sqrt{2K})}\left(\frac{2\sigma^2\vartheta_{\mathrm{th}}(1+K)\left(\frac{128}{45\pi}r_{\mathrm{s}}\right)^{\alpha}}{P}\right)^{\frac{1}{2}\mu(\sqrt{2K})}\right) \tag{3-13}$$

证明：详细证明过程见附录 A。

3.3.3　3D 随机运动轨迹下 U2G 链路

考虑另一个场景：一架以 ST 随机轨迹飞行的无人机与静止的地面站之间进行通信。进一步扩展定理 3-1 可以对该场景进行分析。扩展的方法是，假设地面站是 3D 球体表面上的一个节点，而无人机在 3D 球体内随机飞行。与 3D 空间中两架无人机之间的通信链路（即 U2U 链路）容量分析不同的是，无人机间 LoS 传播需要一定的条件，而且无人机与地面站之间的无线传播环境可能会随着地面站与无人机之间的仰角（即 $\phi\in\left[0,\frac{\pi}{2}\right]$）而发生变化。

换句话说，莱斯因子 K 会随着仰角 ϕ 的变化而变化，因此，莱斯因子 K 可以看作随着仰角 ϕ 变化的函数，即 $K=K(\phi)$。根据文献[20]，可以将莱斯因子 K 建模为一个与仰角 ϕ 有关的非增函数。当仰角 $\phi\in\left[0,\frac{\pi}{2}\right]$ 比较大时，无人机与地面站之间有较大的概率存在 LoS 路径，反射路径或散射路径较少，从而导致较大的莱斯因子 K。

对于特定范围内的莱斯因子 K（$1\leqslant K\leqslant 10$）（在无线通信系统中，通常考虑的莱斯因子的范围为 $1\leqslant K\leqslant 10$）。根据文献[11]，可以将莱斯因子 K 建模为

$$K(\phi)=\kappa_0\cdot\exp\left(\frac{2}{\pi}\ln\left(\frac{\kappa_{\frac{\pi}{2}}}{\kappa_0}\right)\phi\right) \tag{3-14}$$

其中，$\kappa_0=K(0)=1$ 和 $\kappa_{\frac{\pi}{2}}=K\left(\frac{\pi}{2}\right)=10$ 是与环境以及频率相关的参数。

考虑到无人机在 3D 空间中均匀分布，通过计算可以得到莱斯因子 K 的均值，结果表示为

$$\begin{aligned}\bar{K}&=\mathbb{E}[K(\phi)]\\&=\int_0^{\frac{\pi}{2}}\phi\kappa_0\exp\left(\frac{2}{\pi}\ln\left(\frac{\kappa_{\frac{\pi}{2}}}{\kappa_0}\right)\phi\right)\mathrm{d}\phi n\end{aligned}$$

$$=\frac{\pi^2\kappa_{\frac{\pi}{2}}}{4\ln\left(\frac{\kappa_{\frac{\pi}{2}}}{\kappa_0}\right)}\left(1-\frac{1}{\ln\left(\frac{\kappa_{\frac{\pi}{2}}}{\kappa_0}\right)}+\frac{\kappa_0}{\kappa_{\frac{\pi}{2}}\ln\left(\frac{\kappa_{\frac{\pi}{2}}}{\kappa_0}\right)}\right) \tag{3-15}$$

将该莱斯衰落信道模型与定理 3-1 结合，建立以下推论。

推论 3-2　考虑 3D 球体中以 ST 随机轨迹飞行的无人机与静止地面站通信的场景，当无人机与地面站之间的通信链路服从莱斯信道衰落，并且该衰落与两者之间的仰角相关时，可以建立如下两者之间 U2G 链路遍历容量的下界：

$$C^*_{\text{erg3}}=\frac{1}{\ln 2}\left(\ln\left(1+\frac{P}{\sigma^2}\left(\frac{6}{5}r_{\text{s}}\right)^{-\alpha}\right)-\frac{2\bar{K}+1}{2(1+\bar{K})^2\left(1+\frac{\sigma^2}{P}\left(\frac{5}{6}r_{\text{s}}\right)^{\alpha}\right)^2}\right) \tag{3-16}$$

其中，$\bar{K}=\frac{\pi^2\kappa_{\frac{\pi}{2}}}{4\ln\left(\frac{\kappa_{\frac{\pi}{2}}}{\kappa_0}\right)}\left(1-\frac{1}{\ln\left(\frac{\kappa_{\frac{\pi}{2}}}{\kappa_0}\right)}+\frac{\kappa_0}{\kappa_{\frac{\pi}{2}}\ln\left(\frac{\kappa_{\frac{\pi}{2}}}{\kappa_0}\right)}\right)$是莱斯因子 K 的均值，$\kappa_0=1$ 以及 $\kappa_{\frac{\pi}{2}}=10$。

U2G 链路的中断容量满足如下关系：

$$\begin{cases}C_{\text{out3}}>C^*_{\text{out3}}, & \text{如果}\mathbb{E}[L_3]<l_{\text{th}}\\ C_{\text{out3}}\leqslant C^*_{\text{out3}}, & \text{如果}\mathbb{E}[L_3]\geqslant l_{\text{th}}\end{cases} \tag{3-17}$$

其中

$$C^*_{\text{out3}}=\frac{2}{\pi}\int_0^{\frac{\pi}{2}}\exp\left(-\mathrm{e}^{\nu\left(\sqrt{2K(\phi)}\right)}\left(\frac{2\sigma^2\vartheta_{\text{th}}(1+K(\phi))\left(\frac{6}{5}r_{\text{s}}\right)^{\alpha}}{P}\right)^{\frac{1}{2}\mu\left(\sqrt{2K(\phi)}\right)}\right)\mathrm{d}\phi$$

证明：详细证明过程见附录 A。

3.4　密集化无人机网络和中继性能分析

3.3 节对无人机之间的通信链路（U2U 链路）以及无人机和地面站之间的通信链路（U2G 链路）的容量分析可以进一步扩展到另一个更加实用的场景，即网络中存在多个无人机的场景。因此，本节将研究无人机网络密集化对无人机通信链路容量，以及无人机通信覆盖范围等的影响。

考虑 3D 球体空间中存在 N 架随机 3D 轨迹飞行的无人机的场景，特别地，我们主要考虑空间中距离最远的以及距离最近的两架无人机通信，将这两架无人机作为源、宿节点，用符号 S 和 D 来表示这两架无人机，其他的无人机都充当中继节点，用 $R_i(i=1,2,\cdots,N-2)$ 表示。

3.4.1　直接链路

令 l_{SD} 表示最远无人机对之间的距离，即 S 和 D 之间的距离。l_{SD} 表示 3D 空间中 N 架无人机任意无人机对中最长的距离。在 l_{SD} 很大的情况下，根据文献[21]中的定理 1.1，可以得到 l_{SD} 的累积分布函数（cumulative distribution function，CDF），由下式给出：

$$F_{l_{SD}}(x)=\Pr\{l_{SD}<x\}\to\exp\left(-\frac{3}{4}(2r_s-x)^3N^2\right) \tag{3-18}$$

通过计算，可以得到 l_{SD} 的均值如下：

$$\begin{aligned}\mathbb{E}[l_{SD}]&\to\int_0^{2r_s}x\mathrm{d}F_{l_{SD}}(x)\\&=\int_0^{2r_s}\frac{9}{4}N^2(2r_s-x)^2x\exp\left(-\frac{3}{4}(2r_s-x)^3N^2\right)\mathrm{d}x\\&\overset{(a)}{=}\int_0^{2r_s}\frac{9}{4}(2r_st^2-t^3)N^2\exp\left(-\frac{3}{4}N^2t^3\right)\mathrm{d}t\\&\overset{(b)}{=}\underbrace{\int_0^{2r_s}\frac{9}{2}N^2r_st^2\exp\left(-\frac{3}{4}N^2t^3\right)\mathrm{d}t}_{S_1}-\underbrace{\int_0^{2r_s}\frac{9}{4}N^2t^3\exp\left(-\frac{3}{4}N^2t^3\right)\mathrm{d}t}_{S_2}\end{aligned} \tag{3-19}$$

其中，通过变量替换 $t=2r_s-x$ 得到等式(a)。进一步，可以得到 S_1 和 S_2 的闭式表达式，如下所示：

$$\begin{aligned}S_1&=\int_0^{2r_s}\frac{9}{2}N^2r_st^2\exp\left(-\frac{3}{4}N^2t^3\right)\mathrm{d}t\\&=2r_s(1-\exp(-6N^2r_s^3))\end{aligned} \tag{3-20}$$

$$
\begin{aligned}
S_2 &= \int_0^{2r_s} \frac{9}{4} N^2 t^3 \exp\left(-\frac{3}{4} N^2 t^3\right) \mathrm{d}t \\
&\overset{(a)}{=} \int_0^{6N^2 r_s^3} \left(\frac{4}{3}\right)^{\frac{1}{3}} N^{-\frac{2}{3}} v^{\frac{1}{3}} \exp(-v) \mathrm{d}v \\
&\overset{(b)}{=} \sqrt[3]{\frac{4}{3}} N^{-\frac{2}{3}} \gamma\left(\frac{4}{3}, 6N^2 r_s^3\right) \\
&\overset{(c)}{=} -2r\exp(-6N^2 r^3) + \left(\frac{4}{3}\right)^{\frac{1}{3}} N^{-\frac{2}{3}} \left(\Gamma\left(\frac{4}{3}\right) - \frac{1}{3}\Gamma\left(\frac{1}{3}, 6N^2 r^3\right)\right)
\end{aligned}
\tag{3-21}
$$

其中，通过变量替换 $v = \frac{3}{4} N^2 t^3$ 可以得到等式(a)；等式(b)是根据文献[22]中的公式 $\int_0^u x^{\upsilon-1} \exp(-\varsigma x) \mathrm{d}x = \varsigma^{-\upsilon} \gamma(\upsilon, \varsigma u)$ 通过变量替换得到的；$\gamma(a,b) = \int_0^b \mathrm{e}^{-t} t^{a-1} \mathrm{d}t$ 表示不完全伽马函数。最后，通过对式（3-18）进一步整合，得到 l_{SD} 的均值，表示如下：

$$
\mathbb{E}[l_{SD}] = 2r_s(1 - \exp(-6N^2 r_s^3)) - \sqrt[3]{\frac{4}{3}} N^{-\frac{2}{3}} \gamma\left(\frac{4}{3}, 6N^2 r_s^3\right) \tag{3-22}
$$

利用詹森不等式和式（3-4）的凸性，可以得到无人机网络中最远无人机对之间通信链路的遍历容量的下界，表示为 C_{erg4}^*，该下界可以通过将最大距离公式代入式（3-4）中得到。

3.4.2　中继链路

本节主要考虑源、宿无人机节点之间（即 S 和 D）没有直接通信链路的场景。在该场景下，为了得到 S 和 D 之间的链路容量，首先需要计算无人机网络中所有可能的无人机之间的最短距离。令 $l_i (i = 1,2,\cdots,N-1)$ 表示网络中任意选择的一个无人机节点到其余 $N-1$ 个无人机节点之间的欧氏距离。为了便于后面进一步分析，我们假设距离 l_i 是独立同分布（independent and identically distributed，IID）随机变量。

我们用 $l_{\min}$ 表示网络中任意无人机对之间的最短距离，即

$$
l_{\min} = \min_{i=1,2,\cdots,N-1} \{l_i\} \tag{3-23}
$$

在已知任意无人机对之间距离分布的前提下，利用顺序统计量的分布特征，可以得到最短距离 $l_{\min}$ 的 CDF，由式（3-24）给出：

$$
\begin{aligned}
F_{l_{\min}}(l) &= 1 - (1 - F_{L_1}(l))^{N-1} \\
&= 1 - \left(1 - \frac{l^3}{r_s^3} + \frac{9l^4}{16r_s^4} - \frac{l^6}{32r_s^6}\right)^{N-1}
\end{aligned}
\tag{3-24}
$$

其中，$F_{L_1}(l)=\int_0^l f_{L_1}(l)\mathrm{d}l$，以及 $F_{l_{\min}}(2r_s)=1$。最终，我们得到 $l_{\min}$ 的均值如下：

$$
\begin{aligned}
\mathbb{E}[l_{\min}] &= \int_0^{2r_s} l\,\mathrm{d}F_{l_{\min}}(l) \\
&= -l(-F_{L_1}(l))^{N-1}\big|_0^{2r_s} + \int_0^{2r_s}(1-F_{L_1}(l))^{N-1}\mathrm{d}l \\
&= \int_0^{2r_s}\left(1-\frac{l^3}{r_s^3}+\frac{9l^4}{16r_s^4}-\frac{l^6}{32r_s^6}\right)^{N-1}\mathrm{d}l
\end{aligned} \tag{3-25}
$$

当 N 比较大时，即 $N\to\infty$ 时，式（3-25）可以写成以下形式：

$$
\begin{aligned}
\mathbb{E}[l_{\min}] &\approx \int_0^{r_s}\left(1-\frac{l^3}{r_s^3}\right)^{N-1}\mathrm{d}l + \int_{r_s}^{2r_s}\left(\frac{9l^4}{16r_s^4}-\frac{l^6}{32r_s^6}\right)^{N-1}\mathrm{d}l \\
&= \frac{\Gamma\left(\frac{4}{3}\right)\Gamma(N)}{\Gamma\left(N+\frac{1}{3}\right)}r_s - \frac{3^{6N-5}}{2^{2N-\frac{3}{2}}}\left(\beta\left(\frac{1}{18};2N-\frac{3}{2},N\right)-\beta\left(\frac{2}{9};2N-\frac{3}{2},N\right)\right)r_s \\
&\approx \frac{\Gamma\left(\frac{4}{3}\right)\Gamma(N)}{\Gamma\left(N+\frac{1}{3}\right)}r_s
\end{aligned} \tag{3-26}
$$

其中，$1-\frac{l^3}{r_s^3}>\frac{9l^4}{16r_s^4}-\frac{l^6}{32r_s^6}$ 在区间 $[0,r_s)$ 上的积分起主导作用，而 $\frac{9l^4}{16r_s^4}-\frac{l^6}{32r_s^6}>1-\frac{l^3}{r_s^3}$ 在区间 $(r_s,2r_s]$ 上的积分起主导作用，因此式（3-25）中的近似成立；$\beta(\cdot;\cdot,\cdot)$ 表示不完全贝塔函数。

进一步，基于詹森不等式和式（3-4）的凸性，通过将式（3-25）代入 $\frac{1}{N-1}C_{\mathrm{erg1}}(l)$，我们可以得到网络中最远无人机对之间的平均多跳遍历容量的下界（用 C^*_{erg5} 表示），其中，$\frac{1}{N-1}$ 代表 S 和 D 之间通信链路的最坏传播情况，即 S 和 D 之间的通信链路要经过 $N-2$ 个中继节点；换句话说，S 和 D 之间的通信链路存在 $N-1$ 跳。考虑到无人机网络拓扑的快速变化，本节假设中继节点采用解码-转发的中继策略，其他的中继策略，如放大-转发，通常需要网络具有稳定的拓扑，与本节考虑的情况不太相关。

3.4.3　不完美 CSI 接收

在实际无线通信系统中，在接收器处考虑不完美 CSI 导致的信道估计误差的影响更为实际。正如文献[23]中讨论的，基于最小均方误差准则的不完美线性信道估计可能会造成信道估计误差的产生。

本节将不完美 CSI 建模为 $h_1 = \hat{h}_1 + h_e$，其中 $\hat{h}_1$ 表示接收端的估计 CSI，h_e 是与 h_1 独立的，服从零均值、方差为 ϵ 的复高斯分布的信道估计误差[23]。

在存在信道估计误差的情况下，接收机端的 SNR 变为

$$\bar{\vartheta}' = \frac{PL_1^{-\alpha}|\hat{h}_1|^2}{PL_1^{-\alpha}\epsilon + \sigma^2} = \frac{P|\hat{h}_1|^2}{P\epsilon + \sigma^2 L_1^{\alpha}} \tag{3-27}$$

考虑到 $C_{\text{erg1}}(l)$ 的凸性，利用詹森不等式以及 U2U 链路的平均链路长度，即式（3-13）可以得到遍历容量的下界，由式（3-28）给出：

$$\begin{aligned}
&\mathbb{E}[C_{\text{erg6}}(L_1)] \geqslant C_{\text{erg6}}(\mathbb{E}[L_1]) \\
&= \frac{1}{\ln 2}\left(\ln\left(1 + \frac{P}{P\epsilon + \sigma^2\left(\frac{36}{35}r_s\right)^{\alpha}}\right) - \frac{2K+1}{2(1+K)^2\left(1 + \epsilon + \frac{\sigma^2}{P}\left(\frac{36}{35}r_s\right)^{\alpha}\right)^2}\right) \\
&\triangleq C_{\text{erg6}}^{*}
\end{aligned} \tag{3-28}$$

3.5　数值仿真与分析

本节主要利用蒙特卡罗仿真方法验证上述推导得到的无人机通信系统中 U2U 链路和 U2G 链路遍历容量和中断容量的准确性和有效性。

在仿真中，无人机的随机轨迹通过 ST 移动性模型生成。除非另有说明，本节中无人机的发送功率 P 设置为 20dBm（0.1W），噪声功率 σ^2 设置为−80dBm。为了不失一般性，参考文献[24]，我们将路损因子 α 设置为 3。值得注意的是，本章中提出的分析方法并不局限于一个特定的路损因子 α，也适用于取其他的 α 值。在表 3-1 中，详细地列出了所有的仿真参数。

表 3-1　仿真参数[15]

参数	取值
无人机的发送功率 P	20dBm（0.1W）
噪声功率 σ^2	−80dBm

续表

参数	取值
路损因子 α	3
莱斯因子 K	0dB，5dB，10dB
信噪比阈值 ϑ_{th}	0dB，5dB，10dB

图 3-4 展示了 2D 和 3D 空间中 U2U 链路的遍历容量，以及 3D 空间中 U2G 链路的遍历容量，随着无人机飞行区域半径，即 r_s 的变化趋势。除了定理 3-1、推论 3-1 和推论 3-2 中的分析结果外，我们还绘制了蒙特卡罗仿真结果来验证分析结果的准确性。根据图 3-4 可以发现得到的分析结果与仿真结果一致，并且为 U2U 以及 U2G 链路的遍历容量提供了紧密的下界。这证实了本章所提出的有关遍历容量的定理和推论的有效性。正如预期的那样，可以看到遍历容量随着半径的增加而下降。随着区域半径的不断增加，遍历容量的下降幅度不断减小。当无人机飞行区域半径不断增加至无穷大时，即 $r_s \to \infty$ 时，三种场景下链路的遍历容量都逐渐收敛到 0，验证了定理 3-1、推论 3-1 和推论 3-2 中结论的正确性。

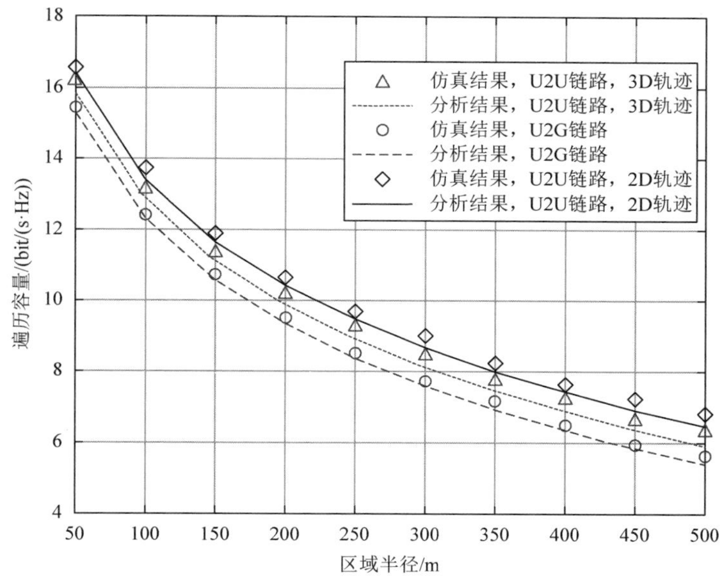

图 3-4　无人机飞行区域半径对遍历容量的影响（莱斯因子 $K = 5\text{dB}$，$P = 0.1\text{W}$）

在图 3-4 中，我们还发现 U2U 链路的遍历容量高于 U2G 链路的遍历容量。造成这个结果的原因主要有两个：一是 U2G 链路受到更多来自地面的反射和散射；二是无人机与地面站之间的平均链路距离，即 $\mathbb{E}[L_3]=\frac{6}{5}r_s$，远远大于空间中 U2U 链路的平均链路距离，即在 3D 球体中 $\mathbb{E}[L_1]=\frac{36}{35}r_s$，以及在 2D 圆盘中 $\mathbb{E}[L_2]=\frac{128}{45\pi}r_s$。出于同样的原因，随机 2D 轨迹运动下的 U2U 链路的遍历容量要明显高于随机 3D 轨迹运动下 U2U 链路的遍历容量，即 $\mathbb{E}[L_2]>\mathbb{E}[L_1]$。

图 3-5 展示了 2D 和 3D 空间中 U2U 链路的中断容量，以及 3D 空间中 U2G 链路的中断容量随着无人机飞行区域半径 r_s 的变化趋势。通过对比定理 3-1、推论 3-1 和推论 3-2 中的分析结果以及蒙特卡罗仿真结果，验证了本章得到的有关中断容量分析结果的有效性和准确性。根据图 3-5，我们发现在随机 2D 轨迹运动下的 U2U 链路具有最大的中断容量，其次是随机 3D 轨迹运动下的 U2U 链路，最后是 U2G 链路。此外，随着无人机飞行区域半径的增加，中断容量不断减小，这与图 3-4 中遍历容量的结论是一致的。我们还发现，三种不同场景下链路的中断容量之间的差异随着区域半径的增加越来越大，这是由于中断容量被定义为链路连通概率（即中断概率的补）和最小链路容量的乘积，而这两个量都随着区域半径 r_s 的增加而减少。然而，根据不同的链路设置，它们之间的乘法耦合效应可能会逐渐扩大中断容量的差异。

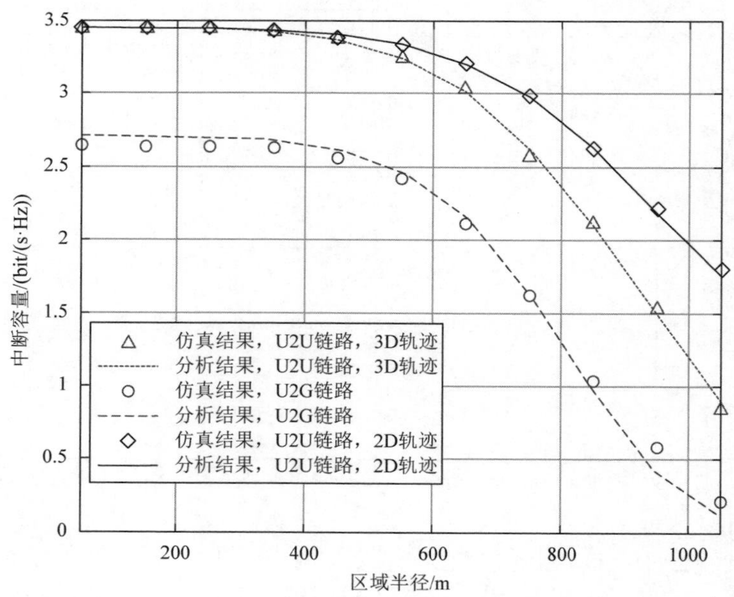

图 3-5　无人机飞行区域半径对中断容量的影响（莱斯因子 $K=5\text{dB}$，$P=0.1\text{W}$，以及 $\vartheta_{\text{th}}=10\text{dB}$）

图 3-6 展示了 2D 和 3D 空间中 U2U 链路的中断容量，以及 3D 空间中 U2G 链路的中断容量随着 SNR 阈值，即 ϑ_{th} 的变化趋势。根据图 3-6 可以发现，三种通信场景设置下链路的中断容量均随着SNR阈值的增长呈现近似线性增长的趋势。此外，随机 2D 和 3D 轨迹下 U2U 链路的中断容量的差异很小，特别是在 SNR 阈值较小时，它们之间的差异基本可以忽略不计。然而，U2U 链路与 U2G 链路的中断容量的差异很大，并且随着 SNR 阈值的增加，它们之间的差异逐渐扩大。

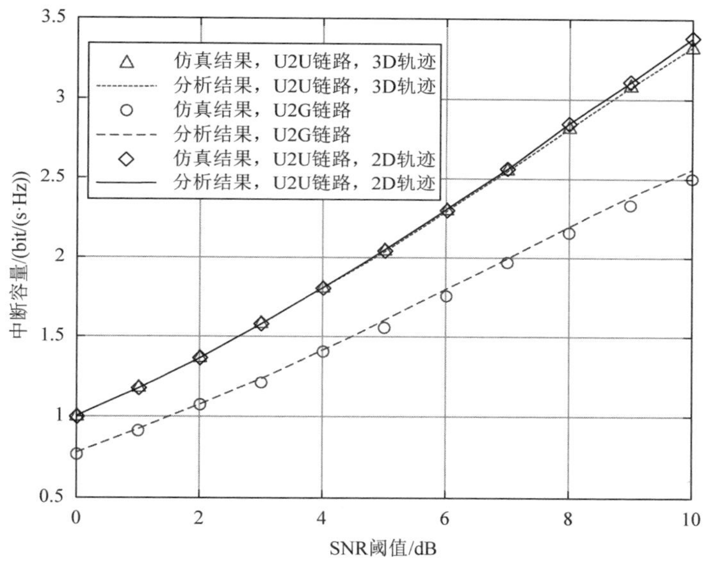

图 3-6　SNR 阈值对中断容量的影响（$K=5\text{dB}$，$P=0.1\text{W}$，$r_s=500\text{m}$）

图3-7展示的是网络密集化对以随机3D轨迹运动的无人机的通信能力以及覆盖范围的影响，主要通过展示 3D 球形的区域半径 r_s 对区域中的多跳遍历容量和最远无人机对之间的直接遍历容量，即 C_{erg5} 和 C_{erg4} 的影响。随着 r_s 的增长，我们可以看到 C_{erg4} 迅速减少。相比之下，多跳遍历容量随着 r_s 的增长而缓慢下降，并且随着网络中无人机数量的增加而减少。根据图 3-7 可以发现使用中继技术的多跳链路的性能在 $r_s=350$ 和 $N=20$（或者在 $r_s=400$ 和 $N=30$）时，开始超过直接通信链路的性能，这说明中继技术可以作为防止网络密集化的有效措施。我们还发现，多跳遍历容量的分析作为定理 3-1 的扩展，结果是十分准确的，其准确度在图 3-4 中得到了验证。然而，直接通信链路的结果并不是十分准确，这是因为直接链路的分析结果是基于 $N\to\infty$ 的假设得到的，从而存在一定的偏差，但是这种偏差随着 N 的增加不断减少。

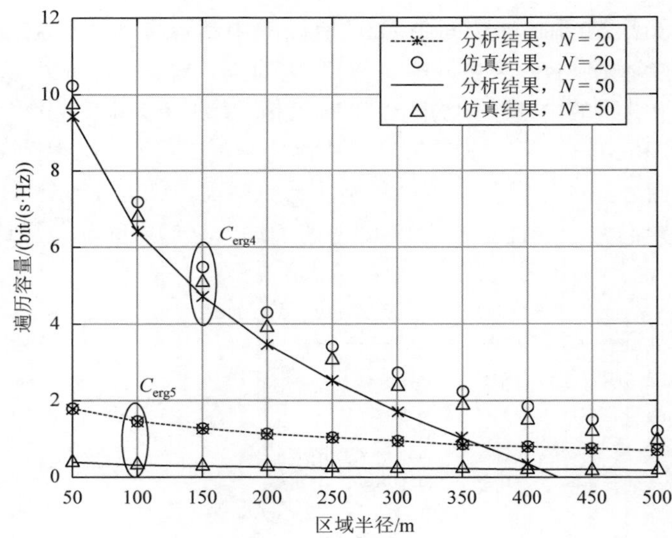

图 3-7 无人机飞行区域半径对遍历容量的影响（$K=5\text{dB}$，$P=0.1\text{W}$，以及 $\vartheta_{th}=0\text{dB}$）

3.6 总　结

本章主要分析了具有随机 3D 轨迹的自主无人机之间的通信链路容量，得到了自主无人机之间以及无人机和地面站之间通信链路容量的界限。此外，本章还分析了无人机网络密集化对链路容量的影响，并推导出了不完美 CSI 情况下链路容量的界限。仿真验证表明，由于 2D 圆盘内 U2U 链路的平均链路距离比 3D 球体内 U2U 链路短，因此具有 2D 随机轨迹的 U2U 链路在容量方面更具优越性。我们还发现，即使在无人机的 3D 覆盖范围相同的情况下，由于 U2G 的平均链路较长，以及无人机与地面站之间有可能存在非视距（non line-of-sight，NLoS）传播的情况，因此 U2G 链路容量有可能比 U2U 链路低很多。

参 考 文 献

[1] David K，Berndt H. 6G vision and requirements：Is there any need for beyond 5G. IEEE Vehicular Technology Magazine，2018，13（3）：72-80.

[2] Saad W，Bennis M，Chen M. A vision of 6G wireless systems：Applications，trends，technologies，and open research problems. IEEE Network，2020，34（3）：134-142.

[3] Messous M A，Senouci S M，Sedjelmaci H. Network connectivity and area coverage for UAV fleet mobility model with energy constraint// IEEE Wireless Communications and Networking Conference（IEEE WCNC），Doha，2016：1-6.

[4] Watson D P，Scheidt D H. Autonomous systems. Johns Hopkins APL Technical Digest，2005，26（4）：368-376.

[5] Xiao Z，Xia P，Xia X G. Enabling UAV cellular with millimeter-wave communication：Potentials and approaches. IEEE Communications Magazine，2016，54（5）：66-73.

[6] Fereidountabar A，Cardarilli G C，Di Nunzio L，et al. UAV Channel estimation with STBC in MIMO systems. Procedia Computer Science，2015，73：426-434.

[7] Khawaja W，Guvenc I，Matolak D. UWB channel sounding and modeling for UAV air-to-ground propagation channels// IEEE Global Communications Conference（GLOBECOM），Washington DC，2016：1-7.

[8] Abualhaol I Y，Matalgah M M. Outage probability analysis in a cooperative UAVs network over Nakagami-m fading channels. IEEE Vehicular Technology Conference Montreal，2006：1-4.

[9] Abualhaol I Y，Matalgah M M. Performance analysis of multi-carrier relay-based UAV network over fading channels// 2010 IEEE Globecom Workshops，Miami，2010：1811-1815.

[10] Xie J，Wan Y，Kim J H，et al. A survey and analysis of mobility models for airborne networks. IEEE Communications Surveys & Tutorials，2013，16（3）：1221-1238.

[11] Wan Y，Namuduri K，Zhou Y，et al. A smooth-turn mobility model for airborne networks. IEEE Transactions on Vehicular Technology，2013，62（7）：3359-3370.

[12] Azari M M，Rosas F，Chen K C，et al. Ultra reliable UAV communication using altitude and cooperation diversity. IEEE Transactions on Communications，2017，66（1）：330-344.

[13] da Costa D B，Aissa S. Capacity analysis of cooperative systems with relay selection in Nakagami-m fading. IEEE Communications Letters，2009，13（9）：637-639.

[14] An K，Lin M，Liang T. On the performance of multiuser hybrid satellite-terrestrial relay networks with opportunistic scheduling. IEEE Communications Letters，2015，19（10）：1722-1725.

[15] Bocus M Z，Dettmann C P，Coon J P. An approximation of the first order Marcum Q-function with application to network connectivity analysis. IEEE Communications Letters，2013，17（3）：499-502.

[16] Chung S Y，Forney G D，Richardson T J，et al. On the design of low-density parity-check codes within 0.0045 dB of the Shannon limit. IEEE Communications Letters，2001，5（2）：58-60.

[17] Galloway T. A Treatise on Probability：Forming the Article Under That Head in the Seventh Edition of the Encyclopædia Britannica. Whitefish：Kessinger Publishing，2010.

[18] Azari M M，Sallouha H，Chiumento A，et al. Key technologies and system trade-offs for detection and localization of amateur drones. IEEE Communications Magazine，2018，56（1）：51-57.

[19] Mayer M，Molchanov I. Limit theorems for the diameter of a random sample in the unit ball. Extremes，2007，10（3）：129-150.

[20] Gradshteyn I S，Ryzhik I M. Table of integrals，series，and products. Mathematics of Computation，2007，20（96）：1157-1160.

[21] Baccarelli E，Biagi M. Performance and optimized design of space-time codes for MIMO wireless systems with imperfect channel estimates. IEEE Transactions on Signal Processing，2004，52（10）：2911-2923.

[22] Gifford W M，Win M Z，Chiani M. Diversity with practical channel estimation. IEEE Transactions on Wireless Communications，2005，4（4）：1935-1947.

[23] Frew E W，Brown T X. Airborne communication networks for small unmanned aircraft systems. Proceedings of the IEEE，2008，96（12）：2008-2027.

[24] Mozaffari M，Saad W，Bennis M，et al. Unmanned aerial vehicle with underlaid device-to-device communications：Performance and tradeoffs. IEEE Transactions on Wireless Communications，2016，15（6）：3949-3963.

第 4 章　无人机网络连通性分析

4.1　引　　言

在无人机无线自组织网络中，多架无人机之间的通信不完全依赖于地面控制站或者卫星等通信基础设施，而是通过自组织的方式建立连接，从而组成一个移动的、自组织式的无人机网络。相比于一般自组织网络，无人机无线自组织网络具有网络规模大、拓扑变化快、无线链路易中断等特点，为无人机集群通信网络的部署带来了巨大的挑战。

首先，由于无人机节点高速运动且通信链路高动态变化，任意两个无人机节点间的连通性难以得到保障，因此无人机间连通性的研究是无人机无线自组织网络可行性分析中的基础研究课题之一。

其次，无人机的高速运动使无人机网络拓扑发生高动态变化，可能导致网络中部分无人机被孤立。网络中没有孤立无人机是网络连通的必要条件，也是无人机组网的最低标准。因此亟须研究无人机无线自组织网络整体的连通性性能，而这就是本章的主题。

大规模无人机自组织网络的连通性分析目前为止尚未得到很好的研究。在无人机处于静止状态的假设下，文献[1]推导了无人机网络在 Nakagami-m衰落信道下的链路中断概率。Abualhaol 和 Matalgah[2]对协作多载波无人机网络在广义高斯有限混合衰落信道下链路的中断概率和可达数据传输速率进行了分析。当前关于无人机通信的研究都局限在 2D 场景中，或者是静止、确定轨迹飞行的无人机假设下，没有具体考虑 3D 场景，以及无人机飞行轨迹、姿态对通信性能的影响。无人机的高机动性、3D 随机飞行轨迹、易受地面通信系统影响等特性为网络连通性的分析带来了极大的挑战，然而已有研究没有很好地解决这些问题，亟须研究上述情况下无人机自组织网络的连通性，保证多无人机系统安全可靠地完成任务。

在本章中，我们针对自主无人机网络的特点，考虑无人机独特的飞行特征、无人机之间不确定的无线传播特征，以及无人机网络的 3D 分布特性等，分析无人机集群网络中无人机节点的连通特性，包括广播连通性和最坏情况下的连通性（即网络中距离最近的两个无人机之间的连通性）。我们针对无人机集群网络的具体特征：网络中每个自主无人机各自遵循一个独立的、具有平滑转向特性的随机轨迹飞行，同时考虑到无人机自身的机体遮挡和反射以及周围环境等影响，将无人机之间的通信信道建模为莱斯衰落信道，该信道模型可以很好地反映无人机之间可能存在的多径传播特征。另外，我们还分析了存在地面干扰的情况下，无人机集群网络中无人机节点的连通性。

本章利用 Crofton 固定点定理推导出无人机节点的 3D 稳态分布，以及使用一阶 Marcum Q 函数来近似量化分析莱斯衰落信道下无人机链路的瞬时中断概率。进一步利用詹森不等式，将无人机节点的统计特性与瞬时中断概率耦合在一起，得到无人机网络中无人机链路的平均单跳中断概率和广播中断概率界限的闭式解，同时还确定了无人机覆盖范围界限的变化条件。通过比较有、无地面干扰情况下的中断概率，进一步量化分析地面干扰对无人机网络覆盖的影响。最后，通过仿真验证本章中分析结果的有效性和准确性，分析结果可以作为 3D 空间中密集的非协调无人机网络连通性的界限，并且为无人机网络的部署和设计提供指导。

本章的具体内容安排如下：4.2 节主要介绍系统模型。在 4.3 节中，我们分析无人机集群网络中无人机节点的连通性能，得到无人机链路中断概率界限的闭式表达式。4.4 节进一步将网络中无人机连通性的分析扩展到存在地面干扰的场景下，得到相应的中断概率的结果。在 4.5 节，我们对本章的关键理论分析进行仿真分析和验证。4.6 节对本章的研究内容进行总结。

4.2　系统描述和问题建模

本节主要介绍无人机集群的网络模型、信道模型以及无人机的移动性模型。

4.2.1　系统模型

本章考虑的场景如图 4-1 所示。由 N 架无人机组成的无人机集群在 3D 球体 V 内自主飞行，球形区域的半径为 r，体积为 $|V|$。这里，3D 球体的半径表示无人机集群的覆盖范围。为了便于后续的分析，我们假设网络中每架无人机都装备一个单天线，网络中的无人机采用 CSMA/CA 或者时分多址（time-division multiple access，TDMA）来共享相同的无线信道，即一旦信道被一架无人机占

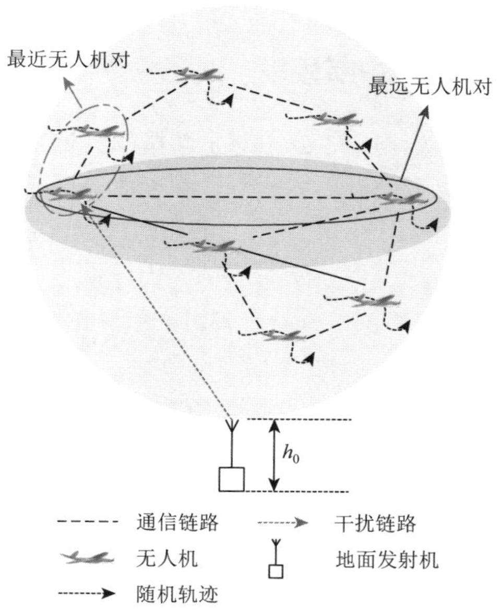

图 4-1　空间中自主飞行的无人机集群示意图

用，其他无人机就不会利用该信道传输，从而不会产生干扰。

首先，我们考虑无干扰情况下的场景，即无人机集群远离地面发射机，不会受到来自地面发射机的干扰。令 $s(t)$ 表示无人机 1 传输给无人机 2 的无线电信号，无人机 2 接收到的信号 $y(t)$ 可以表示为

$$y(t)=\sqrt{P}h(t)s(t)+n(t) \tag{4-1}$$

其中，$s(t)$ 服从均值为 0、方差为 1 的圆对称复高斯分布，即 $\mathcal{CN}(0,1)$，$\mathbb{E}[|s(t)|^2]=1$；P 表示每架无人机的发送功率；$h(t)$ 表示无人机之间通信链路的信道系数；$n(t)$ 表示均值为 0、方差为 $\mathbb{E}[|n(t)|^2]=\sigma^2$ 的加性高斯白噪声。

由于 3D 空间中直射 LoS 路径起主导作用，我们将 U2U 链路的信道建模为独立同分布莱斯衰落信道。因此，接收无人机接收到的 SNR（用符号 ρ 表示）的概率密度函数可以表示为[3]

$$f_\rho(x)=\frac{1+K}{\bar{\rho}}\exp\left(-K-\frac{(1+K)x}{\bar{\rho}}\right)\mathrm{I}_0\left(\sqrt{\frac{K(K+1)}{\bar{\rho}}x}\right) \tag{4-2}$$

其中，K 是莱斯因子，表示 LoS 路径的功率与散射径功率的比值，取值范围为 $0\leqslant K\leqslant 10$；$\bar{\rho}=\dfrac{P}{\sigma^2 l^\alpha}$ 表示接收到的平均 SNR，l 表示无人机之间的距离，α 表示大规模路径损耗因子；$\mathrm{I}_0(x)=\sum\limits_{n=0}^{\infty}\dfrac{(x/2)^{2n}}{n!\Gamma(n+1)}$ 表示零阶修正第一类贝塞尔函数[4]，$\Gamma(z)=\int_0^\infty \dfrac{t^{z-1}}{\mathrm{e}^t}\mathrm{d}t$ 表示伽马函数。

4.2.2 中断概率

根据第 3 章中对中断概率的定义，在独立同分布莱斯衰落信道模型的假设下，可以得到以下中断概率的表达式：

$$\begin{aligned}P_{\text{out}}&=\Pr\left(\frac{P|h(t)|^2}{\sigma^2 l^\alpha}\leqslant\rho_{\text{th}}\right)\\&=\int_0^{\rho_{\text{th}}}\frac{1+K}{\bar{\rho}}\exp\left(-K-\frac{1+K}{\bar{\rho}}x\right)\mathrm{I}_0\left(2\sqrt{\frac{K(K+1)}{\bar{\rho}}x}\right)\mathrm{d}x\\&=1-Q\left(\sqrt{2K},\sqrt{\frac{2\rho_{\text{th}}(1+K)\sigma^2 l^\alpha}{P}}\right)\end{aligned} \tag{4-3}$$

其中，ρ_{th} 表示 SNR 阈值；$Q(\sqrt{a},\sqrt{b})=\int_b^\infty\dfrac{1}{2}\exp\left(-\dfrac{x+a}{2}\right)\mathrm{I}_0(\sqrt{ax})\mathrm{d}x$ 表示一阶 Marcum Q 函数[3]。

根据第 3 章中的式（3-6），可以得到一阶 Marcum Q 函数的近似表达式如下：

$$\begin{aligned}
&Q\left(\sqrt{2K},\sqrt{\frac{2\rho_{\text{th}}(1+K)\sigma^2 l^{\alpha}}{P}}\right)\\
&\approx \exp\left(-\mathrm{e}^{\nu(\sqrt{2K})}\left(\frac{2\sigma^2\rho_{\text{th}}(1+K)l^{\alpha}}{P}\right)^{\frac{1}{2}\mu(\sqrt{2K})}\right)\\
&\triangleq \tilde{Q}(l)
\end{aligned} \tag{4-4}$$

其中，$\nu(\sqrt{2K})$ 和 $\mu(\sqrt{2K})$ 是与 K（$K\in[0,10]$）有关的非负参数，它们的取值可以根据第 3 章中的式（3-41）和式（3-42）得到。根据 $\nu(\sqrt{2K})$ 和 $\mu(\sqrt{2K})$ 的取值，我们进一步分析函数 $\tilde{Q}(l)$ 的凹凸性，这对于后续分析无人机的连通概率至关重要。

根据第 3 章中对函数 $\tilde{Q}(l)$ 的凹凸性的分析，可以知道：当 $l<l_{\text{th}}\triangleq\sqrt[\tau_3]{\dfrac{\tau_3-1}{\tau_1\tau_2\tau_3}}$ 时，$\dfrac{\mathrm{d}^2\tilde{Q}(l)}{\mathrm{d}l^2}<0$，$\tilde{Q}(l)$ 关于 l 是凹的。其中 l_{th} 的取值主要取决于 SNR，即 $\dfrac{P}{\sigma^2}$。

在典型的参数设置下，l_{th} 的取值较大，接近于 $2r$。当分析无人机网络中任意一架无人机与其余无人机之间的连通性时，通常假设 $l\leqslant l_{\text{th}}$，因此利用函数 $\tilde{Q}(l)$ 来近似函数 $Q(l)$ 是合理的。当分析无人机网络中的广播连通性时，通常假设 $l>l_{\text{th}}$，如图 4-2

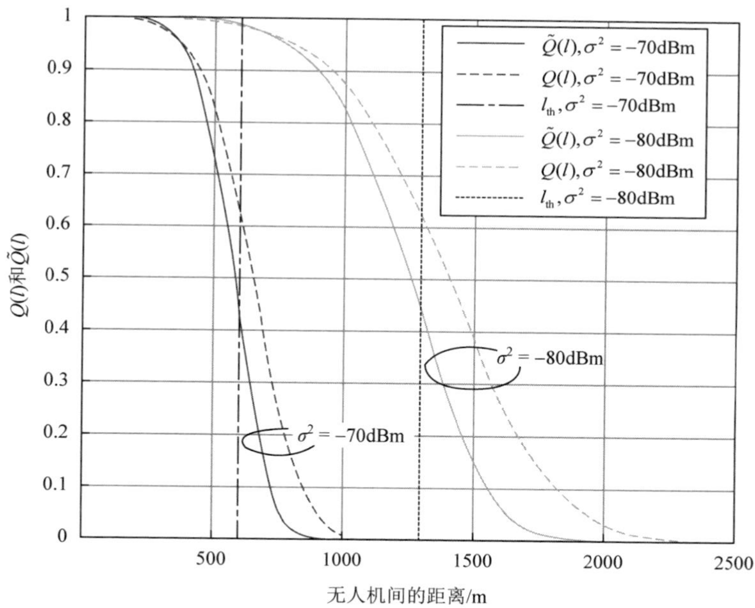

图 4-2　函数 $Q(l)$ 和 $\tilde{Q}(l)$ 随距离 l 的变化曲线图（$K=5$dB，$\rho_{\text{th}}=5$dB，$P=0.1$W，$\sigma^2=-70$dBm,-80dBm）

所示。在本章后续研究中，将基于 $\tilde{Q}(l)$ 分析得到无人机网络广播连通性的上界，并进一步验证利用函数 $\tilde{Q}(l)$ 来近似函数 $Q(l)$ 是合理、有效的。

4.3　集群通信无线网络连通性分析

在本节中，我们首先研究无人机网络中任意一架无人机到其他无人机的距离的分布与最小距离，然后研究无人机网络中最近的无人机之间的中断概率，以便在 4.4 节中评估整个无人机集群的最优连通性能及其广播连通性能。

考虑到 N 架无人机在 3D 球体内随机且独立地飞行，所有的无人机都遵循 ST 移动性模型。我们用 $L_i\,(i=1,2,\cdots,N-1)$ 来表示任意选择的无人机到其余 $N-1$ 架无人机的欧氏距离，并且假设 L_i 是独立同分布随机变量。令 l_1 表示这些距离中的最短距离，表示为

$$l_1=\min_{i=1,2,\cdots,N-1}\{L_i\} \tag{4-5}$$

l_1 的均值可以在下面的引理 4-1 中获得。

引理 4-1　假设 N 架无人机在半径为 r 的 3D 球体内随机且独立地飞行，那么任意选择的一架无人机与其他 $N-1$ 架无人机之间最短距离的期望，表示为 $\mathbb{E}[l_1]$，可以近似给出：

$$\mathbb{E}[l_1]\approx\frac{\Gamma\left(\frac{4}{3}\right)\Gamma(N)}{\Gamma\left(N+\frac{1}{3}\right)}r \tag{4-6}$$

证明：详细的证明过程参考第 3 章中式（3-26）的推导。

利用引理 4-1 和詹森不等式，我们可以建立以下有关无人机集群网络中任意选择的无人机连通性定理。

定理 4-1　假设 N 架无人机在 3D 球形区域内遵循 ST 模型随机飞行，且这些无人机之间的 U2U 链路经历莱斯信道衰落，那么集群网络中最近的无人机之间 U2U 链路的中断概率满足如下条件：

$$\begin{aligned}&\mathbb{E}[P_{\text{out1}}]>P_{\text{out1}}^*,\quad \text{如果}\,\mathbb{E}[l_1]<l_{\text{th}}\\&\mathbb{E}[P_{\text{out1}}]\leqslant P_{\text{out1}}^*,\quad \text{如果}\,\mathbb{E}[l_1]\geqslant l_{\text{th}}\end{aligned} \tag{4-7}$$

其中，$l_{\text{th}}=\sqrt[\tau_3]{\frac{\tau_3-1}{\tau_1\tau_2\tau_3}}$，$\tau_1=\mathrm{e}^{\nu(\sqrt{2K})}$，$\tau_2=\left(\frac{2\sigma^2\rho_{\text{th}}(1+K)}{P}\right)^{\frac{1}{2}\mu(\sqrt{2K})}$，$\tau_3=\frac{1}{2}\alpha\mu(\sqrt{2K})$，以及

$$P_{\mathrm{out1}}^{*}=1-\exp\left(-\mathrm{e}^{\nu(\sqrt{2K})}\left(\frac{2\sigma^{2}\rho_{\mathrm{th}}(1+K)\Gamma\left(\frac{4}{3}\right)^{\alpha}\Gamma(N)^{\alpha}r^{\alpha}}{\Gamma\left(N+\frac{1}{3}\right)^{\alpha}P}\right)^{\frac{1}{2}\mu(\sqrt{2K})}\right) \tag{4-8}$$

保证最近的 U2U 链路连通的发送功率可由下式给出：

$$\begin{aligned}&P>P_1^{*},\quad \text{如果}\,\mathbb{E}[l_1]<l_{\mathrm{th}}\\&P\leqslant P_1^{*},\quad \text{如果}\,\mathbb{E}[l_1]\geqslant l_{\mathrm{th}}\end{aligned} \tag{4-9}$$

其中，$P_1^{*}=\dfrac{(-\mathrm{e}^{\nu(\sqrt{2K})}\ln(1-P_{\mathrm{out1}}^{*}))^{\frac{2}{\mu(\sqrt{2K})}}\Gamma\left(N+\frac{1}{3}\right)^{\alpha}}{2\rho_{\mathrm{th}}\sigma^{2}(1+K)\Gamma\left(\frac{4}{3}\right)^{\alpha}\Gamma(N)^{\alpha}r^{\alpha}}$。

证明：详细的证明过程见附录 B。

值得注意的是，式（B-1）到式（B-4）的推导是基于 N 取值比较大的假设，而不一定要求 N 趋近于无穷大。由于在典型的参数设置下，$\mathbb{E}[l_1]<l_{\mathrm{th}}$ 是成立的，因此式（B-1）为典型网络配置中的中断概率提供了理论下界，具有实际意义。此外，$\tilde{Q}(l)$ 表现出弱曲率变化，尤其是在 $l<l_{\mathrm{th}}$ 的情形下，如图 4-2 所示。因此，在这种情况下，上述中断概率的下界也提供了一种很好的中断概率的近似计算方法，这点也将在 4.5 节中得到说明和验证。

4.4　存在地面干扰情况下集群通信无线连通性分析

在实际无线通信系统中，空中接收机容易受到来自地面发射机的干扰[3, 5]。本节主要分析存在地面发射机干扰的情况下，无人机集群网络的连通性能。

可以通过扩展利用 Crofton 固定点定理，即第 3 章中的引理 3-1 来分析这种情况，即无人机在 3D 球体内随机飞行，地面发射机位于上述 3D 球体的表面上。令 l_I 表示球体内任意无人机与地面发射机之间的距离。l_I 的期望，即 $\mathbb{E}[l_I]$，可以由如下的引理 4-2 得到。

引理 4-2　假设 N 架无人机在半径为 r 的 3D 球体内随机且独立地飞行，地面发射机位于球体表面。球体内任意选择的一架无人机与地面发射机之间的距离的期望，即 $\mathbb{E}[l_I]$，可近似为

$$\mathbb{E}[l_I]\approx\frac{6}{5}r \tag{4-10}$$

证明：详细的证明过程见附录 A 中第 4 部分式（A-23）的推导过程。

4.4.1　地面发射机干扰下的中断概率

本节假设地面发射机对空中接收机的干扰链路的小尺度衰落为莱斯衰落，然后分析静止的地面发射机的干扰对具有 3D ST 随机轨迹飞行的无人机集群网络连通性能的影响。

存在地面发射机干扰的情况下，无人机集群网络中无人机接收到的信号表示如下：

$$y(t)=\sqrt{P}h(t)s(t)+\sqrt{P_I}h_I(t)s(t)+n(t) \tag{4-11}$$

其中，P_I 表示地面发射机的发送功率；h_I 表示地面发射机对空中无人机的干扰链路的信道系数。

因此，空中无人机接收到的信干噪比（signal-to-interference-plus-noise ratio，SINR）表示为ζ，由式（4-12）给出：

$$\zeta=\frac{Pl^{-\alpha}\,|h|^2}{P_I l_I^{-\alpha_I}\,|h_I|^2+\sigma^2} \tag{4-12}$$

因此，中断概率可以表示为

$$\begin{aligned}P'_{\text{out}}&=\Pr(\zeta\leqslant\rho_{\text{th}})=\Pr\left(\frac{Pl^{-\alpha}\,|h|^2}{P_I l_I^{-\alpha_I}\,|h_I|^2+\sigma^2}\leqslant\rho_{\text{th}}\right)\\&=\Pr(Pl^{-\alpha}\,|h|^2-P_I l_I^{-\alpha_I}\rho_{\text{th}}\,|h_I|^2\leqslant\sigma^2\rho_{\text{th}})\\&=\Pr(Z\leqslant\sigma^2\rho_{\text{th}})\end{aligned} \tag{4-13}$$

式（4-13）可以通过先定义 $X\triangleq Pl^{-\alpha}\,|h|^2$，$Y\triangleq P_I l_I^{-\alpha_I}\rho_{\text{th}}\,|h_I|^2$，以及 $Z\triangleq X-Y$，再进行变量替换得到；α_I（$\alpha_I\geqslant 2$）表示无人机与地面发射机之间干扰链路的大尺度路径损耗因子。

引理 4-3　假设信道系数 h 和 h_I 分别服从参数为 K 和 K_I 的莱斯分布。此时，中断概率可以表示为 $P'_{\text{out}}=\int_0^{\rho_{\text{th}}}f_Z(z)\mathrm{d}z$，其中，$f_Z(z)$ 可以表示为

$$\begin{aligned}f_Z(z)&=\int_0^{\infty}f_X(z+y)f_Y(y)\mathrm{d}y\\&=\int_0^{\infty}\frac{1+K}{\Omega_x}\exp\left(-K-\frac{1+K}{\Omega_x}(z+y)\right)\mathrm{I}_0\left(2\sqrt{\frac{K(1+K)\,(z+y)}{\Omega_x}}\right)\frac{1+K_I}{\Omega_y}\\&\quad\cdot\exp\left(-K_I-\frac{1+K_I}{\Omega_y}y\right)\mathrm{I}_0\left(2\sqrt{\frac{K_I(1+K_I)}{\Omega_y}y}\right)\mathrm{d}y\end{aligned}$$

$$
\begin{aligned}
&=\frac{(1+K)(1+K_I)\exp(-K-K_I)}{\Omega_x\Omega_y}\exp\left(-\frac{1+K}{\Omega_x}z\right)\int_0^{\infty}\left(\exp\left(-\left(\frac{1+K}{\Omega_x}+\frac{1+K_I}{\Omega_y}\right)y\right)\right.\\
&\left.\cdot\sum_{k=0}^{\infty}\left(\frac{K_I^k(1+K_I)^k y^k}{(k!)^2}F\left(-k,-k;-1;\frac{K(1+K)\Omega_y}{K_I(1+K_I)\Omega_x}\right)\right)\right)\mathrm{d}y\\
&=\frac{(1+K)(1+K_I)\exp(-K-K_I)}{\Omega_x\Omega_y}\exp\left(-\frac{1+K}{\Omega_x}z\right)\\
&\cdot\sum_{k=0}^{\infty}\left(\frac{K_I^k(1+K_I)^k\Omega_x^k\Omega_y^k}{k!((1+K)\Omega_y+(1+K_I)\Omega_x)^k}F\left(-k,-k;-1;\frac{K(1+K)\Omega_y}{K_I(1+K_I)\Omega_x}\right)\right)
\end{aligned}
\tag{4-14}
$$

其中，$\Omega_x=Pl^{-\alpha}$；$\Omega_y=P_I l_I^{-\alpha_I}\rho_{\text{th}}$；式（4-14）是根据文献[4]中的式（8.442），即

$$
\begin{aligned}
&\mathrm{I}_0\left(2\sqrt{\frac{K(1+K)(z+y)}{\Omega_x}}\right)\mathrm{I}_0\left(2\sqrt{\frac{K_I(1+K_I)}{\Omega_y}y}\right)\\
&=\sum_{k=0}^{\infty}\left(\frac{K_I^k(1+K_I)^k y^k}{(k!)^2}F\left(-k,-k;-1;\frac{K(1+K)\Omega_y}{K_I(1+K_I)\Omega_x}\right)\right)
\end{aligned}
\tag{4-15}
$$

得到的，其中 $F(\cdot)$ 是超几何函数。

我们发现，基于式（4-14）很难推导出 P'_{out} 的闭式表达式，引理 4-3 的结果也无法直接提供有用的见解。另外，地面发射机通常和无人机的距离很远，而且它也可能位于室内；无人机与地面发射机之间的干扰链路也会受到无人机机体的遮挡，因此可以考虑地面发射机与无人机之间存在非直射径 NLoS 的情况。在该场景下，我们假设地面发射机到空中接收机之间的干扰链路经历的衰减服从瑞利分布，即 $K_I=0$。此时，下面的定理中给出了中断概率 P'_{out} 的闭式表达式。

定理 4-2　假设信道系数 h 服从参数为 K 的莱斯分布，信道系数 h_I 服从瑞利分布，即 $|h_I|^2\sim\exp(1)$（$K_I=0$ 下的莱斯分布）。存在地面发射机的干扰情况下的中断概率可以表示为

$$
\begin{aligned}
P'_{\text{out}}=&1-Q\left(\sqrt{2K},\sqrt{\frac{2(1+K)\sigma^2\rho_{\text{th}}}{\Omega_x}}\right)+\Omega_m\exp(-K+K\Omega_m)\\
&\cdot\exp\left(\frac{\sigma^2\rho_{\text{th}}}{\Omega_y}\right)Q\left(\sqrt{2K\Omega_m},\sqrt{\frac{2(1+K)\sigma^2\rho_{\text{th}}}{\Omega_x\Omega_m}}\right)
\end{aligned}
\tag{4-16}
$$

其上界为

$$P'_{\text{out}} \leqslant P_{\text{out}} + \varOmega_m \exp\left(-K + K\varOmega_m + \frac{\sigma^2\rho_{\text{th}}}{\varOmega_y} - \mathrm{e}^{\nu(\sqrt{2K})}\left(\frac{2(1+K)\sigma^2\rho_{\text{th}}}{\varOmega_x\varOmega_m}\right)^{\frac{1}{2}\mu(\sqrt{2K})}\right)$$
$$\triangleq \varPhi(l,l_I) \tag{4-17}$$

其中，$\varOmega_m = \dfrac{(1+K)\varOmega_y}{\varOmega_x + (1+K)\varOmega_y}$，$0 \leqslant \varOmega_m \leqslant 1$。

证明：详细的证明过程见附录 B。

推论 4-1　在 $K=0$ 和 $K_I=0$ 同时成立的条件下，可以得到存在地面发射机干扰情况下中断概率的上界，表示如下：

$$P'_{\text{out}} \leqslant 1 - \frac{\varOmega_x}{\varOmega_x + \varOmega_y}\exp\left(-\frac{\sigma^2\rho_{\text{th}}}{\varOmega_x}\right) \triangleq \varPhi_0(l,l_I) \tag{4-18}$$

其中，中断概率 $\varPhi_0(l,l_I)$ 是关于 l/l_I 的函数，并且有

$$\mathbb{E}_{l,l_I}\{\varPhi_0(l,l_I)\} \approx \varPhi_0(\mathbb{E}[l],\mathbb{E}[l_I]) \tag{4-19}$$

证明：详细的证明过程见附录 B。

4.4.2　集群网络连通性分析

在本节中，我们分析了存在地面发射机干扰的情况下无人机集群网络的连通性能。根据推论 4-1，我们可以建立无人机集群网络中任意一条 U2U 链路的中断概率的界限，即中断概率的上界，表示为 $\mathbb{E}[P'_{\text{out1}}]$，可由式（4-20）给出：

$$\begin{aligned}\mathbb{E}_{l_1,l_I}[P'_{\text{out1}}] &\leqslant \mathbb{E}_{l_1,l_I}[\varPhi_0(l_1,l_I)] \\ &\approx \varPhi_0[\mathbb{E}(l_1),\mathbb{E}(l_I)] \\ &= 1 - \varOmega^*_{m_1}\exp\left(-\frac{\sigma^2\rho_{\text{th}}\Gamma\left(\frac{4}{3}\right)^{\alpha}\Gamma(N)^{\alpha}r^{\alpha}}{\Gamma\left(N+\frac{1}{3}\right)^{\alpha}P}\right) \triangleq P'^{*}_{\text{out1}}\end{aligned} \tag{4-20}$$

其中，$\varOmega^*_{m_1} = \dfrac{1}{1+\dfrac{P}{P_I\rho_{\text{th}}}\left(\dfrac{6}{5}\right)^{\alpha_I}\left(\Gamma\left(N+\dfrac{1}{3}\right)\Big/\Gamma\left(\dfrac{4}{3}\right)\Gamma(N)\right)^{\alpha}r^{\alpha_I/\alpha}}$；式（4-20）的近似来自推论 4-1；$\mathbb{E}(l_I) \approx \dfrac{6}{5}r$ 基于引理 4-2。

4.4.3　集群网络广播连通性分析

在上述分析的基础上，本节进一步分析了最远无人机对，即最长 U2U 链路的中断概率的上界，表示为 $\mathbb{E}[P'_{\text{out2}}]$，由式（4-21）给出：

$$\begin{aligned}\mathbb{E}_{l_2,l_I}[P'_{\text{out2}}] &\leqslant \mathbb{E}_{l_2,l_I}[\Phi_0(l_2,l_I)] \approx \Phi_0[\mathbb{E}(l_2),\mathbb{E}(l_I)] \\ &= 1-\Omega^*_{m_2}\exp\left(-\frac{\sigma^2\rho_{\text{th}}\mathbb{E}[l_2]^{\alpha}}{P}\right) \triangleq P'^*_{\text{out2}}\end{aligned} \tag{4-21}$$

其中，$\Omega^*_{m_2} = \dfrac{1}{1+\dfrac{P}{P_I\rho_{\text{th}}}\left(\dfrac{6}{5}r\right)^{\alpha_I}\mathbb{E}[l_2]^{-\alpha}}$。

注：根据推论 4-1，我们可以得到有无地面发射机干扰两种情况下中断概率之间的关系，具体为

$$\begin{aligned}\Phi_0(l,l_I) &= 1-\left(1-\frac{\Omega_y}{\Omega_x+\Omega_y}\exp\left(\frac{\sigma^2\rho_{\text{th}}}{\Omega_y}\right)\right)\tilde{Q}(l) \\ &= P_{\text{out}}+\frac{\Omega_y}{\Omega_x+\Omega_y}\exp\left(\frac{\sigma^2\rho_{\text{th}}}{\Omega_y}\right)\tilde{Q}(l)\end{aligned} \tag{4-22}$$

当无人机之间以及无人机与地面发射机之间的链路衰落都服从瑞利分布时，式（4-22）提供了典型无人机通信场景下（即无人机之间存在直射径，U2U 链路经历多径衰落，如莱斯信道衰落等）U2U 链路的中断概率的上界。值得注意的是，莱斯衰落信道具有与瑞利衰落信道相同的分布，只是在正均值部分有差异（这是由于莱斯衰落信道下存在直射径，而瑞利衰落信道下不存在直射径造成的）。其结果是，除了平均值之外，在莱斯衰落信道下无人机接收到的信号与在瑞利衰落信道下接收到的信号具有相同的分布。因此，在瑞利衰落信道假设下的中断概率分析为莱斯衰落信道下的分析提供了上界。

4.5　数值仿真与分析

本节主要利用蒙特卡罗仿真方法验证上述关于无人机集群网络的连通性能，从而验证理论分析结果的准确性及有效性。

4.5.1　仿真条件设置

在仿真中，无人机的随机轨迹通过 ST 移动性模型[6]生成。除非另有说明，本

节中我们假设 3D 空间半径为 $r = 500\text{m}$，空间中无人机数量最多为 500 架，无人机的发送功率为 $P = 20\text{dBm}$，地面发射机的发送功率为 $P_I = 20\text{dBm}$，噪声功率为 $\sigma^2 = -80\text{dBm}$。在表 4-1 中，参考文献[7]～[9]，给出了主要仿真参数。

表 4-1　仿真参数

参数	取值
地面发射机的发送功率 P_I	20dBm
噪声功率 σ^2	–80dBm
路损因子 α	3[9]
莱斯因子 K	0dB，2dB，5dB
SNR 阈值 ρ_{th}	0dB，5dB，10dB

4.5.2　集群网络连通性分析

图 4-3 对比了存在和不存在地面发射机干扰的情况下，无人机集群网络中任意无人机对的连通性，即中断概率，绘制了不同莱斯因子 K 下，U2U 链路 l_1 的中断概率与空间中无人机数量 N 的关系曲线。莱斯因子 $K = 0\text{dB}$ 表示 U2U 链路之间没

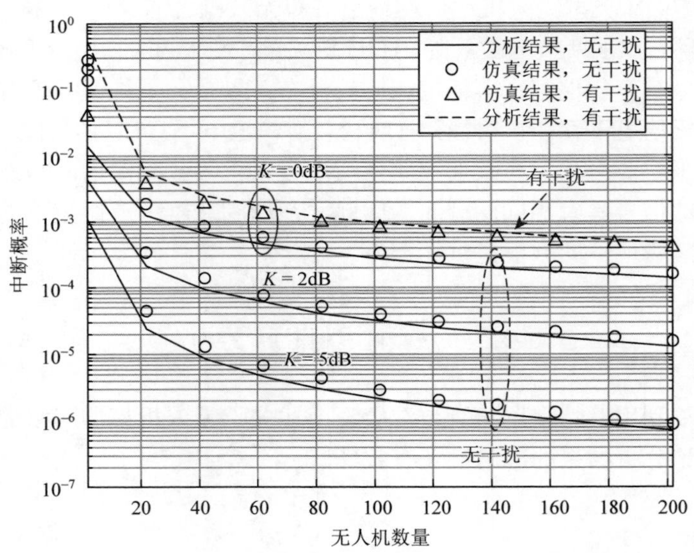

图 4-3　不同莱斯因子 K 下，中断概率随无人机数量变化趋势图
（$r = 500\text{m}$，$\rho_{\text{th}} = 5\text{dB}$ 和 $\alpha_I = 3.5$）

有 LoS 路径，即莱斯衰落信道退化为瑞利衰落信道的情况。莱斯因子 $K=5\text{dB}$ 表示 U2U 链路之间既存在 LoS 路径也存在 NLoS 路径（本书中考虑的 NLoS 路径主要是由于无人机自身的机体遮挡以及来自其他无人机的机体反射和散射等造成的）的情况。

如图 4-3 所示，本节中得到的分析结果，即附录 B 中的式（B-1），是相应的仿真结果的下界，这是由于在仿真参数的设置下，$\mathbb{E}[l_1]<l_{\text{th}}$ 是成立的。随着无人机数量 N 的增加，中断概率的下界渐近地逼近仿真值，当 N 较大时，该下界与仿真结果基本一致。这主要是因为 $\tilde{Q}(l)$ 曲率变化比较小，使中断概率的下界，即式（B-1）与实际中断概率之间的差异很小，并且随着 N 的增加，这种差异可以逐渐忽略不计。对于较小的 N，如 $N=2$，由于式（4-6）中的近似，使分析结果即式（B-1）不是十分准确。从图 4-3 中我们还可以看出，中断概率随着无人机数量的增加而减少，并且随着 K 的增加而减少，这是因为 LoS 路径越来越占优势并且减少了中断的发生。

图 4-4 展示了存在地面发射机干扰情况下任意选取的无人机接收机的中断概率（即 P'_{out}）与没有地面发射机干扰情况下中断概率（即 P_{out}）的对比图，包含两种情况下的分析界限，以及相应的仿真曲线。在图 4-4（a）中，我们发现存在地面干扰的情况下，瑞利衰落信道下的分析结果，即式（4-20），为莱斯衰落信道下中断概率的下界。在图 4-4（a）中，P'_{out} 随着 P_{out} 的增加而增加，而在图 4-4（b）中，P'_{out} 与 P_{out} 之间的差异（即 ΔP）随着 P_{out} 的增加先增加后减小。因此，我们可以得出如下的结论：来自地面发射机的干扰将降低无人机集群网络的连通性，尤其是当无人机的飞行高度较低（路损因子 $\alpha_I\to\alpha$）或当无人机之间链路条件较好（P_{out} 很小）时。

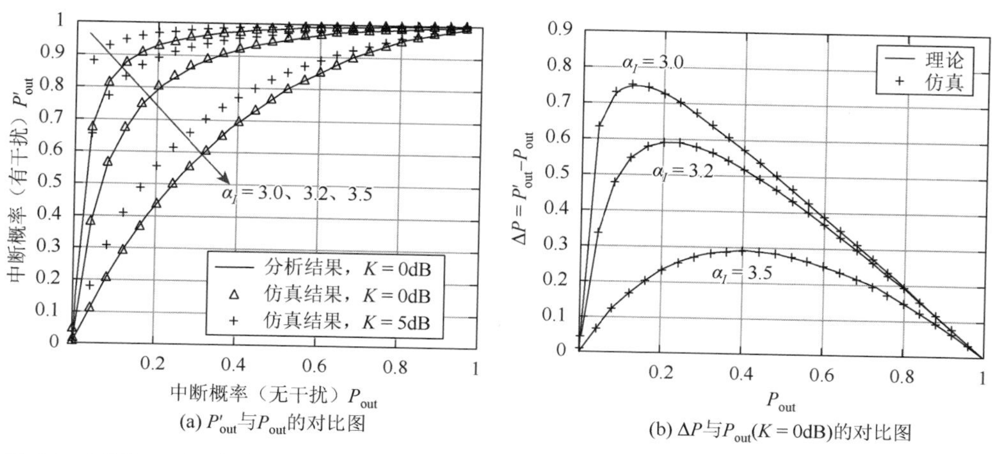

(a) P'_{out}与P_{out}的对比图　(b) ΔP与$P_{\text{out}}(K=0\text{dB})$的对比图

图 4-4　不同 α_I 下，存在和不存在地面发射机干扰情况下中断概率对比图（$r=500\text{m}$，$N=50$，$K_I=0\text{dB}$，以及 $\alpha=3$）

图 4-5 描述了有、无地面发射机干扰的情况下任意选择的无人机的中断概率与无人机数量 N 以及 SNR 阈值 ρ_{th} 的变化关系。我们可以看到，随着无人机数量 N 的增加，本节中得到的分析结果即式（B-1）与仿真结果越来越接近，并且随着 N 的增加而减少，这是因为无人机之间的距离随着无人机数量的增加而减少。此外，随着 ρ_{th} 的增加，中断概率的分析结果变得越来越准确。

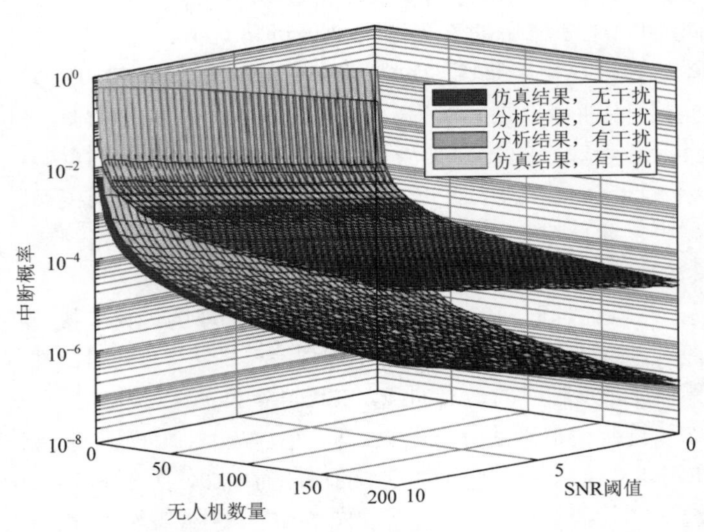

图 4-5 中断概率随无人机数量以及 SNR 阈值的 3D 变化趋势图（$K = K_I = 0\text{dB}$，$r = 500\text{m}$）（见彩图）

图 4-6 展示了有、无地面发射机干扰的情况下，任意无人机的中断概率在不同 SNR 阈值下随无人机的发送功率 P 的变化趋势图。我们可以看到，网络中链路中断发生概率随着 P 的增长而减少。此外，随着 SNR 阈值的增长，分析结果，即式（B-1），变得越来越准确。我们还强调了在不同 SNR 阈值下实现10^{-2} 的最小中断概率所需的发送功率，所需的最大发送功率与仿真结果一致。

图 4-7 展示了无论是否存在地面发射机的干扰情况下，无人机集群网络中任意选择的无人机通信发生中断的概率随着 3D 球体空间的覆盖范围的变化趋势图。该图还展示了集群网络中不同的无人机数量（即 N）对中断概率的影响。由图 4-7 可知，我们的分析结果包括下界公式（B-1）和上界公式（B-9）都随着无人机集群网络覆盖范围的增加变得越来越准确。从图中我们还可以看出，随着无人机数量的增加，中断概率的上界也变得越来越准确。因此，验证了本节中得到的中断概率的上下界对于量化分析 3D 空间中密集化无人机集群网络的连通性能是有实际意义的。

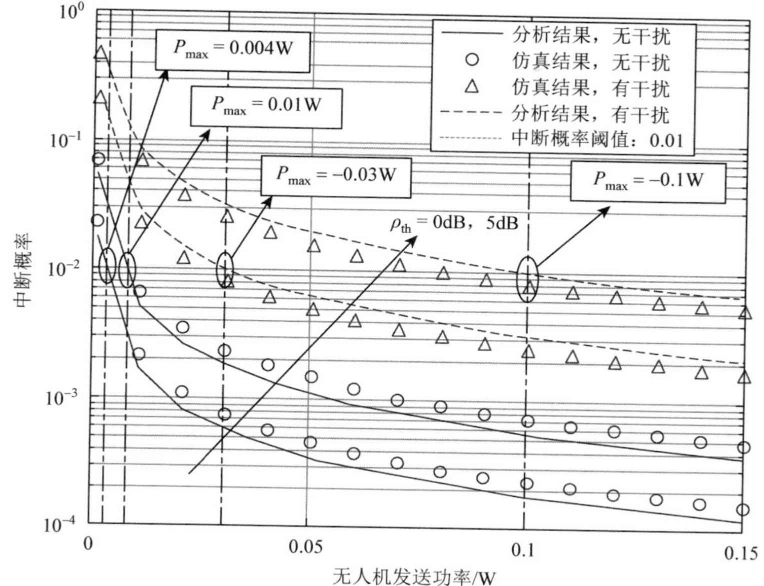

图 4-6　不同 SNR 阈值下，任意无人机的中断概率随发送功率 P 的变化趋势图
（$r=500m$，$N=50$，$\alpha=3$，$\alpha_I=3.5$，$K=0dB$）

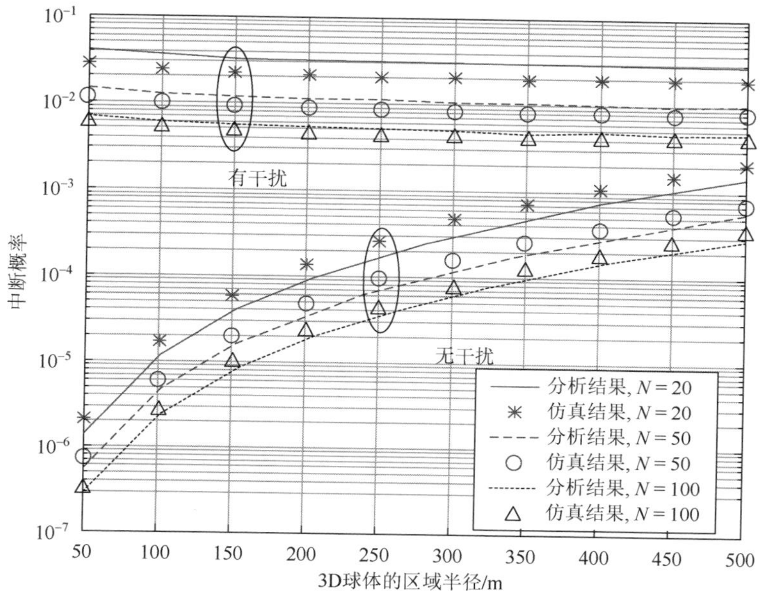

图 4-7　不同数量无人机下，任意无人机的中断概率随 3D 球体区域半径 r 的变化趋势图
（$K=0dB$，$P=0.1W$，$\rho_{th}=5dB$）

4.5.3 集群网络广播连通性分析

图 4-8 展示了中断概率的分析结果（即式（B-3））在不同数量的无人机下（$N=10,50,100,500$）随着集群网络覆盖范围（3D 球形区域）半径 r 以及发送功率 P 的变化趋势图。由图 4-8 可知，在 N 趋向于无穷大假设下的理论分析结果为集群网络中的最长 U2U 链路的中断概率提供了较紧密的上界。当 $N=500$ 时，分析结果与仿真结果基本一致，因此有关 N 趋向于无穷大的假设是有效的。另外，最远距离的均值（$\mathbb{E}[l_2]$）接近于 $2r$，大于 l_{th}，因此分析结果（式（B-3））是无人机集群网络广播中断概率的上界而不是下界。

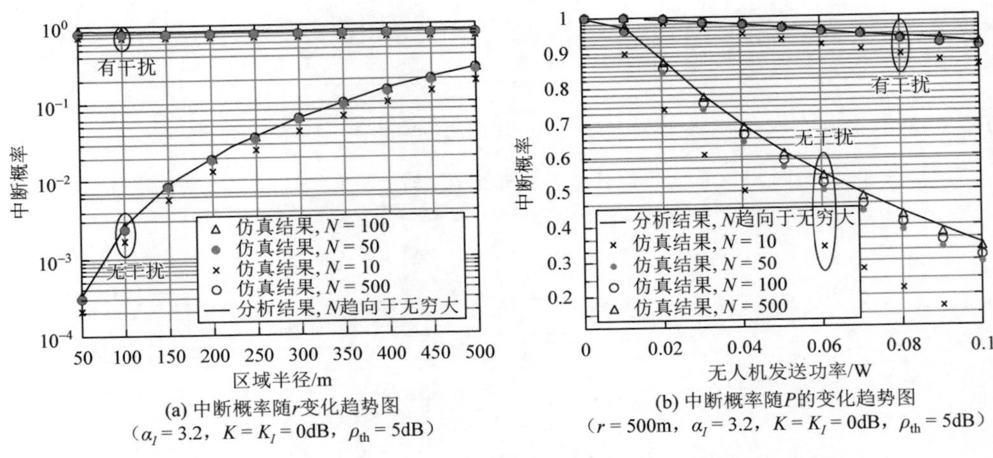

(a) 中断概率随r变化趋势图
（$\alpha_I=3.2$，$K=K_I=0\text{dB}$，$\rho_{\text{th}}=5\text{dB}$）

(b) 中断概率随P的变化趋势图
（$r=500\text{m}$，$\alpha_I=3.2$，$K=K_I=0\text{dB}$，$\rho_{\text{th}}=5\text{dB}$）

图 4-8　无人机集群网络中最远的无人机对之间链路的广播中断概率

4.6 总　　结

在本章中，我们推导得到了有、无地面发射机干扰情况下，自主无人机集群网络中链路中断概率的界限（或者换句话说，无人机的单跳连通性和无人机的广播连通性）的闭式表达式。我们的分析基于 3D 随机几何理论，将无人机随机轨迹转化为空间中无人机的稳态分布。仿真的结果验证了分析结果的准确性，并为 3D 空间大规模自主无人机集群网络的连通性分析提供了较紧的性能界限。

参 考 文 献

[1] Abualhaol I Y，Matalgah M M. Outage probability analysis in a cooperative UAVs network over Nakagami-m fading channels//Proceedings of IEEE Vehicular Technology Conference（VTC），Montreal，2006：1-4.

[2] Abualhaol I Y，Matalgah M M. Performance analysis of multi-carrier relay-based UAV network over fading channels// Proceedings of IEEE Globecom Workshops，Miami，2010：1811-1815.

[3] Azari M M，Rosas F，Chen K C，et al. Ultra reliable UAV communication using altitude and cooperation diversity. IEEE Transactions on Communications，2017，66（1）：330-344.

[4] Zwillinger D，Jeffrey A. Table of Integrals，Series，and Products. London：Academic Press，2007.

[5] Azari M M，Rosas F，Chiumento A，et al. Coexistence of terrestrial and aerial users in cellular networks// 2017 IEEE Globecom Workshops，Singapore，2017：1-6.

[6] Wan Y，Namuduri K，Zhou Y，et al. A smooth-turn mobility model for airborne networks. IEEE Transactions on Vehicular Technology，2013，62（7）：3359-3370.

[7] Mozaffari M，Saad W，Bennis M，et al. Unmanned aerial vehicle with underlaid device-to-device communications：Performance and tradeoffs. IEEE Transactions on Wireless Communications，2016，15（6）：3949-3963.

[8] Saad W，Han Z，Basar T，et al. A selfish approach to coalition formation among unmanned air vehicles in wireless networks// 2009 International Conference on Game Theory for Networks，Istanbul，2009：259-267.

[9] Frew E W，Brown T X. Airborne communication networks for small unmanned aircraft systems// Proceedings of the IEEE，2008，96（12）：2008-2027.

第 5 章　用于物联网数据采集的无人机网络性能分析

5.1　引　言

随着“互联网＋”国家战略的深度推进，互联网与传统行业正在进行深度整合。线上与线下正在进行深度对流和协作。由于传感器技术的进步和应用，线下数据感知能力在不断增强，正在不断充实网络信息空间，由此催生出智能交通、森林监测、智慧城市、智慧海洋等新型产业。预计到 2030 年，全球传感器数量将突破 100 万亿个。在此背景下，传感器数据的高效收集，以进一步实现线上、线下的互动，成为“互联网＋”国家战略实施的关键。

虽然 5G 的目标是“万物互联”，但是在某些地区，如森林、海洋、岛屿等，仍然缺乏基础设施覆盖。在这些地区，传感器网络就有了用武之地，而传感器数据的收集在缺乏基础设施覆盖的区域仍然存在挑战。

随着我国无人机技术的发展和进步，覆盖和机动能力强的无人机为传感器数据收集提供了新的机会。无人机作为空中基站，可以在没有通信基础设施支持的环境下，利用无人机自身的移动性实现地面传感器网络数据的采集。利用无人机可以收集森林、城市、海洋等区域的传感器数据。由于无人机可以抵近收集传感器数据，客观上节省了传感器网络的能耗。本章研究无人机数据采集的性能分析，为无人机数据采集场景下的网络优化提供指导。

Mozaffari 等分析了当无人机辅助地面进行通信的场景下，地面传感器网络受无人机高度、用户密度等参数的影响情况[1]。在文献[2]中，Cermakova 和 Komarkova 设计了无人机数据采集的全流程，包括整个地理区域的数据采集、数据预处理、分类和计算。Ma 等在文献[3]中研究了无人机辅助地面无线传感器网络收集数据的问题，并且提出了面向公平性的数据采集算法。该场景下的大部分研究集中在无人机作为移动信宿节点时的路径规划以及无线传感器网络的资源分配问题。Rashed 和 Soyturk 在文献[4]中研究了飞行路径对无人机运行时间和无线传感器网络节点覆盖的影响。Ergezer 和 Leblebicioğlu 在文献[5]中提出了一种演化路径规划方案，能够最大限度地收集无人机的信息。Zeng 等在文献[6]中提出了一种通过优化无人机飞行路径来提高无人机能量效率的方案。

综上所述，尽管通过无人机来辅助地面传感器网络进行数据收集拥有巨大的优势，但当下在相关技术的研究上还存在着一些不足。首先是地面传感器节点的划分，目前无人机辅助地面传感器网络收集数据的研究主要停留在协议分析与设计中，在网络节点的划分和分配方面考虑不足，其次是无人机的路径规划问题，目前无人机的路径规划算法主要集中于算法复杂度、性能权衡等方面，并未针对无人机辅助地面传感器网络进行数据收集这一具体场景进行应用以及容量分析。

因此，本章探讨了当无人机辅助地面传感器网络进行数据收集时，地面传感器网络中节点的划分与网络容量之间的关系，提出了无人机辅助地面传感器网络收集数据的多种方案，针对不同的方案进行比较，并给出了单无人机和多无人机两种场景下的性能分析。同时研究了在无人机辅助地面传感器网络场景下的路径规划问题，研究了无人机飞行路径与地面传感器网络容量之间的关系，将路径规划后的传感器网络容量与原有固定路径下的容量进行了对比，证明了合理的路径规划可以有效减少网络容量的损失。

5.2　场景介绍

无人机目前已经广泛应用于民用领域。如图 5-1 所示，由于无人机的灵活性，可以利用无人机进行数据收集。无人机飞过地面传感器网络节点的上方进行数据收集，可以降低地面传感器的通信压力，也可以使连通性较差的地面传感器网络通过无人机再次恢复数据传输。

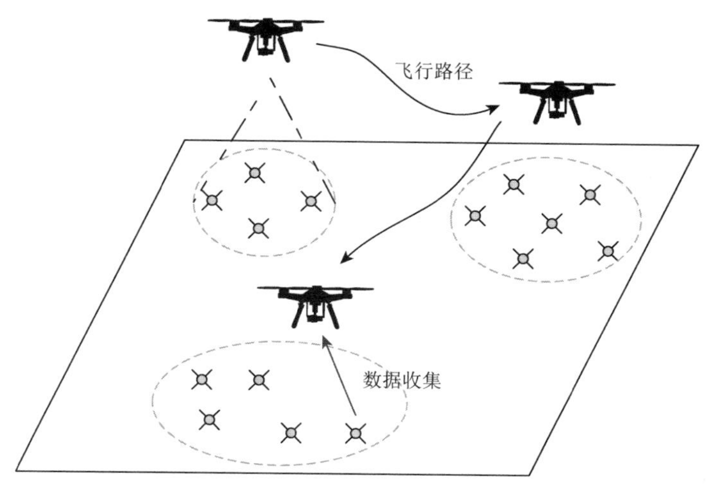

图 5-1　无人机辅助地面传感器网络收集数据

通过对文献的总结，我们发现系统参数对无人机辅助收集数据网络容量的影响至关重要。本章定义了一个新的变量——单节点容量，来衡量无人机辅助的数据收集系统的容量，这个变量和无线传感器网络中的节点数、无线传感器网络分簇的大小以及无人机的数量有关。最佳的无线传感器网络分簇方案可以使单节点容量达到最大。此外，研究发现在多无人机场景下无人机收集数据的整体容量要明显高于单无人机场景。

5.3 系统模型

假设无人机需要进行数据收集的区域是一个含有 m 个传感器网络节点、边长为 L 的正方形区域。将整个区域分成 $n \times n$ 个小区，每个小区的边长为 L/n。在单无人机场景下，无人机的飞行轨迹如图 5-2 所示，与文献[3]中提到的飞行轨迹相似，无人机将周期性地飞过地面传感器网络节点，当无人机飞过地面传感器网络节点上方的时候，无人机将进行数据收集。

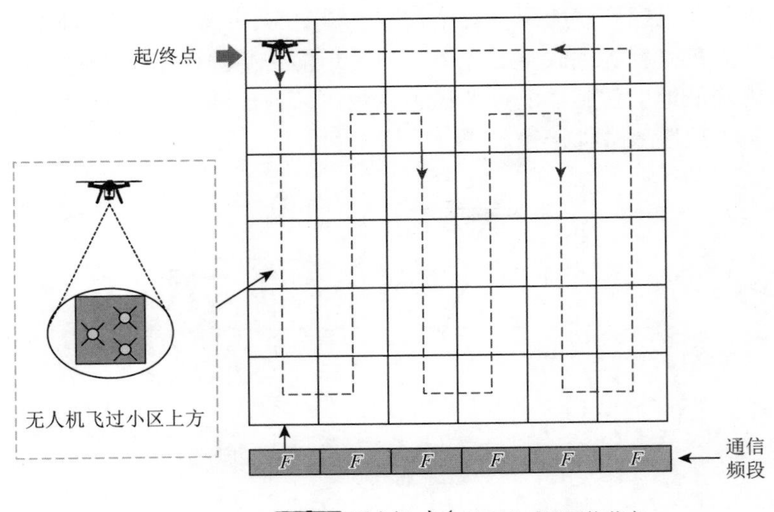

图 5-2　单无人机场景无人机的飞行轨迹及工作模式

在多无人机场景中，无人机的飞行路径如图 5-3 所示，多无人机也将周期性地飞行。当无人机飞行在地面小区上方的时候，无人机将会收集这个小区的全部数据。

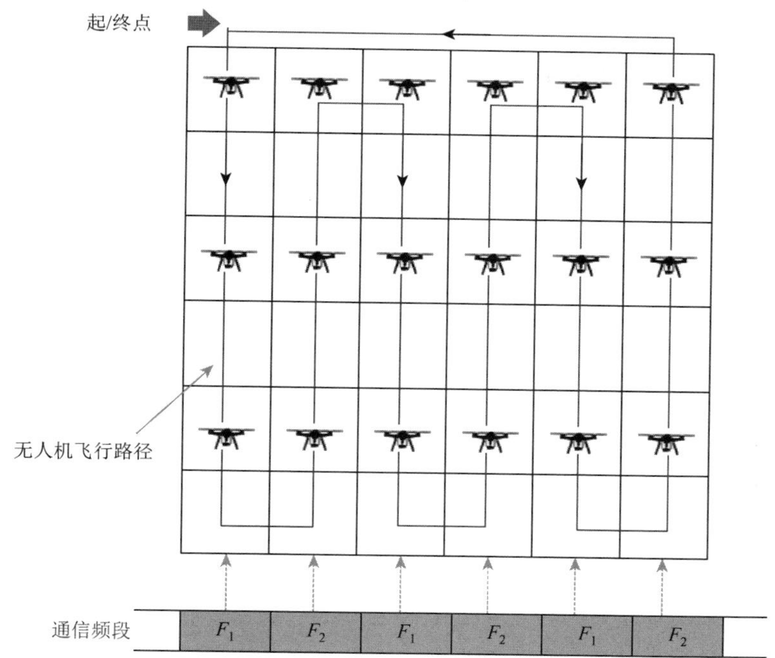

图 5-3　多无人机的飞行路径以及工作模式

定义单节点容量为地面传感器网络节点每秒钟积累并可以被无人机成功收集的数据。因此单节点容量是一个与无人机数量以及地面传感器网络节点分簇大小有关的变量。当无人机飞过地面传感器网络节点小区上方的时候，A2G 信道的信道容量为

$$C_{\mathrm{re}} = W_{\mathrm{u}} \log_2(1+\beta) \tag{5-1}$$

其中，C_{re} 为信道容量；W_{u} 为信道带宽；β 为接收信号的 SNR，并且满足如下等式：

$$\beta = \frac{P_{d_0,\mathrm{d}}^{-\alpha_{\mathrm{d}}}}{N} \tag{5-2}$$

其中，N 是加性高斯白噪声（additive white Gaussian noise，AWGN）的功率；$P_{d_0,\mathrm{d}}$ 是无人机接收到的信号的功率；α_{d} 是路径损耗指数。

考虑到 LoS 和 NLoS 的出现概率，对 A2G 信道进行建模[7]。由于 NLoS 传播的路径损耗高于 LoS 传播的路径损耗。因此无人机的接收信号功率是[8, 9]

$$P_{d_0,\mathrm{d}} = \begin{cases} P_{\mathrm{d}} d_0^{-\alpha_{\mathrm{d}}}, & \text{视距传播} \\ \eta P_{\mathrm{d}} d_0^{-\alpha_{\mathrm{d}}}, & \text{非视距传播} \end{cases} \tag{5-3}$$

其中，P_{d} 是无线传感器节点发射功率，这里考虑最差的信道情况进行分析，因此

取 d_0 为地面传感器网络单个小区内最边缘的传感器节点与无人机之间的距离；α_{d} 是 A2G 信道的路径损耗指数；η 是非视距传播引起的附加衰减因子。根据视距传播的基本概念可以得到视距传播损耗的公式为[1]

$$P_{\mathrm{LoS}} = \frac{1}{1 + A\exp(-B - (\theta - A))} \tag{5-4}$$

其中，A 和 B 是由环境情况，如农村、城市等无人机部署环境决定的变量；θ 则是无人机与传感器网络之间的仰角，根据三角形的基本公式，可以得到无人机与地面传感器网络小区中最边缘的传感器节点之间的仰角为

$$\theta = \frac{180}{\pi} \times \arcsin\left(\frac{h}{d_0}\right) \tag{5-5}$$

其中，$d_0 = \sqrt{h^2 + R_{\mathrm{c}}^2}$，$h$ 为无人机的飞行高度，R_{c} 为无人机的覆盖半径。为了使无人机在飞过地面传感器网络小区的时候能够完全覆盖当前小区，可以得到无人机的覆盖半径最小应该为 $L/\sqrt{2}n$。此外，根据视距传播与非视距传播概率的基本关系，还可以得到 $P_{\mathrm{NLoS}} = 1 - P_{\mathrm{LoS}}$。

5.4　单无人机场景下的容量分析

本节主要研究通过单无人机来辅助地面传感器网络节点进行数据收集，提出单无人机辅助地面传感器网络节点进行数据收集的解决方案。给出衡量单无人机辅助地面传感器网络节点进行数据收集的容量衡量指标。针对提出的容量指标，总结出影响单无人机辅助地面传感器网络数据收集场景下地面传感器单节点容量，并且给出这些参数与地面传感器单节点容量的关系，最终寻找出最优的地面节点划分方案。

5.4.1　理想场景下的容量分析

在单无人机场景中，假设无人机的飞行轨迹如图 5-1 所示，即无人机将周期性地飞过地面传感器网络小区进行数据收集。假设当无人机飞在某一个地面传感器网络小区上方的时候，无人机的停留时间为 t_{s}，以便接收地面传感器网络小区中所有节点的数据。因此可以得到无人机的停留时间应该为地面传感器网络小区中所有节点积累的数据总量除以无人机收集数据的信道容量，故可以得到 t_{s} 的公式应该为

$$t_{\mathrm{s}} = \frac{m\lambda\left(n^2 t_{\mathrm{s}} + \frac{nL}{v}\right)}{n^2 C_{\mathrm{re}}} \tag{5-6}$$

进一步整理可得

$$t_s = \frac{mn\lambda L}{v(n^2 C_{re} - mn^2 \lambda)} \tag{5-7}$$

其中，v 为无人机的飞行速度；λ 为地面传感器网络节点的单节点容量。为了确保无人机能够按照如图 5-1 所示的飞行轨迹进行数据收集，必须满足地面节点小区的划分变量 n 为偶数。本节考虑地面传感器网络节点的理想分布情况，即在整个地面传感器网络节点的划分过程当中，假设所有的节点都均匀分布，因此每个地面传感器网络小区中的节点数量都为 m/n^2。此时，地面上所有小区中都含有相同数量的传感器节点。

在单无人机场景中，由于不涉及无人机之间的干扰问题，因此无人机在每一条路径上都可以使用相同的频段，如图 5-2 底部所示，无人机在每条路径上的频段都为 F。根据这一规则可以将式（5-7）改写为

$$t_s = \frac{m\lambda\left(n^2 t_s + \dfrac{nL}{v}\right)}{n^2 W \log_2(1+\beta)} \tag{5-8}$$

进一步整理可以得到

$$t_s = \frac{m\lambda nL}{n^2 v(W\log_2(1+\beta) - m\lambda)} \tag{5-9}$$

其中，W 为整个系统的总带宽。

由于无人机飞行将会受到自身能量的限制，因此无人机并不能长时间远距离地飞行。在本章的场景下，想要使系统的整体容量最高，就要使无人机的能量得到最好的利用。因此可以得知，如果无人机进行数据收集工作结束并返回起点时恰好用尽无人机的能量，则无人机可以收集到最多的地面节点的数据。根据无人机的飞行路径以及无人机的能量约束关系，可以得到最理想情况下的无人机能量与无人机停留时间 t_s 的关系为

$$E_0 = n^2 t_s P_d + \left(\frac{nL}{v} + n^2 t_s\right) P_f \tag{5-10}$$

其中，P_f 为无人机在悬停状态下消耗的功率。则根据式（5-9）、式（5-10）并经过整理，可以得到单节点容量 λ 与地面传感器网络小区划分数量 n 的关系为

$$\lambda = \frac{W(E_0 v - nLP_f)\log_2\left(1 + \dfrac{P_{LoS}P_d\sqrt{\left(h^2 + \dfrac{L^2}{n^2}\right)^{-\alpha_d}} + \eta(1-P_{LoS})P_d\sqrt{\left(h^2 + \dfrac{L^2}{n^2}\right)^{-\alpha_d}}}{N}\right)}{mE_0 v + mnLP_d} \tag{5-11}$$

如果不考虑无人机与地面传感器网络节点之间的仰角，那么式（5-2）就可以被简化为

$$\beta = \frac{P_{\mathrm{d}} d_0^{-\alpha_{\mathrm{d}}}}{N} \tag{5-12}$$

由上述公式可以简化式（5-11）为

$$\lambda = \frac{W(E_0 v - nLP_f)\log_2\left(1 + \frac{P_{\mathrm{d}}\left(\sqrt{h^2 + \frac{L}{2n^2}}\right)^{-\alpha_{\mathrm{d}}}}{N}\right)}{mE_0 v + mnLP_{\mathrm{d}}} \tag{5-13}$$

根据上述公式，我们对地面传感器网络小区数量与地面传感器网络节点的单节点容量的关系做出了相应的数值分析，可以观察到地面传感器网络节点的划分情况如何影响地面传感器网络节点的网络容量，并找到最优的地面传感器网络节点分配方案，参数如表 5-1 所示。

表 5-1　数值分析参数

参数	参数符号	参数值设置
地面传感器网络长度	L	400m
无人机飞行速度	v	40m/s
地面传感器网络节点数量	m	100
环境因素变量	A	11.95
环境因素变量	B	10.136
路径损耗指数	α_{d}	1.2
无人机飞行功率	P_f	2W
无人机停留功率	P_{d}	4W

图 5-4 描述了单无人机辅助地面传感器网络节点进行数据收集的场景下地面传感器网络节点的划分情况（即地面传感器网络小区数量）与地面传感器网络节点单节点容量之间的关系。可以看到在单无人机辅助地面传感器网络节点进行数据收集时，起初随着地面传感器网络小区数量的增加，地面传感器网络节点的容量会得到提升。这是因为将地面传感器网络节点进行划分之后，会提升无人机资源的利用率并且减缓地面传感器网络节点的压力。随着地面传感器网络小区数量的增加，地面传感器网络节点的容量将会降低。这是由于无人机在收集数据的时候需要依次飞过地面传感器网络节点的上空，随着地面传感器网络小区数量的增加，

无人机的路径会增加，导致无人机用于收集数据的能量降低，浪费无人机的资源，从而造成地面传感器网络节点容量的降低。

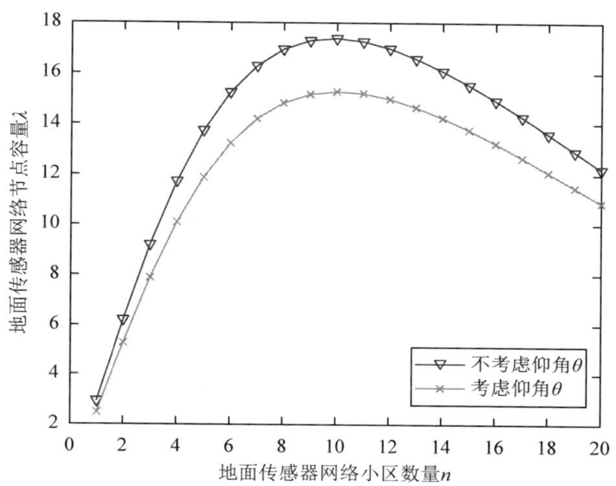

图 5-4　单无人机场景下地面传感器网络小区数量与地面传感器网络节点容量关系

在不考虑仰角 θ 对单无人机辅助地面传感器网络进行数据收集的影响的情况下，传感器网络节点的容量将会得到提升。这是由于不考虑仰角 θ 的情况下无人机通信信道的衰落将会降低，通信的性能将会得到提升，从而节省无人机的停留时间，提高无人机资源的利用率，所以传感器网络节点的容量将会得到提升。同样，由于不考虑仰角的情况仅影响无人机的通信性能，不会影响地面传感器网络节点的划分情况，所以无线传感器网络节点的整体最优分配情况将不会发生变化。

接下来讨论单无人机场景下的无人机工作时间。在单无人机场景下，无人机的飞行轨迹如图 5-2 所示，定义无人机的工作时间为无人机从起点开始直到到达终点所需要的时间。如图 5-2 所示，可以得到单无人机一个飞行周期的飞行距离为 nL。根据无人机的飞行速度可以得到无人机的飞行时间为 nL/v。假设无人机在每个单元内的停留时间都相同，且停留时间为 t_s，那么无人机的总停留时间为 n^2t_s。所以无人机的工作时间为

$$T_w = n^2 t_s + \frac{nL}{v} \tag{5-14}$$

代入无人机的能量约束公式即式（5-10）可以得到

$$T_w = \frac{vE_0 + nLP_d}{v(P_d + P_f)} \tag{5-15}$$

将上述结论进行数值仿真分析，仿真参数和表 5-1 相同。

图 5-5 反映了在单无人机辅助地面传感器网络节点进行数据收集的场景下无人机的工作时间与地面传感器网络节点划分情况的关系。从图中可以看出，随着地面传感器网络节点划分小区数量的增加，无人机的工作时间将会增加。当地面传感器网络节点小区划分数量增加的时候，地面传感器网络节点的数据积累量将会得到缓解，将会使无人机在每个地面传感器网络节点小区上方的停留时间缩短。但是地面网络节点数量的增加将会增加无人机的飞行路线，而无人机的飞行时间将会远长于无人机的停留时间，所以考虑对时间的影响时无人机的飞行时间将会起到决定性的作用。综上所述，单无人机辅助地面传感器网络进行数据收集的场景下，在地面传感器网络节点划分小区越来越多的情况下，无人机的工作时间将会提升。

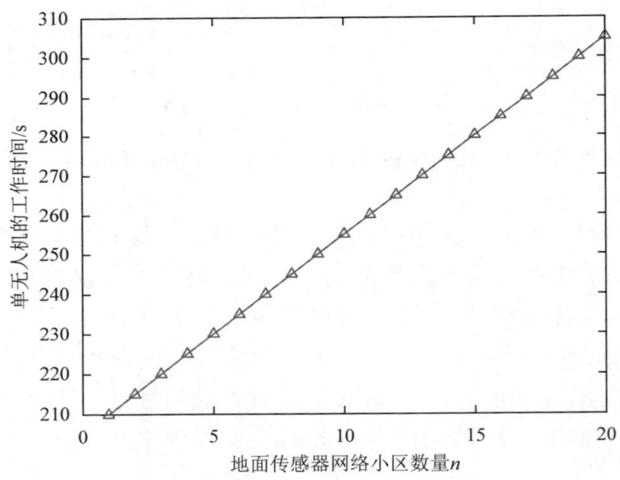

图 5-5　单无人机工作时间与地面传感器网络小区数量关系

5.4.2　考虑地面传感器网络节点随机分布的容量下界分析

在上述场景中，考虑地面传感器网络节点为均匀分布，即每一个地面小区内的传感器网络节点都相同。显然，在实际中传感器网络节点不可能均匀分布，因此，本节主要研究当传感器网络节点不均匀分布的情况下的容量下界分析。此时将存在部分地面小区内没有传感器网络节点的现象，当无人机飞过这些地面小区的上方时将不需要停留收集数据。

本节中假设 m 个节点随机分配在 n^2 个地面小区里，假设 $m < n^2$ 。由于 $m < n^2$，存在有些地面传感器网络节点为空的情况，所以无人机没有必要在空小

区停留。为了计算考虑传感器网络节点随机分布时的紧的容量下界，必须要考虑出现空小区的概率。可以得到 m 个节点分配在 k 个小区中的概率为

$$p(k)=\frac{S_2(m,k)A_{n^2}^k}{(n^2)^m} \tag{5-16}$$

其中，$S_2(m,k)$ 为第二类斯特林数；$A_{n^2}^k$ 为排列组合数。

根据上述公式，为了求出空小区的概率，需要求出第二类斯特林数 $S_2(m,k)$ 的闭式解。

根据第二类斯特林数的定义，可以得到

$$S(m+1,k)=S(m,k-1)+kS(m,k) \tag{5-17}$$

整理可得，第二类斯特林数的闭式解为

$$S_2(n,m)=\frac{1}{m!}\sum_{k=0}^{m}(-1)^k C_m^k(m-k)^n \tag{5-18}$$

根据期望函数的定义，可以得到，至少含有一个传感器网络节点的小区数的期望值如下：

$$\bar{E}=\sum_{k=1}^{m}kp(k) \tag{5-19}$$

因此，空小区数的期望为

$$n_0=n^2-\bar{E} \tag{5-20}$$

类似地，当 $m>n^2$ 时，至少含有一个传感器网络节点的小区数的期望值如下：

$$\bar{E}=\sum_{k=1}^{n^2}kp(k) \tag{5-21}$$

代入式（5-13）中可以得到容量下界：

$$\lambda=\frac{n^2(W\log_2(1+\beta))(E_0v-nLP_f)}{mnL(n^2-n_0)(P_\mathrm{d}+P_f)+m(n^2-n_0)E_0v} \tag{5-22}$$

经过上述分析，我们可以得到考虑地面传感器网络节点随机分布后的地面小区数量与容量下界之间的关系。将上述推论进行仿真，仿真参数和表 5-1 相同。

图 5-6 反映了当考虑地面传感器网络节点分布不均匀的情况时，即地面传感器网络节点小区出现空白的情况下，地面传感器网络小区的数量与地面传感器网络单节点容量下界之间的关系。通过图 5-6 可以发现，在考虑地面传感器网络节点小区空白的情况下，二者的关系与不考虑地面传感器网络节点随机分布的曲线走向相同，但是在最优点处，当考虑地面传感器节点随机分布的情况下，地面传感器网络节点的容量下界将会得到一定程度的提升。这是由于在考虑地面传感器网络节点分布随机的情况下，无人机的停留时间将会发生改变，在空白的小区中无人机将不会停留，因此将减少无人机资源的浪费，从而提高无人机资源的利用

率，提升网络的整体性能。而无论是否考虑地面传感器网络节点的随机分布，地面传感器节点的容量下界都和地面传感器网络小区数量以及无人机的能量等参数相关，因此在考虑空白小区的情况下，地面传感器网络小区数量与地面传感器网络节点容量下界的关系曲线趋势与未考虑空白小区时一致。

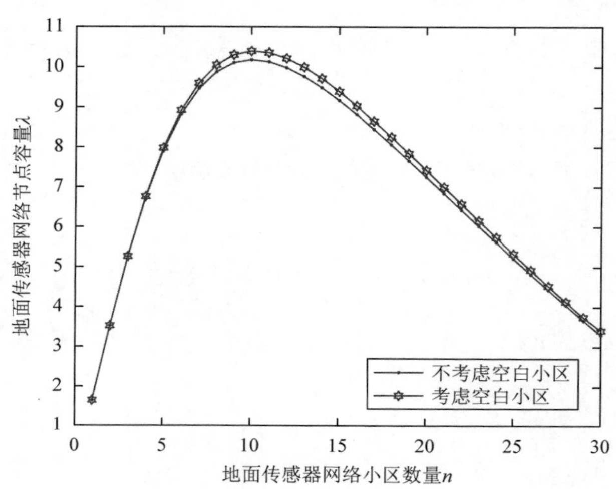

图 5-6　地面传感器网络小区数量与地面传感器网络节点容量下界之间的关系

5.5　多无人机场景下的容量分析

在单无人机场景下，由于整个地面传感器网络节点均由一架无人机收集数据，此时无人机的飞行周期较长，使地面传感器网络积累的数据较多，增加了无人机的停留时间。因此，将不利于整个地面传感器网络的容量提升。在本节中，将讨论由多架无人机辅助地面传感器网络进行数据收集时的容量分析，并且针对多无人机给出不同的解决方案，针对不同的方案进行方案的具体设计与容量分析。

5.5.1　顺序型飞行的多无人机场景下的容量分析

由于无人机辅助地面传感器网络收集数据的容量随着无人机停留时间的增加而呈现递减的规律，因此多无人机的应用旨在解决单无人机为了收集地面传感器网络的数据而停留时间过长的问题，从而提高无线传感器网络的整体容量。在多无人机场景下，无人机的飞行路径如图 5-3 所示，多架无人机顺序飞过地面传感器网络节点，并且两架相邻的无人机之间相隔一个小区。

在多无人机场景下，为了避免多无人机之间存在相互干扰问题，假设当无人机停留在地面传感器网络节点小区上方的时候，无人机将仅收集当前小区中的数据。除此之外，如图 5-7 所示，为了避免纵向相邻无人机之间的干扰，当无人机飞过纵向奇数列小区的时候，采用的是 F_1 频段，当无人机飞过偶数列小区时，采用的是另一个频段 F_2。

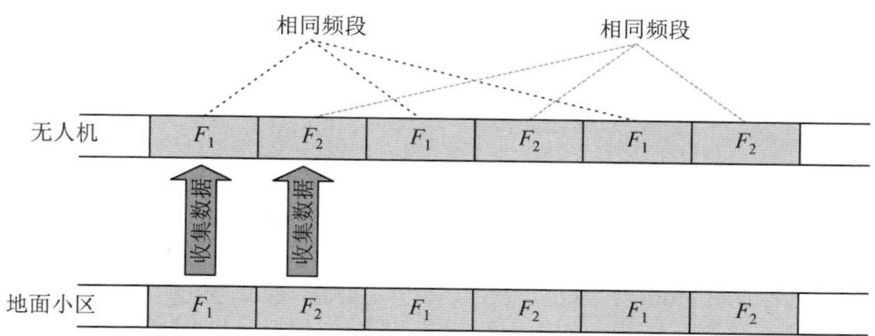

图 5-7　多无人机场景下的频率划分示意图

根据单无人机场景下的无人机停留时间的公式即式（5-6），类比可以得到多无人机场景下的停留时间公式应为

$$t_{\mathrm{s}}=\frac{m\lambda\left(2t_{\mathrm{s}}+\dfrac{2L}{nv}\right)}{n^2C_{\mathrm{re}}}\Rightarrow t_{\mathrm{s}}=\frac{2m\lambda L}{v(n^3C_{\mathrm{re}}-2nm\lambda)} \tag{5-23}$$

根据多无人机场景下的频率划分规则，每个无人机可分配到的带宽为 $W/2$，因此可以得到

$$t_{\mathrm{s}}=\frac{2m\lambda\left(2t_{\mathrm{s}}+\dfrac{2L}{nv}\right)}{n^2W\log_2(1+\beta)}\Rightarrow\frac{4m\lambda L}{v(n^3W\log_2(1+\beta)-4nm\lambda)} \tag{5-24}$$

在多人机场景下，为了避免返航的无人机与其他无人机发生碰撞，如图 5-3 所示，新增一段路线为无人机的返航路线。因此，考虑新增加的无人机返航路线，无人机的能量约束公式应该改写为

$$E_0=n^2t_{\mathrm{s}}P_{\mathrm{d}}+\left(\frac{nL}{v}+\frac{L}{v}+n^2t_{\mathrm{s}}\right)P_f \tag{5-25}$$

根据式（5-24）可以得出，在多无人机场景下，无人机辅助地面传感器网络进行数据收集的容量、地面传感器网络节点的划分数量与地面传感器网络单节点容量的关系可以整理为

$$\lambda=\frac{2W(E_0v-(n+1)LP_f)\log_2\left(1+\frac{P_{\text{LoS}}P_{\text{d}}\sqrt{h^2+\frac{L^2}{n^2}}^{-\alpha_{\text{d}}}+\eta(1-P_{\text{LoS}})P_{\text{d}}\sqrt{h^2+\frac{L^2}{n^2}}^{-\alpha_{\text{d}}}}{N}\right)}{mE_0v-mLP_f+mnLP_{\text{d}}} \tag{5-26}$$

与单无人机辅助地面传感器网络进行收集数据的场景相同，简化公式中的参数，假如在多无人机场景中同样不考虑无人机与地面的夹角 θ 的影响，根据式（5-12）可以将式（5-25）改写为

$$\lambda=\frac{2W(E_0v-(n+1)LP_f)\log_2\left(1+\frac{P_{\text{d}}\sqrt{h^2+\frac{L^2}{n^2}}^{-\alpha_{\text{d}}}}{N}\right)}{mE_0v-mLP_f+mnLP_{\text{d}}} \tag{5-27}$$

根据上述公式，我们对多无人机场景下地面传感器网络节点小区数量与地面传感器网络节点容量的关系进行数值仿真分析，可以观察到地面传感器网络节点的划分情况如何影响地面传感器网络节点的容量，并通过对比可以发现多无人机辅助地面传感器网络节点进行数据收集与单无人机辅助地面传感器网络节点进行数据收集的区别。仿真参数和表 5-1 相同。

图 5-8 反映了多无人机工作场景下，地面传感器网络小区数量与地面传感器网络节点容量之间的关系，从上述曲线中可以看出，当引入多无人机之后，地面传

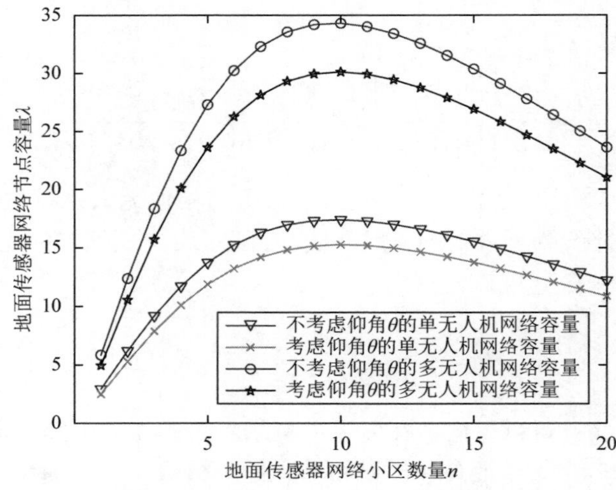

图 5-8　多无人机场景下地面传感器网络小区数量与地面传感器网络节点容量间的关系

感器网络节点的容量将会得到明显的提升。这是由于当无人机的数量增加的时候，对于地面传感器网络节点来说，积累数据的时间将会减少，从而会降低每一个无人机等待收集数据的时间，提升无人机的资源利用率，增加地面传感器网络节点的容量。与单无人机场景类似，在不考虑无人机与地面的仰角所造成的影响之后，地面传感器网络节点的容量将会得到提高。这是由于当不考虑无人机与地面之间的仰角的时候，无人机与地面传感器网络之间的信道衰减将会降低，从而提升网络的容量。

与单无人机辅助地面传感器网络进行数据收集的场景类似，在多无人机辅助地面传感器网络收集数据的场景下，每一个单独的无人机飞过的路径与单无人机辅助地面传感器网络收集数据的场景类似，不同之处在于多无人机场景下，为了避免返航的无人机与正在进行数据收集的无人机发生碰撞，在多无人机场景下新增了一条无人机返航路线，如图 5-3 所示。因此可以得出，在多无人机辅助地面传感器网络收集数据的场景下，每一个无人机飞过的路径的总长度为（5–n + 1）L。因此每一个无人机的工作时间为

$$T_{\mathrm{w}} = n^2 t_{\mathrm{s}} + \frac{nL}{v} + \frac{L}{v} \tag{5-28}$$

根据无人机的能量约束公式即式（5-10），可以得到在多无人机辅助地面传感器网络收集数据场景下的每个单独的无人机的工作时间为

$$T_{\mathrm{w}} = \frac{E_0 v + nLP_{\mathrm{d}} + LP_{\mathrm{d}}}{v(P_{\mathrm{d}} + P_f)} \tag{5-29}$$

从图 5-9 中可以看到多无人机的工作时间与单无人机的工作时间类似，是由

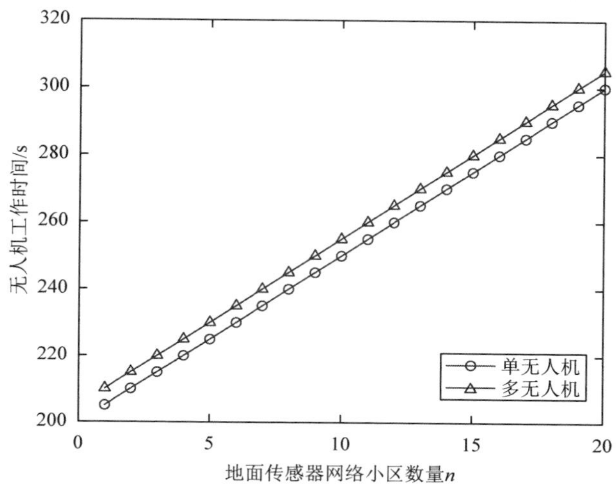

图 5-9　多无人机的工作时间与地面传感器网络小区数的关系

于分析目标依然是多无人机场景下的单个无人机。无人机的工作时间依然随着地面传感器网络小区数量的增加而增加。而在多无人机场景下，无人机的停留时间将会缩短，但是多余的路径造成的飞行时间增加的量将远远大于无人机停留时间的减少量，因此在整体上无人机的飞行时间依然随着地面传感器网络小区的增加而增加。但是，由于在多无人机场景下，为了避免返航的无人机与正在工作的无人机发生碰撞，增加了一条无人机的返航路径，与单无人机辅助地面传感器网络收集数据的场景进行对比，由于增加了额外的返航飞行路径，多无人机场景下的无人机工作时间将会大于单无人机场景下的无人机工作时间。

5.5.2　循环型飞行的多无人机场景下的容量分析

本节针对多无人机场景设计了一种新的收集地面传感器网络节点数据的飞行方案，如图 5-10 所示。在之前的方案中由于全部的无人机始终都处于飞行—停留收集数据的工作模式，无人机的大量工作时间都用于绕着既定的路径飞行，而用于收集数据的时间较少。因此，本节提出一种新的多无人机辅助地面传感器网络收集数据的方案，从节约无人机的飞行时间出发，设定一个无人机只负责当前两个地面传感器网络小区当中的传感器网络节点数据收集，无人机将只负责在两个相邻的节点之间飞行，因此无人机的飞行路径将会大大缩短。在每两个节点

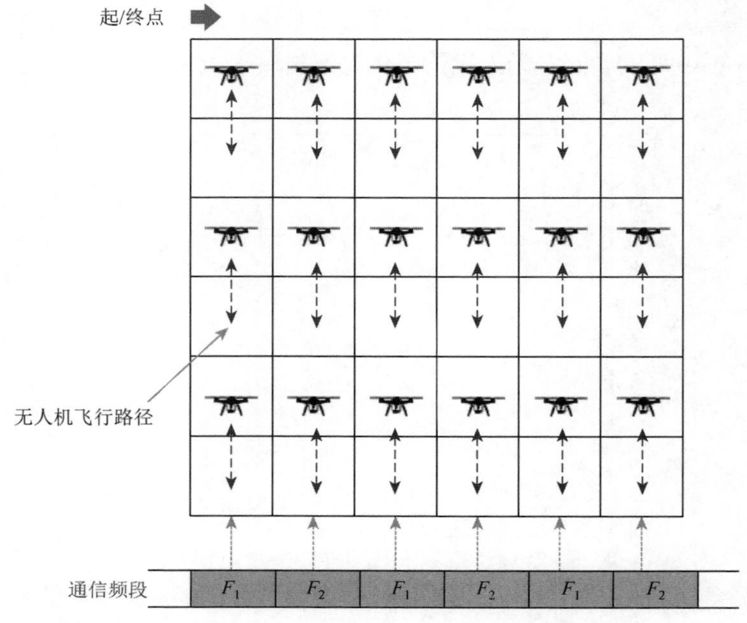

图 5-10　循环型飞行的多无人机飞行路径以及工作模式

网格中布置一个无人机，并且对于单个无人机，只负责对当前地面中的两个区域中的传感器网络节点进行数据收集，同时为了使地面无人机的能量利用最大化，假设当无人机返回到起点的时候，无人机恰好消耗完能量。为了避免多无人机之间存在相互干扰的问题，即假设当无人机停留在地面传感器网络节点小区上方的时候，无人机将仅仅收集当前小区中的数据。除此之外，如图 5-10 所示，为了避免纵向相邻无人机之间的干扰，当无人机飞过纵向奇数排小区的时候，采用的是 F_1 频段，当无人机飞过偶数排小区时，采用的是 F_2 频段。

根据单无人机场景下的无人机停留时间的公式即式（5-6），并且类比 5.5.1 节中的顺序型飞行的无人机辅助地面传感器网络节点收集数据的场景，可以得到无人机的停留时间 t_s 与地面传感器网络节点的容量之间的关系为

$$t_s = \frac{m\lambda\left(t_s + \frac{2L}{nv}\right)}{n^2 C_{re}} \Rightarrow t_s = \frac{2m\lambda L}{v(n^3 C_{re} - nm\lambda)} \tag{5-30}$$

同理，根据频率划分规则，每个无人机可分配到的带宽为 $W/2$，因此可以得到

$$t_s = \frac{2m\lambda\left(t_s + \frac{2L}{nv}\right)}{n^2 W \log_2(1+\beta)} \Rightarrow \frac{4m\lambda L}{v(n^3 W \log_2(1+\beta) - 2nm\lambda)} \tag{5-31}$$

在本场景中由于无人机负责的区域不同，无人机的飞行路径会发生较大的不同，因此利用无人机的平均飞行路径作为无人机飞行的能量限制条件。假设对于一架无人机，飞到所负责的小区并且从所负责的小区飞回的总路径视为无人机的飞行路径，由于无人机将在两个相邻的小区之间飞行，因此无人机在收集数据的工作期间在两个小区之间的飞行路径较短，所以在能量限制中将忽略不计。

为了考虑无人机的平均飞行路径，把无人机的飞行路径按照无人机所负责的行开始计算，针对第一行中的传感器网络小区，第 1 架无人机的飞行路径长度为 L/n，第 2 架无人机的飞行路径长度为 $5L/n$，第 $n/2$ 架无人机的飞行路径长度为 $(4n-3)L/n$，那么全部无人机的平均飞行路径为 $(2n-1)L$。

综合以上分析可以得到，在循环型飞行的多无人机辅助地面传感器网络收集数据的场景下，无人机的能量约束公式为

$$E_0 = 2t_s P_d + \frac{(2n-1)L}{v} P_f \tag{5-32}$$

根据式（5-31）、式（5-32）可以得出，在循环型飞行的多无人机辅助地面传感器网络收集数据的场景下，地面传感器网络节点的划分数量与地面传感器网络单节点容量的关系可以整理为

$$\lambda=\frac{2W(E_0v-(2n-1)LP_f)\log_2\left(1+\frac{P_{\mathrm{LoS}}P_{\mathrm{d}}\sqrt{h^2+\frac{L^2}{n^2}}^{-\alpha_{\mathrm{d}}}+\eta(1-P_{\mathrm{LoS}})P_{\mathrm{d}}\sqrt{h^2+\frac{L^2}{n^2}}^{-\alpha_{\mathrm{d}}}}{N}\right)}{mE_0v-m(2n-1)LP_f+8mnLP_{\mathrm{d}}} \tag{5-33}$$

与顺序型无人机辅助地面传感器网络收集数据的场景相同，简化公式中的参数，假如在多无人机场景中同样不考虑无人机与地面的夹角θ的影响，根据式（5-12）可以将式（5-33）改写为

$$\lambda=\frac{2W(E_0v-(2n-1)LP_f)\log_2\left(1+\frac{P_{\mathrm{d}}\sqrt{h^2+\frac{L^2}{n^2}}^{-\alpha_{\mathrm{d}}}}{N}\right)}{mE_0v-m(2n-1)LP_f+8mnLP_{\mathrm{d}}} \tag{5-34}$$

与顺序型多无人机辅助地面传感器网络节点进行数据收集的场景类似，在多无人机辅助地面传感器网络节点收集数据的场景下，由于每架无人机的飞行路径不同，因此每架无人机的飞行时间与停留时间将存在着较大的差异。所以在循环型多无人机辅助地面传感器网络节点进行数据收集的场景下，主要通过该场景下的全部无人机工作时间的平均值来进行工作时间的分析。在之前关于地面传感器网络节点的划分与地面传感器网络节点容量的关系的分析中，给出了无人机的飞行路径的定义，因此可以得到无人机的工作时间为

$$T_{\mathrm{w}}=2t_{\mathrm{s}}+\frac{(2n-1)L}{v} \tag{5-35}$$

根据之前所得出的循环型飞行的多无人机辅助地面传感器网络收集数据场景下的能量约束公式即式（5-10），可以得到在循环型飞行的多无人机辅助地面传感器网络收集数据场景下的每个单独的无人机的工作时间为

$$T_{\mathrm{w}}=\frac{E_0v-(2n-1)LP_{\mathrm{d}}+(2n-1)LP_{\mathrm{d}}}{vP_{\mathrm{d}}} \tag{5-36}$$

接下来将上述公式分析进行仿真，仿真参数和表 5-1 相同。

图 5-11 描述了循环型飞行的无人机辅助地面传感器网络节点的容量与顺序型飞行的无人机辅助地面传感器网络节点的容量。如图 5-11 所示，针对两种不同的多无人机辅助地面传感器网络收集数据的场景，循环型飞行的多无人机的整体容量将会优于顺序型飞行的多无人机的整体容量。这是由于，一方面在循环型多无

人机辅助地面传感器网络节点收集数据的场景中，无人机将循环在两个小区之间收集数据，无人机的飞行路径将仅仅存在于两个相邻的小区之间，与顺序型飞行的多无人机辅助地面传感器网络节点收集数据的场景进行对比，循环型飞行的多无人机将使用更短的路径达到收集数据的目的。另一方面，由于无人机仅负责当前两个小区之间的数据收集，在总能量不变的基础上，无人机的飞行路径将会大大缩短，因此无人机的能量将会更多地应用在对地面传感器网络节点进行数据收集上。综上所述，在循环型飞行的多无人机场景下，无人机的飞行路径将会缩短，因此无人机用于收集数据的能量将会增多，无人机的整体资源利用率提高，导致循环型飞行的方案将会优于顺序型飞行的方案。

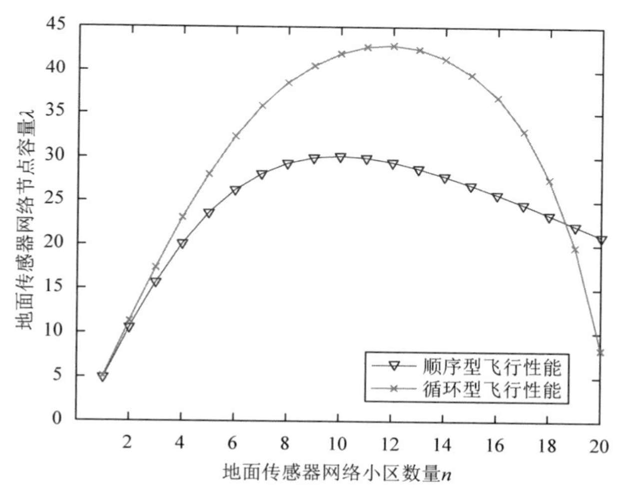

图 5-11　地面传感器网络小区数量与地面传感器网络节点容量的关系

图 5-12 描述了两种场景下地面传感器网络小区数量与无人机工作时间的关系。由于在循环型飞行的多无人机场景下，无人机的飞行时间将会缩短，因此无人机的工作时间也将缩短。

为了验证上述理论分析的准确性，图 5-13 描述了在单无人机以及多无人机场景下的理论解与蒙特卡罗仿真的仿真解之间的关系。可以看出，理论解与仿真解相似，因此可以证明上述理论分析的结果的正确性。

5.5.3　无人机数量与传感器网络容量下界

在之前讨论的多无人机场景中，讨论了两种多无人机的分配方案，但是假设的是无人机的数量是一个固定的值。在实际场景中，无人机的数量将会对地面传

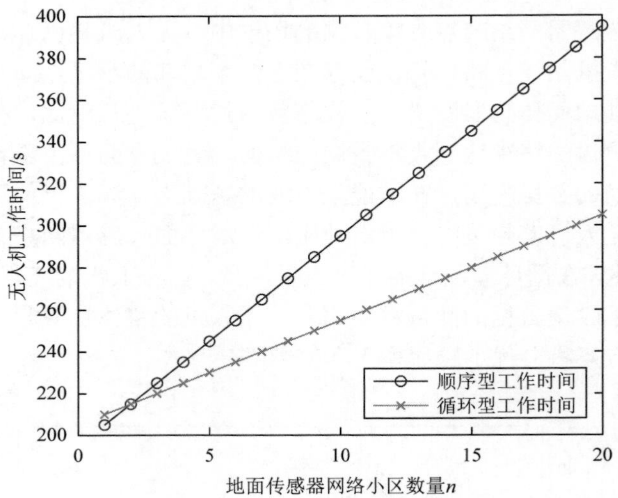

图 5-12　无人机工作时间与地面传感器网络小区数量的关系

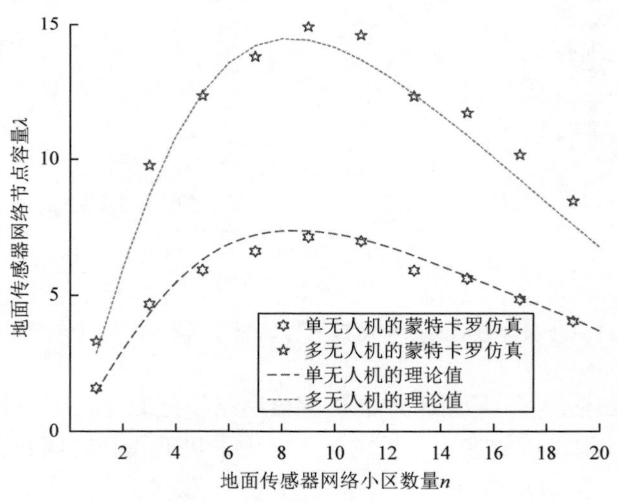

图 5-13　蒙特卡罗仿真结果与理论结果

感器网络节点的容量下界有何影响并没有分析。因此，本节主要讨论无人机的数量对地面传感器网络节点的影响。本节将把无人机的数量作为一个变量进行分析，因此选取固定的传感器网络节点数量，并且根据之前的分析找出一个最佳的传感器网络小区划分数量，然后将无人机的数量作为一个变量进行分析。

假设无人机的飞行路线以及数据收集方式不发生变化，同样，无人机之间由于定向接收以及采用不同的频段传输数据，因此无人机之间的相互干扰问题可以得到解决。

本节将无人机数量作为一个整数连续变量，将从 1 增加到 $n^2/2$。此时，假设无人机的数量为 u，在保持无人机的飞行路线不变的前提下，两个相邻的无人机之间相隔的小区数为 $n^2/u-1$，因此在无人机数量连续的场景下，每一架无人机在传感器网络节点小区上方的停留时间为

$$t_{\mathrm{s}} = \frac{m\lambda\left(\left(\frac{n^2}{u}-1\right)t_{\mathrm{s}}+\frac{nL}{uv}\right)}{n^2 C_{\mathrm{re}}} \tag{5-37}$$

假设无人机最大化利用能量，即当无人机返回到地面节点的时候，无人机恰好消耗完所有的能量。可以得到，在无人机数量连续的情况下，无人机能量约束公式为

$$E_0 = n^2 t_{\mathrm{s}} P_{\mathrm{d}} + \left(\frac{nL}{v}+\frac{L}{v}\right)P_f \tag{5-38}$$

同时为了定义能量与无人机数量的约束关系，定义一个新的能量参数 E_{total}，用来表示系统中所有无人机含有的总能量。显然，当无人机数量较多的时候，整个系统消耗的能量就较大，即

$$E_{\mathrm{total}} = uE_0 \tag{5-39}$$

根据式（5-37）可以得到地面传感器网络节点容量下界与无人机数量的关系为

$$\lambda = \frac{uvt_{\mathrm{s}} n^2 C_{\mathrm{re}}}{(n^2 t_{\mathrm{s}} v - t_{\mathrm{s}} uv + nL)m} \tag{5-40}$$

将整个系统的总能量 E_{total} 作为新的约束参数代入公式，可以得到在无人机数量为连续值的情况下，无人机的数量与地面传感器网络节点的容量下界之间的关系为

$$\lambda = \frac{uvn^2 C_{\mathrm{re}}(E_0 v-(n+1)LP_f)}{(n^3 P_{\mathrm{d}} Lv + n^2 E_0 v^2 - n^2(n+1)vLP_f - uE_0 v^2 + uv(n+1)LP_f)m} \tag{5-41}$$

将上述分析进行仿真，仿真参数如表 5-2 所示。

表 5-2　仿真参数

参数	参数符号	参数值设置
地面传感器网络长度	L	300m
无人机飞行速度	v	20m/s

续表

参数	参数符号	参数值设置
环境因素变量	A	11.95
环境因素变量	B	10.136
路径损耗指数	α_d	1.2
无人机飞行功率	P_f	2W
无人机停留功率	P_d	4W
地面传感器网络小区数量	n	20
无人机飞行高度	h	30m

图 5-14 描述了在无人机的数量可变的场景下，无人机的数量与地面传感器网络节点容量下界之间的关系。从图中可以看出，二者的关系曲线为单峰曲线。随着无人机数量的增长，地面传感器网络节点容量下界将会提升，但是当无人机数量过多的时候，无人机的资源利用率将大大降低，从而地面传感器网络节点容量下界也会降低。

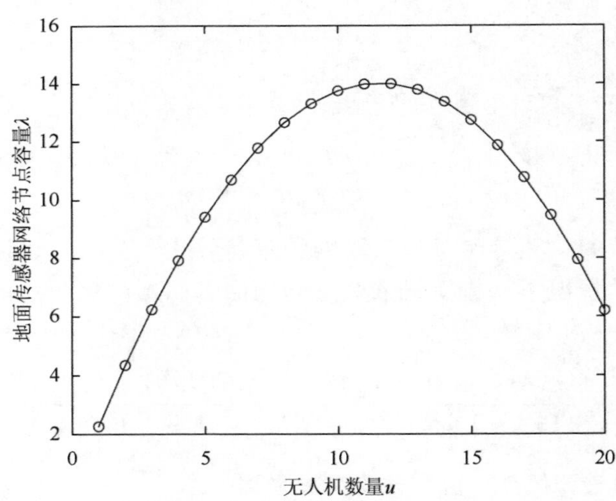

图 5-14　无人机数量与地面传感器网络节点容量下界之间的关系

5.6　传感器网络容量的界限分析

在理论分析中，无线传感器网络节点的分布情况不作为主要影响地面传感器网络容量的主要因素。但是在实际场景下，由于传感器网络节点的随机分布情况将影响无人机的飞行路径，进而使地面传感器网络的容量发生变化。本节主要从地面节点的分布情况、无人机的路径角度出发，分析地面传感器网络的容量边界。

5.6.1　单无人机场景的容量边界分析

本节主要研究考虑节点分布随机性的容量边界问题。前面分析了地面传感器网络节点划分方案对地面传感器网络容量的影响。但是在地面传感器网络节点较少的情况下，或者考虑地面传感器网络节点分布随机性的情况下，有可能会出现部分小区不含有传感器节点的情况，所以本节主要讨论在考虑空白小区（即没有传感器节点的小区）的条件下，地面传感器网络的容量边界问题。

在讨论容量边界之前，首先给出容量上界的定义与计算方式。显然，当无人机辅助地面传感器网络进行数据收集时，想要达到容量的最大化，需要使无人机的资源利用率达到最大。因此假设无人机的飞行路径为最理想状态，即无人机只经过非空小区（即含有传感器节点的小区），而不经过空白小区。本节暂时不考虑无人机的路径规划问题，因此，将无人机的连续飞行路径做进一步的拆分，即将无人机路径划分成独立的线段形式，无人机在非空小区中将增加一个线段的飞行路径。因此，每当地面含有一个非空的小区时，无人机的飞行路径线段长度将增加 L/n，如图 5-15 所示。

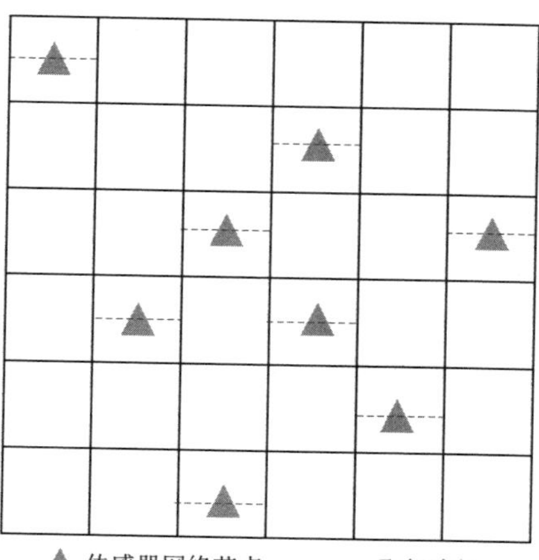

图 5-15　无人机飞行路径

图 5-15 中含有三角形的小区表示非空小区，而虚线表示无人机飞行路径。该飞行路径不是无人机实际的飞行路径，但是可以用来推导地面传感器节点的容量上界。

本节的变量设定如下，Q 表示非空小区的个数。无人机在第 1 个到第 Q 个非空小区中的停留时间依次为 t_1、t_2、t_3、…、t_Q，并且第 1 个到第 Q 个非空小区所含有的传感器节点个数依次为 m_1、m_2、m_3、…、m_Q。根据无人机停留时间与无人机能量的关系，可以得到无人机在第 1 个到第 Q 个非空小区中停留的时间依次为

$$\begin{cases} t_1 = \dfrac{m_1\lambda\left(t_{\text{total}} + \dfrac{QL}{nv}\right)}{W\log_2(1+\beta)} \\ t_2 = \dfrac{m_2\lambda\left(t_{\text{total}} + \dfrac{QL}{nv}\right)}{W\log_2(1+\beta)} \\ t_3 = \dfrac{m_3\lambda\left(t_{\text{total}} + \dfrac{QL}{nv}\right)}{W\log_2(1+\beta)} \\ \vdots \\ t_Q = \dfrac{m_Q\lambda\left(t_{\text{total}} + \dfrac{QL}{nv}\right)}{W\log_2(1+\beta)} \end{cases} \tag{5-42}$$

其中，t_{total} 表示无人机的总工作时间。由于在考虑无人机辅助地面传感器收集数据的容量上界时，无人机的飞行路径与第 2 章中所考虑的固定飞行路径相比发生了改变，因此根据无人机能量与飞行路径之间的关系，可以得到在无人机的能量约束公式为

$$E_0 = P_{\text{d}} + \frac{EL}{nv}P_f \tag{5-43}$$

因此根据式（5-6）可以整理得到，无人机辅助地面传感器网络收集数据的容量能上界公式为

$$\lambda = \frac{W(nvE_0 - LP_f)\log_2(1+\beta)}{mnvE_0 - mnLP_f + mnLP_{\text{d}}} \tag{5-44}$$

下面通过数据来对上述分析结果进行仿真，仿真参数如表 5-3 所示。

表 5-3　仿真参数

参数	参数符号	参数值设置
地面传感器网络长度	L	300m
无人机飞行速度	v	20m/s
环境因素变量	A	11.95
环境因素变量	B	10.136

续表

参数	参数符号	参数值设置
路径损耗指数	α_d	1.2
无人机飞行功率	P_f	2W
无人机停留功率	P_d	4W
地面传感器网络节点小区数	n	20

图 5-16 描述了在单无人机场景下，无人机辅助地面传感器网络节点进行数据收集的容量上界与下界之间的关系。可以看出容量的主要消耗来源于无人机飞行路径的浪费，当地面传感器网络节点数量增多的时候，无人机的飞行路径浪费将越少，因此容量的上界与下界之间的差距也就变小。

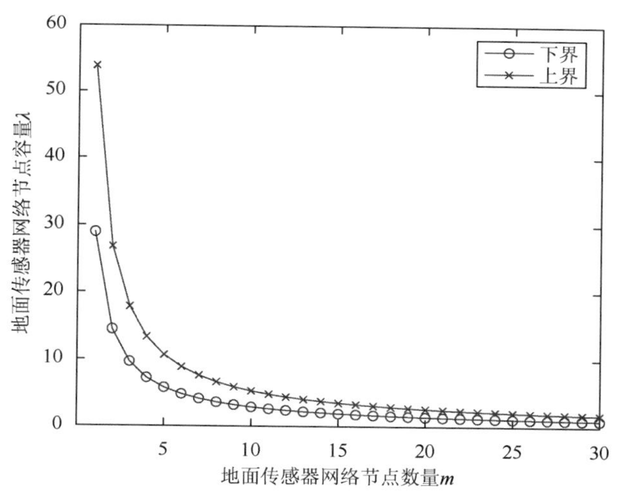

图 5-16　单无人机场景下的容量边界

5.6.2　多无人机场景的容量边界分析

与单无人机场景类似，多无人机的引入将引起无人机的停留时间以及地面传感器网络节点的容量的变化，因此本节主要研究多无人机场景下的容量边界。在多无人机场景中假设无人机的数目为 u。Q 依然表示非空小区数量，多无人机场景下每个无人机在第 1 个到第 Q 个非空小区中的停留时间依次为 t_1、t_2、t_3、…、t_Q，第 1 个到第 Q 个非空小区内的节点个数依次为 m_1、m_2、m_3、…、m_Q，则可以得到在多无人

机辅助地面传感器网络收集数据的场景下，每一个无人机在第 1 个到第 Q 个非空小区中的停留时间依次为

$$
\begin{cases}
t_1 = \dfrac{m_1\lambda\left(\left(\dfrac{Q}{u}-1\right)t_1+\left(\dfrac{Q}{u}-1\right)\dfrac{L}{nv}\right)}{n^2C_{\text{re}}} \\
t_2 = \dfrac{m_2\lambda\left(\left(\dfrac{Q}{u}-1\right)t_2+\left(\dfrac{Q}{u}-1\right)\dfrac{L}{nv}\right)}{n^2C_{\text{re}}} \\
t_3 = \dfrac{m_3\lambda\left(\left(\dfrac{Q}{u}-1\right)t_3+\left(\dfrac{Q}{u}-1\right)\dfrac{L}{nv}\right)}{n^2C_{\text{re}}} \\
\vdots \\
t_Q = \dfrac{m_Q\lambda\left(\left(\dfrac{Q}{u}-1\right)t_Q+\left(\dfrac{Q}{u}-1\right)\dfrac{L}{nv}\right)}{n^2C_{\text{re}}}
\end{cases}
\tag{5-45}
$$

根据每架无人机的飞行时间以及停留时间的关系，可以得到多无人机能量约束公式为

$$
E_0 = Qt_{\text{s}}P_{\text{d}} + \left(\frac{nL}{v}+\frac{L}{v}\right)P_f \tag{5-46}
$$

代入式（5-22）可以整理得到，多无人机辅助地面传感器网络收集数据的场景下，地面传感器网络节点的容量的上界为

$$
\lambda = \frac{un^2C_{\text{re}}(nE_0v-n(n+1)LP_f)}{m(Q-u)(nE_0v-n(n+1)LP_f+LQP_{\text{d}})} \tag{5-47}
$$

接下来对上述分析结果进行仿真。将多无人机场景下的容量上界与图 5-8 中的容量进行了对比，其中仿真参数和表 5-3 相同。

图 5-17 描述了在多无人机场景下，无人机辅助地面传感器网络节点进行数据收集的容量上界与下界之间的关系。与单无人机场景类似，地面传感器网络节点数量越多，容量的上界与下界之间的差距越小。

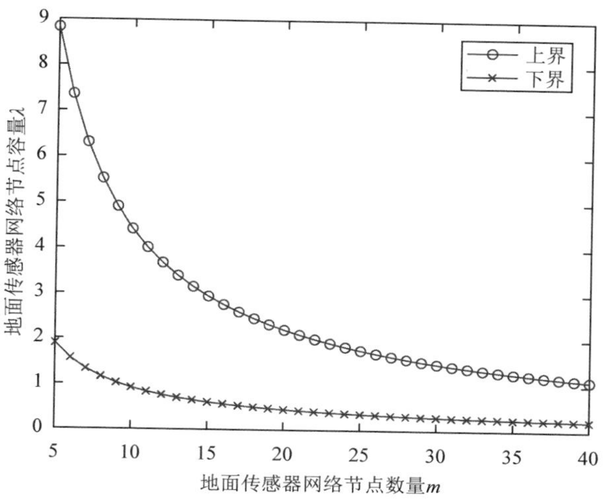

图 5-17　多无人机场景下的容量边界

5.7　总　　结

本章主要分析了无人机辅助地面传感器网络进行数据收集的容量。首先分析了无人机辅助地面传感器网络的系统模型，并根据系统模型提出了单无人机和多无人机辅助地面传感器网络进行数据收集的两种场景。其次，在单无人机辅助地面传感器网络收集数据的场景下，根据无人机的飞行路径、工作方式、能量等约束条件得出了单无人机场景下，地面传感器网络小区数量与地面传感器网络节点的容量之间的关系，并且得出了单无人机场景下，地面传感器网络小区数量与无人机的工作时间的关系。最后，考虑地面传感器网络节点的随机分布，进一步分析了地面传感器网络小区数量与地面传感器网络节点容量之间的关系。

针对多无人机场景主要提出了两种不同的飞行模式：顺序型飞行以及循环型飞行。针对两种不同的飞行模式，分别分析了地面传感器网络小区数量与地面传感器网络节点的容量之间的关系，并且给出了两种不同飞行方案之间的性能对比。随后分析了在多无人机场景下，当无人机数量作为变量时，无人机的数量与地面传感器网络单点容量之间的关系。得出在多无人机辅助地面传感器网络收集数据的场景下，小区的最佳数量。

最后，在无人机辅助地面传感器网络进行数据收集的场景下，考虑无人机的飞行路径的设计，可以得到地面传感器网络单点容量的上界。分别分析了单无人机与多无人机两种场景下的容量上界，并且给出两种场景下的容量上下界的对比分析。通过对比发现，多无人机场景的地面传感器网络单点容量要高于单无人机场景的容量。

参 考 文 献

[1] Mozaffari M, Saad W, Bennis M, et al. Unmanned aerial vehicle with underlaid device-to-device communications: Performance and tradeoffs. IEEE Transactions on Wireless Communications，2016，（516）：3949-3963.

[2] Cermakova I, Komarkova J. Modelling a process of UAV data collection and processing// International Conference on Information Society. IEEE，Dublin，2016：161-164.

[3] Ma X，Kacimi R，Dhaou R. Fairness-aware UAV-assisted data collection in mobile wireless sensor networks// Wireless Communications & Mobile Computing Conference. IEEE，Paphos，2016：995-1001.

[4] Rashed S，Soyturk M. Analyzing the effects of UAV mobility patterns on data collection in wireless sensor networks// IEEE International Conference on Communication. IEEE，Paris，2017：413.

[5] Ergezer H，Leblebicioğlu H M. 3D path planning for UAVs for maximum information collection// International Conference on Unmanned Aircraft Systems，Atlanta，2013：79-88.

[6] Zeng Y, Zhang R, Lim T J. Wireless communications with unmanned aerial vehicles: Opportunities and challenges. IEEE Communications Magazine，2016，54（5）：36-42.

[7] Darrah M，Niland W，Stolarik B. Increasing UAV task assignment performance through parallelized genetic algorithms. AIAA Infotech@Aerospace 2007 Conference and Exhibit，Rohnert Park，2007.

[8] Al-Hourani A，Kandeepan S，Lardner S. Optimal LAP altitude for maximum coverage. IEEE Wireless Communications Letters，2014，3（6）：569-572.

[9] Holis J, Pechac P. Elevation dependent shadowing model for mobile communications via high altitude platforms in built-up areas. IEEE Transactions on Antennas & Propagation，2008，56（4）：1078-1084.

第 6 章　无人机网络邻居发现方法

6.1　引　言

随着无人机技术和无线通信技术的发展，以及无人机在灾害救援、物流等领域越来越广泛的应用的驱动，飞行自组织网络（flying Ad-Hoc network，FANET）得到了广泛关注[1]。在 FANET 中，无人机的高移动性使网络拓扑频繁变化，亟须研究快速组网技术。无人机组网中，邻居发现是关键的组网初始化环节。通过邻居发现，网络拓扑可以被确定下来。快速、准确的邻居发现才能保证网络拓扑的正确性，支撑实现高效、快速的组网[2]。在无人机组网研究中，无人机的机载能量有限，因此能耗是需要关注的问题[1]。另外，无人机的载荷空间有限，设备利用率的提高也是需要考虑的问题[3]。

国内外有关无人机邻居发现的研究也有不少。Sun 等在文献[4]中对节能型的邻居发现进行了研究与分析。Pozza 等在文献[5]中对机会型网络中邻居发现的潜在问题和改进途径做出了总结。然而，目前的研究工作仍存在一些不足之处。例如，文献[6]提出的机载-海洋自组网的邻居发现策略，仅考虑了单无人机与舰艇之间的发现过程，网络中无人机并非主体且缺乏对高移动条件下的邻居发现的分析。文献[7]分析了三维无人机网络天线扫描路径对邻居发现性能的影响，但对无人机的移动性考虑不足。此外，通过对研究现状的梳理可以发现，目前对三维无人机网络邻居发现的相关研究还很少，且对无人机的高移动性关注不足。

现有的关于邻居发现的研究主要将目光聚焦于二维网络，且无人机大多只装备定向天线[8-10]。定向天线的传输距离远且可提供高数据率[8]，有助于减少网络中的干扰。因此，大量研究选择使用定向天线实现邻居发现。Astudillo 和 Kadoch 在文献[9]中提出了应用波束宽度自适应智能天线的邻居发现策略，该策略可以减小邻居发现延迟、提高吞吐量，定向天线同样适用于毫米波通信。Park 等在文献[10]中提出的邻居发现策略，将 2.4GHz 的波段用于邻居发现的管理，将 60GHz 的波段用于数据传输，通过高低频协同提高邻居发现的效率和网络容量。

能量效率也是在邻居发现中需要考虑的重要问题。文献[4]对邻居发现协议的能量效率进行了回顾总结。为了节省邻居发现过程中的能耗，加入了网络节点的睡眠状态。当某个节点处于睡眠状态时，它的邻居发现过程将被暂停以达到节能的目的[9]。为实现高能量效率的邻居发现，Chen 等在文献[11]中提出了一种名为

“快速连接”（quick-connect）的高能量效率异步邻居发现策略。Bracciale 等在文献[12]中为时延容忍网络提出了高能量效率的邻居发现策略。Margolies 等在文献[13]中提出了名为 Panda 的邻居发现协议。该协议能在一定的功率预算下最大化邻居发现率。

伴随着无人机的诞生，三维网络的邻居发现研究也开始了。Wang 等在文献[6]中研究了机载-海洋自组网的邻居发现。文献[13]中研究了三维无人机网络的邻居发现扫描模式，分析了扫描路径对邻居发现性能的影响。然而，该文献的网络模型中只存在两架无人机。目前对三维无人机网络邻居发现的相关研究还很少。

基于以上研究现状，考虑到无人机的三维部署和高移动特性，本章提出了无人机传感器网络的邻居发现策略，以实现快速适变的网络拓扑发现。为了减少邻居发现的开销，每架无人机以一定概率在发送、接收和休眠状态之间切换。根据无人机的移动特性可以得到最佳的休眠概率。本章利用马尔可夫过程分析邻居发现策略，并计算无人机的最佳发送概率，以提高邻居发现的效率。

6.2 系统模型

6.2.1 天线扫描模式

无线传感器网络中，在邻居发现中使用全向发送、全向接收（omnidirectional transmission and omnidirectional reception，OTOR）的天线模式将面临高的包碰撞概率[14]。此外，无人机的三维空间移动特性在 OTOR 模式下将显著增大发送、接收端之间的信号强度差[15]。OTOR 方案还存在通信距离短的缺点。此外，尤其是在路径损耗指数小的情况下，采用 OTOR 模式的网络将受到严重的干扰。因此，仅使用全向天线的收发模式不适合三维无人机网络。与全向天线相比，定向天线可以减少干扰并提高网络容量[14]。但仅使用定向发送、定向接收（directional transmission and directional reception，DTDR）天线模式的邻居发现可能会导致严重的延迟[16]。邻居发现过程中两台相邻无人机的波束必须相互对齐，以确保该邻居节点能被成功发现。由于无人机网络普遍具有高动态拓扑特性[17]，定向天线的对准难度大，使用定向天线的收发模式不适合空对空的通信，将导致三维无人机网络的邻居发现效率低下。

使用定向发送、全向接收（directional transmission and omnidirectional reception，DTOR）的天线可弥补邻居发现中的上述缺陷。文献[18]采用了一种全向天线为主、定向天线辅助的快速邻居发现方法。该方法验证了两种天线结合实现邻居发现的可行性。信号可以通过定向传输进行长距离传输。同时，全向接收可以缓解波束对准的困难。由于无人机是高速移动平台，定向传输和全向接收可以平衡远距传输和波束对准的要求。

综上考虑，本章中每架无人机采用定向发送、全向接收的天线收发模式。无人机的天线模式如图 6-1 所示。

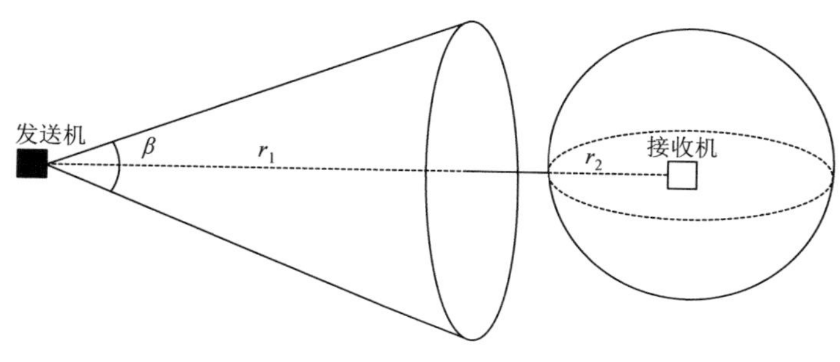

图 6-1　天线模式

扫描波束在横向和纵向的宽度相同，都记为β。如图 6-2（a）所示，扫描波束与 z 轴的夹角记为θ，与 x 轴的夹角记为φ。

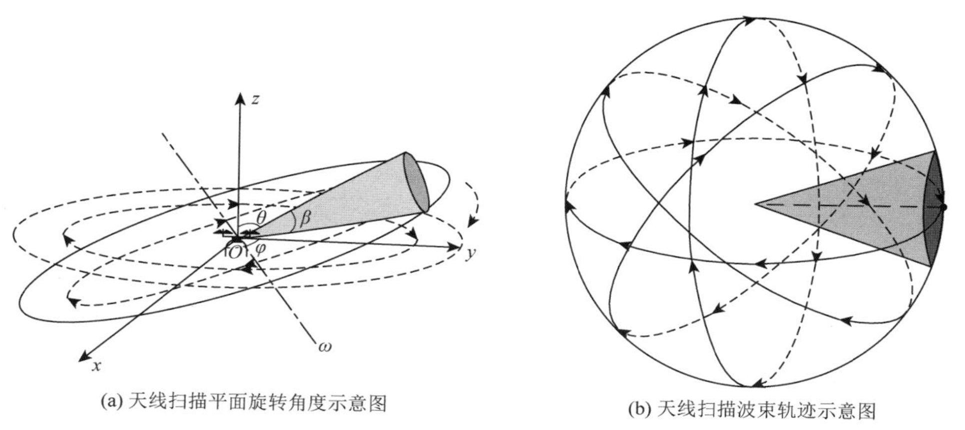

(a) 天线扫描平面旋转角度示意图　(b) 天线扫描波束轨迹示意图

图 6-2　发送波束的扫描模式

如图 6-2（a）所示，发送波束在一个平面扫描。当对一个平面的扫描结束后，扫描波束再切换到相邻的下一个平面进行扫描。值得注意的是，所有平面沿轴 ω 旋转切换，且两个平面之间的夹角是 β。发送波束依次扫描每个平面，直到整个无人机的三维邻域都能被扫描到。一整个扫描周期的扫描路径如图 6-2（b）所示。

假设所有无人机在整个区域内均匀分布。无人机的邻域半径，即包发送距离记为 R。为发现一架无人机的所有相邻无人机，一个扫描周期内的扫描次数是

$$N_{\mathrm{b}} = \frac{2\pi^2}{\beta^2} \tag{6-1}$$

6.2.2 参数设置

为方便读者阅读与理解，表 6-1 列出了本章出现的主要参数及其含义。

表 6-1　主要参数及其含义

参数	含义	参数	含义
β	扫描波束宽度	θ	z 轴与扫描波束的夹角
φ	扫描波束与 x 轴的夹角	ω	扫描平面的转轴
N_{b}	一个邻居发现周期内的扫描次数	v_i	无人机 i 的飞行速度
λ	一架无人机与它的邻居无人机之间的平均相对矢量速度	ξ	睡眠概率的上界
p_{s}	睡眠概率	p_{r}	接收概率
p_0	发送概率	N	无人机 A 的相邻无人机数量
P_{R}^{A-B}	无人机 A 可以接收到无人机 B 发来包的概率	$P_{\mathrm{R,suc}}^{A-B}$	无人机 A 处于接收状态时，成功发现无人机 B 的概率
$P_{\mathrm{R}}^{\mathrm{col}}$	无人机 A 处于接收状态时，包碰撞的概率	P_{T}^{A-B}	无人机 A 处于发送状态时，无人机 B 能够接收到无人机 A 发来包的概率
$P_{\mathrm{T,get}}^{A-B}$	无人机 A 处于发送状态时，无人机 B 能够成功接收无人机 A 发来包的概率	P_{no}	与无人机 B 处于无人机 A 的同一扫描波束内的其他某一邻居无人机，无法接收到无人机 A 发来包的概率
K_f	无人机一个扫描波束内邻居无人机的数目	$P_{\mathrm{fall}}^{\mathrm{other}}$	与无人机 B 处于无人机 A 的同一扫描波束内的其他邻居无人机都接收不到无人机 A 发来包的概率
$P_{\mathrm{no}}^{\mathrm{other}}$	无人机 A 接收不到除了无人机 B 以外的无人机发来的应答包的概率	$P_{\mathrm{T,suc}}^{A-B}$	无人机 A 处于发送状态时，成功发现无人机 B 的概率
P_{suc}^{A-B}	无人机 A 成功发现无人机 B 的概率	X_n	在第 n 次扫描中发现某一无人机的相邻无人机总数
$P_{ij}(1)$	X_n 从 i 变为 j 的状态转移概率	P	一阶概率转移矩阵
P^n	n 阶概率转移矩阵	$P(X_n=N)$	经过 N 帧后所有邻居无人机被成功发现的概率

续表

参数	含义	参数	含义
$E(X_n)$	经过 N 帧后被发现的邻居无人机数目期望值	M	无休眠状态时，t 帧时间内的邻居发现周期数
d	传输数据量	τ	一次扫描的时间长度
x	无人机 A 和它的邻居无人机的距离	R	无人机的邻域半径
s	一架无人机与它的邻居无人机的平均相对飞行距离	p_α	一个邻居发现周期内邻居无人机离开邻域的概率
c	一个邻居发现周期内离开某一无人机邻域的邻居无人机数目	γ	一个邻居发现周期内离开邻域的无人机的比例
η	平均邻居发现准确率	η_1	平均邻居发现准确率的下界
p_0^{opt}	最佳发送概率	p_s^{opt}	最佳睡眠概率
p_{da}	邻居发现策略中，传输的数据量与睡眠概率为 0 情况下传输数据量的比值	p_{th}	$\eta \geqslant \eta_1$ 的概率

6.3　邻居发现策略

6.3.1　邻居发现步骤

本章采用两次握手方法来实现邻居发现过程。为了提高邻居发现效率，两架无人机握手完成后就不再继续向彼此发送 Hello 包。该方法称为握手即停机制[19]。为了快速发现各无人机的所有相邻无人机，第一个邻居发现周期内没有睡眠状态。在第一个邻居发现周期后的无人机状态转移与邻居发现步骤如图 6-3 所示。

当无人机处于发送状态时，若无人机发出 Hello 包并收到对方的回复，即认为成功发现邻居，更新邻居列表；当无人机处于接收状态时，只要接收到其他无人机发来的 Hello 包，就认为成功发现新邻居，更新邻居列表；当无人机处于接收状态时，维持当前邻居列表不变。各个状态以一定概率到来，无人机需要定期确认自身状态。

6.3.2　无人机移动性对邻居发现的影响

1. 睡眠状态

由于无人机的高移动性，无人机网络的拓扑可能会频繁变化。无人机的分布

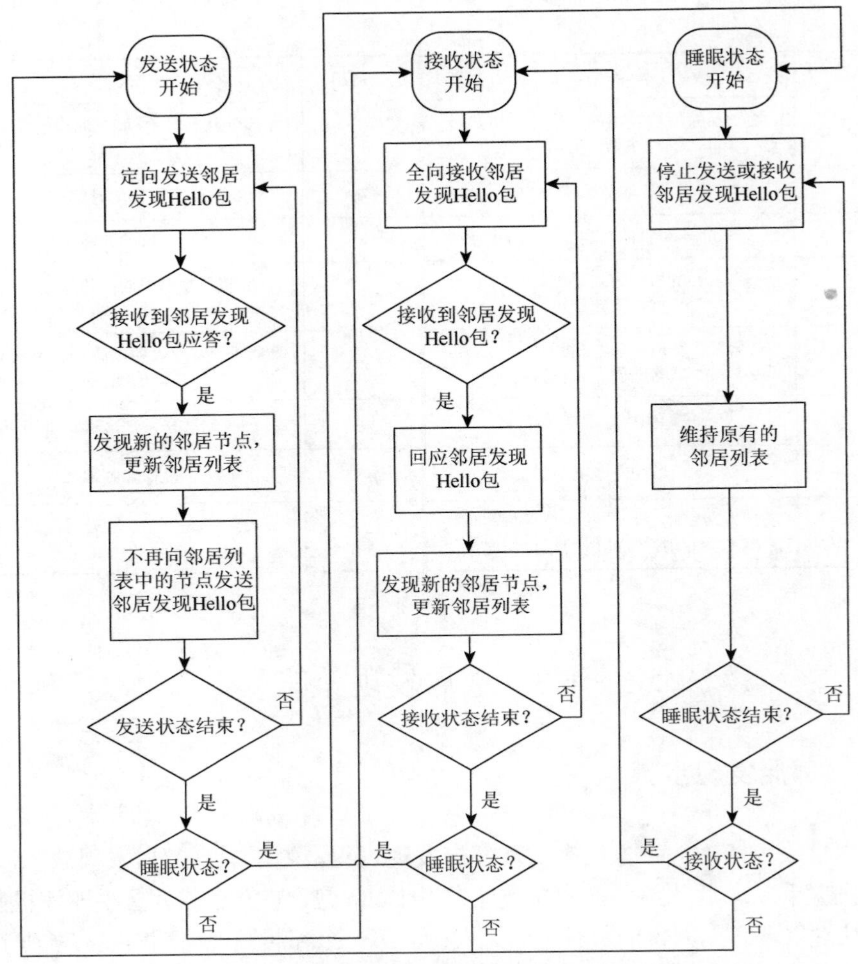

图 6-3　无人机邻居发现过程及状态转移流程图

密度和移动速度对无人机网络连通性都有影响[20]。每架无人机都需要频繁更新邻居列表以维持网络的可连接性。实现快速邻居发现的一种最简单的方法是在整个任务期间始终进行邻居发现操作，这样可以保证在需要通信时，以最快的速度发现彼此。但是，一般的移动通信节点，尤其是无人机，通常是由电池供电的。长时间的邻居发现将消耗大量的能量。同时，在网络拓扑变化缓慢或网络通信需求小的时候，持续的邻居发现操作会产生大量不必要的通信开销。为了达到节能的目的，同时保证邻居发现的速度，对邻居发现操作频率的确定至关重要。因此，需要为无人机的发送、接收和睡眠三种状态设置合适的概率。当无人机处于睡眠状态时，无人机的邻居发现操作暂停。只要确定合适的睡眠概率，就可以实现邻居发现效率与能耗的均衡。

假设网络中与一架无人机 A 相邻的无人机共有 N 架。无人机 A 的飞行速度矢量记为 v_0，相邻无人机的飞行速度矢量分别记为 $v_1, v_2, \cdots, v_N$。由于一个邻居发现周期的时间短，假设在一个邻居发现周期内各无人机的速度不变。无人机 A 的睡眠概率设为 p_s。无人机 A 与所有相邻无人机之间的平均相对移动速度记为 λ：

$$\lambda = \frac{1}{N}\sum_{i=1}^{N} \| v_0 - v_i \| \tag{6-2}$$

为保证邻居发现的效率，睡眠概率应该有个上限 $\xi(\xi \leqslant 1)$，即 $p_s \leqslant \xi$。睡眠概率的最佳取值将在后续通过分析给出。

2. 邻居发现 Hello 包

为了使一架无人机获取相邻无人机的速度信息，本章在邻居发现的 Hello 包中增加了速度和方向信息。邻居发现的每个 Hello 包的大小约为 50B[21]。如果无人机没有睡眠状态，一架无人机与其相邻无人机在一个邻居发现周期内的 Hello 包传输数量为 $2N$。一个邻居发现周期内的数据总量是 $100N$ B。为无人机增加睡眠状态可以减少 Hello 包的传输，显著节约能量。

3. 邻居发现过程

当无人机的移动性很高时，无人机网络的拓扑可能在一个邻居发现周期内就发生变化。无人机可能在此期间进入或离开其他无人机的邻域。因此，在设计邻居发现策略时，更应当考虑到移动性带来的影响。本章主要讨论以下三种可能会使邻居列表发生变化的情况。

（1）相邻无人机在被发现后离开邻域。通信建立前邻居列表中的无人机数目可能会多于实际的邻居无人机数目。然而，若邻居发现的周期间隔短，即睡眠概率较低，则可以降低这种情况发生的可能性。

（2）相邻无人机在邻居发现的过程中离开邻域。这种情况同样可能会导致通信建立前邻居列表中的无人机数目多于实际的邻居无人机数目。本章采用两次握手来降低这种情况发生的可能性。当一架无人机没能收到从另一架无人机处发来的 Hello 包回复信息时，说明另一架无人机很可能已经离开了邻域，该无人机没有被发现，不被添加入邻居列表。

（3）尚未被发现的无人机在邻居发现结束后进入邻域。这种情况可能导致通信建立前邻居列表中的无人机数目少于实际的邻居无人机数目。为降低这种情况发生的可能性，需要为拓扑频繁变化的无人机网络设置更小的睡眠概率。此外，第一个邻居发现周期内，睡眠概率为零。

6.4 性能分析与参数选取

本节假设在无人机 A 的邻域内共有 N 架相邻无人机。每架无人机的包发送概率记为 p_0。马尔可夫过程常被用于分析 MAC 协议，本节中利用它来分析邻居发现过程。无人机 A 在处于接收或发送状态时可能发现其他无人机。在分析邻居发现效率时，为排除睡眠状态的干扰，不考虑睡眠概率的影响。

6.4.1 邻居发现效率的分析

1. 接收状态下无人机 A 邻居发现成功概率

当无人机 A 以概率 $p_r = 1 - p_0$ 接收时，即当无人机 A 从另一架无人机 B 处收到了一个 Hello 包时，无人机 A 便发现了无人机 B。在这种情况下，无人机 A 可以收到从无人机 B 发来的包的概率是

$$P_{\mathrm{R}}^{A-B} = p_0 \frac{1}{N_{\mathrm{b}}} \tag{6-3}$$

由于无人机采用定向发送、全向接收，只有当无人机 B 的发送波束对准无人机 A 时，无人机 A 才可以收到从无人机 B 发出的包。因此，当无人机 A 处于接收状态时，成功发现无人机 B 的概率是

$$P_{\mathrm{R,suc}}^{A-B} = p_r P_{\mathrm{R}}^{A-B} (1 - P_{\mathrm{R}}^{\mathrm{col}}) \tag{6-4}$$

其中

$$P_{\mathrm{R}}^{\mathrm{col}} = \sum_{m=1}^{N-i-1} \left(\binom{N-i-1}{m} (P_{\mathrm{R}}^{A-B})^m (1 - P_{\mathrm{R}}^{A-B})^{N-i-1-m} \right) \tag{6-5}$$

无人机 A 已经发现的相邻无人机数目记为 i，且满足条件 $0 \leqslant i \leqslant N-2$。当 $N-1 \leqslant i \leqslant N$ 时，$P_{\mathrm{R}}^{\mathrm{col}} = 0$，即在接收包时没有碰撞，不存在多架无人机同时向无人机 A 发送包的情况。

根据式（6-5），可以得到

$$1 - P_{\mathrm{R}}^{\mathrm{col}} = (1 - P_{\mathrm{R}}^{A-B})^{n-i-1} \tag{6-6}$$

其中，$0 \leqslant i \leqslant N-2$。

2. 发送状态下无人机 A 邻居发现成功概率

当无人机 A 处于发送状态时，当且仅当相邻的无人机 B 成功接收到无人机 A 发来的包，且无人机 A 收到了无人机 B 的回复，才代表着无人机 A 成功发现了无人机 B。

无人机 A 以概率 $p_t = p_0$ 处于发送状态。在这种情况下，无人机 B 可以接收到无人机 A 发来的包的概率是

$$P_{\mathrm{T}}^{A-B} = (1-p_0)\frac{1}{N_{\mathrm{b}}} \tag{6-7}$$

与无人机 A 处于接收状态的情况相似，无人机 B 成功地收到从无人机 A 发来包的概率是

$$P_{\mathrm{T,get}}^{B-A} = p_{\mathrm{r}}(1-P_{\mathrm{R}}^{\mathrm{col}})P_{\mathrm{T}}^{A-B} \tag{6-8}$$

因为无人机都采用全向接收，当无人机 A 的扫描波束对准无人机 B 时，和无人机 B 在同一波束范围内的其他无人机只要处于接收状态，都可以收到无人机 A 发出的包。因此，与无人机 B 在同一扫描波束内的其他无人机无法收到无人机 A 发出的包的概率是

$$\begin{aligned} P_{\mathrm{no}} &= p_0 + (1-p_0)P_{\mathrm{R}}^{\mathrm{col}} \\ &= \underbrace{p_0}_{(\mathrm{a})} + \underbrace{(1-p_0)(1-(1-P_{\mathrm{R}}^{A-B})^{N-i-1})}_{(\mathrm{b})} \end{aligned} \tag{6-9}$$

其中，（a）部分代表无人机处于发送状态；（b）部分代表无人机处于接收状态，且在包发送过程中发生了碰撞。

无人机被假设为在整个区域内均匀分布。在无人机 A 的一个扫描波束内未被发现的无人机数目记为

$$K_f = K - \frac{i}{N_{\mathrm{b}}} \tag{6-10}$$

其中，$K = N / N_{\mathrm{b}}$，且 i 代表无人机 A 已经发现的相邻无人机数目。

其他与无人机 B 处于无人机 A 同一扫描波束的无人机接收不到来自无人机 A 的包的概率是

$$P_{\mathrm{fall}}^{\mathrm{other}} = (P_{\mathrm{no}})^{K_f - 1} \tag{6-11}$$

无人机 A 接收不到来自无人机 B 以外的其他无人机发来的确认信息的概率是

$$P_{\mathrm{no}}^{\mathrm{other}} = \left(1 - \frac{p_0}{N_{\mathrm{b}}}\right)^{N-i-1} \tag{6-12}$$

因此，无人机 A 在处于发送状态时可以成功发现无人机 B 的概率是

$$P_{\mathrm{T,suc}}^{A-B} = p_0 P_{\mathrm{T,get}}^{B-A} P_{\mathrm{fall}}^{\mathrm{other}} P_{\mathrm{no}}^{\mathrm{other}} \tag{6-13}$$

综上可知，无人机 A 能够成功发现无人机的概率是

$$P_{\mathrm{suc}}^{A-B} = P_{\mathrm{R,suc}}^{A-B} + P_{\mathrm{T,suc}}^{A-B} \tag{6-14}$$

3. 利用马尔可夫链分析邻居发现全过程

本节利用马尔可夫链来分析邻居发现过程。X_n 表示在 n 次扫描后一架无人机

邻域内被发现的相邻无人机总数。X_n 在一帧内从 i 变化到 j，P_{ij} 是这个状态转移的概率。每个帧的时间长度就是一次扫描的时间长度。X_n 的马尔可夫链如图 6-4 所示。

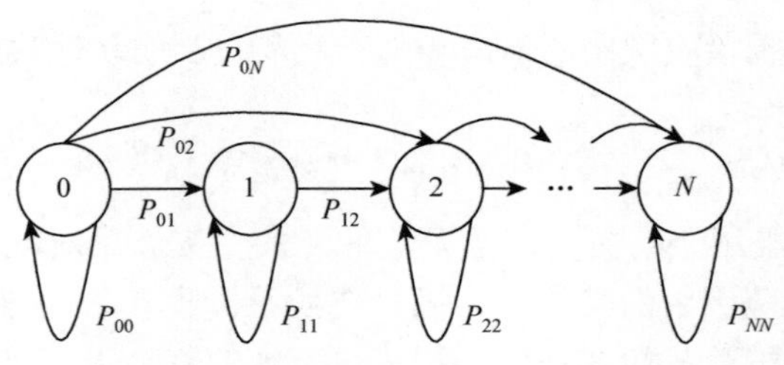

图 6-4　X_n 的马尔可夫链

P_{ij} 的取值是

$$P_{ij}=\begin{cases}\dbinom{N-i}{j-i}p^{j-i}(1-p)^{N-j}, & 0\leqslant i<j<N\\(1-p)^{N-j}, & i=j\neq N\\1, & i=j=N\\0, & \text{其他}\end{cases}\tag{6-15}$$

其中，$p=P_{\text{suc}}^{A-B}$。$P=[P_{ij}]_{N\times N}$ 是一步转移矩阵，且 P^n 是 n 步转移矩阵。在邻居发现开始前，没有被发现的邻居无人机，故 $P(X_0=0)=1$。换句话说，被发现的相邻无人机数目初始值为零。在 n 帧以后，$X_n=k$ 的概率可由 P^n 得出：

$$P(X_n=k)=P_{0k}(n)=P_{1,k+1}^n,\quad k=0,1,\cdots,N\tag{6-16}$$

在 n 帧以后，所有相邻无人机都被发现的概率是

$$P(X_n=N)=P_{1,N+1}^n\tag{6-17}$$

n 帧后被发现的相邻无人机数目的期望是

$$E(X_n)=\sum_{i=0}^{N}iP_{1,i+1}^n\tag{6-18}$$

6.4.2 最佳发送概率

握手即停机制会对最佳发送概率产生影响。因此邻居发现过程是否采用握手即停机制的情况需要被分别讨论。

1. 不采用握手即停机制的邻居发现过程

根据前面的分析，可以发现邻居发现的效率与 P_{suc}^{A-B} 成正比。当不采用握手

即停机制时，在邻居发现全程中 P_{suc}^{A-B} 的取值不变。由于 P_{suc}^{A-B} 是关于发送概率 p_0 的函数，最佳的发送概率就是使 P_{suc}^{A-B} 取得最大值时的发送概率。P_{suc}^{A-B} 的形式如式（6-19）所示：

$$P_{\text{suc}}^{A-B}=(1-p_0)\frac{p_0}{N_{\text{b}}}\left(1-\frac{p_0}{N_{\text{b}}}\right)^{N-1}\left(1+(1-p_0)\left(1-\frac{p_0}{N_{\text{b}}}\right)^{N-1}\left(1-(1-p_0)\left(1-\frac{p_0}{N_{\text{b}}}\right)^{N-1}\right)^{\frac{N}{N_{\text{b}}}-1}\right) \tag{6-19}$$

若考虑睡眠概率，则有

$$P_{\text{suc}}^{A-B}=(1-p_{\text{s}}-p_0)\frac{p_0}{N_{\text{b}}}\left(1-\frac{p_0}{N_{\text{b}}}\right)^{N-1}\left(1+(1-p_{\text{s}}-p_0)\left(1-\frac{p_0}{N_{\text{b}}}\right)^{N-1}\left(1-(1-p_{\text{s}}-p_0)\left(1-\frac{p_0}{N_{\text{b}}}\right)^{N-1}\right)^{\frac{N}{N_{\text{b}}}-1}\right) \tag{6-20}$$

2. 采用握手即停机制的邻居发现过程

在本章中，邻居发现应用了握手即停机制。值得注意的是，随着已被发现的相邻无人机数目的增加，包碰撞的概率减小。因此，已被发现的无人机数量会影响 P_{suc}^{A-B} 的取值，它在每个帧的取值可能都不一样。因此，最佳发送概率不能通过最大化 P_{suc}^{A-B} 获得，本章将在后面通过仿真获得这种情况下的最佳发送概率。

6.4.3　最佳睡眠概率

当无人机具有高移动性时，网络拓扑将以高概率发生变化。随着无人机之间的相对运动增大，即当 λ 的取值增大时，邻居无人机的变化将增大。另外，当无人机的睡眠概率升高时，尽管无人机的开销减小，但邻居列表的更新次数也将减少。当无人机的邻居列表无法及时更新时，已经离开了邻域的无人机可能仍然留在邻居列表中，且新加入邻域的无人机将无法被发现。因此，邻居列表更新频率过低，将导致邻居发现准确率的降低。本章需要寻找最佳睡眠概率来平衡邻居发现的开销和准确率。

当没有睡眠概率时，一个邻居发现周期内有 N_{b} 个帧。在 t 帧时长内有 $M=t/N_{\text{b}}$ 个没有睡眠概率存在的邻居发现周期。与一架无人机相邻的无人机数目假设为 N。因为一个邻居发现周期内的数据传输总量为 $100N$B，故在 t 帧内的数据传输量为

$$d=100N(1-p_{\text{s}})M=100N(1-p_{\text{s}})\frac{t}{N_{\text{b}}} \tag{6-21}$$

在本章中，使用固定速度随机方向（constant velocity random direction，CVRD）的移动模型来建模无人机的运动[22-24]。一个邻居发现周期的用时很短，所以无人机在一个邻居发现周期内的速度可视为不变。模型假设无人机在每个邻居发现周期内独立地随机选择移动方向。

当无人机的相对移动速度快时，拓扑会频繁改变且与某一架无人机相邻的无人机列表将以大概率在一个邻居发现周期内发生变化。一架无人机与其相邻无人机的平均相对移动速度如式（6-2）所示。某一架无人机在一个邻居发现周期内发生变化的邻居数目与 λ 的取值有关。记一次扫描的时间长度是 τ 。在一次邻居发现周期内，一架无人机与其相邻无人机之间的平均相对移动距离是

$$s = \lambda N_{\mathrm{b}} \tau \tag{6-22}$$

无人机 A 与在它邻域内的一架无人机之间的距离记为 x 。如图 6-5 所示，当 $s/R=0$ 时，某一架相邻无人机在一个邻居发现周期内离开无人机 A 的邻域的概率是 0。当 $0 < s/R \leqslant 2$ 时，在一个邻居发现周期内，相邻无人机离开无人机 A 的邻域的概率是

$$p_\alpha = 1 - \frac{2\alpha}{2\pi}\frac{2\alpha}{\pi} = 1 - \frac{2\alpha^2}{\pi^2} \tag{6-23}$$

其中， α 的定义如图 6-5 中所示。其值为

$$\alpha = \arccos\left(\frac{s^2 + x^2 - R^2}{2sx}\right) \tag{6-24}$$

由于无人机均匀分布， x 的概率密度是

$$p_x = \frac{3x^2}{R^3} \tag{6-25}$$

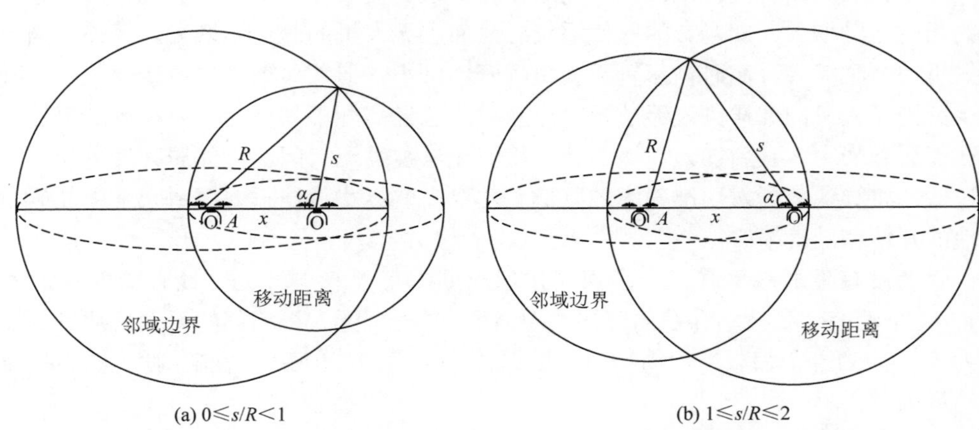

(a) $0 \leqslant s/R < 1$　　(b) $1 \leqslant s/R \leqslant 2$

图 6-5　不同情况下，无人机可能离开邻域的角度范围

在一个邻居发现周期内离开无人机 A 邻域的无人机数目表示为 c。当 $s>2R$ 时，无人机 A 邻域内的所有无人机都将离开邻域。在此情况下，c 的数学期望是 $E(c)=N$。当 $0\leqslant s/R<1$ 时，c 的期望值如式（6-26）所示。类似地，当 $1\leqslant s/R\leqslant 2$ 时，c 的期望值如式（6-27）所示：

$$E(c)=\int_{R-s}^{R}Np_x p_\alpha \mathrm{d}x=\int_{R-s}^{R}N\frac{3x^2}{R^3}\left(1-\frac{2\arccos^2\left(\dfrac{s^2+x^2-R^2}{2sx}\right)}{\pi^2}\right)\mathrm{d}x \tag{6-26}$$

$$\begin{aligned}E(c)&=\int_{0}^{s-R}N\frac{3x^2}{R^3}\mathrm{d}x+\int_{s-R}^{R}N\frac{3x^2}{R^3}\left(1-\frac{2\arccos^2\left(\dfrac{s^2+x^2-R^2}{2sx}\right)}{\pi^2}\right)\mathrm{d}x\\&=N\left(1-\int_{s-R}^{R}\frac{3x^2}{R^3}\frac{2\arccos^2\left(\dfrac{s^2+x^2-R^2}{2sx}\right)}{\pi^2}\mathrm{d}x\right)\end{aligned} \tag{6-27}$$

无人机在一个邻居发现周期内离开邻域的比例是 $\gamma=E(c)/N$。γ 的期望值是

$$E[\gamma]=\begin{cases}\displaystyle\int_{R-s}^{R}\frac{3x^2}{R^3}\left(1-\frac{2\arccos^2\left(\dfrac{s^2+x^2-R^2}{2sx}\right)}{\pi^2}\right)\mathrm{d}x, & 0\leqslant\dfrac{s}{R}<1\\ \displaystyle 1-\int_{s-R}^{R}\frac{3x^2}{R^3}\frac{2\arccos^2\left(\dfrac{s^2+x^2-R^2}{2sx}\right)}{\pi^2}\mathrm{d}x, & 1\leqslant\dfrac{s}{R}\leqslant 2\\ 1, & \dfrac{s}{R}>2\end{cases} \tag{6-28}$$

式（6-28）是不可积的。为简化分析，使用式（6-29）中曲线拟合形式的 $E[\gamma]$ 来代替原结果：

$$E[\gamma]=\begin{cases}0.226\left(\dfrac{s}{R}\right)^4-1.066\left(\dfrac{s}{R}\right)^3+1.407\left(\dfrac{s}{R}\right)^2+0.141\dfrac{s}{R}, & 0\leqslant\dfrac{s}{R}\leqslant 2\\ 1, & \dfrac{s}{R}>2\end{cases} \tag{6-29}$$

在 t 帧的时间内，平均邻居发现准确率为

$$\eta = \frac{100\%(1-p_s)M + \dfrac{N-E(c)}{N}p_s M}{M} = 1-\gamma p_s \tag{6-30}$$

其中，M 是 t 帧内的邻居发现周期数。在式（6-30）中，当且仅当无人机处于睡眠状态时会发生邻居列表不准确的问题。

为了保证邻居发现的准确率，邻居发现的平均准确率有一个下限 η_1。最佳睡眠概率可以通过式（6-31）的最优化问题求解：

$$\min d = 100N(1-p_s)\frac{t}{N_b}$$
$$\text{s.t.} \begin{cases} \eta \geqslant \eta_1 \\ 0 \leqslant p_s \leqslant \xi \\ \lambda \geqslant 0 \end{cases} \tag{6-31}$$

根据式（6-31），最佳睡眠概率为

$$p_s^{\text{opt}} = \begin{cases} \xi, & 0 \leqslant E[\gamma] < \dfrac{1-\eta_1}{\xi} \\ \dfrac{1-\eta_1}{E[\gamma]}, & \dfrac{1-\eta_1}{\xi} \leqslant E[\gamma] \leqslant 1 \end{cases} \tag{6-32}$$

6.5　仿真结果及分析

6.5.1　各参数对邻居发现效率的影响

相邻无人机的数目、定向天线的波束宽度以及睡眠概率都对邻居发现的效率有影响。本节通过仿真结果给出这些参量对邻居发现效率的影响。首先，在分析其他参数时，为避免睡眠状态对邻居发现效率的影响，本节将睡眠概率设为零。相邻无人机的数目会影响到邻居发现的效率。随着相邻无人机的增多，需要被发现的无人机数目增多，且邻居发现过程中 Hello 包碰撞的概率显著增大。因此，如图 6-6 所示，随着相邻无人机数目的增多，邻居发现的效率降低。

图 6-7 是在邻居发现的第 100 帧仿真比较各扫描波束宽度下的邻居发现成功率，该成功率定义为被成功发现的邻居节点个数与总邻居节点个数的比例，该仿真说明了扫描波束宽度对邻居发现效率的影响。在图 6-7 的仿真中假设所有邻居节点均匀分布。为了排除睡眠状态的干扰，网络中节点的睡眠概率为 0，发送概率和接收概率均为 0.5。图中各曲线是仿真 1 万次取平均值得到的结果。横坐标的邻居节点个数从 2 开始，以 5 为间隔，取值到 97。从图 6-7 中可以看出，当邻居

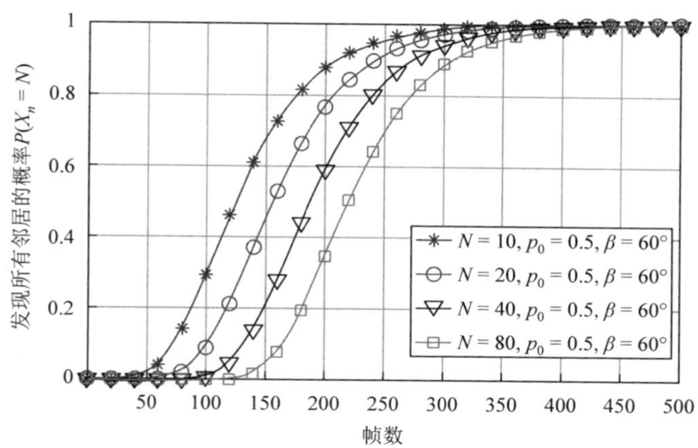

图 6-6　成功发现所有相邻无人机的概率比较图

节点数目较少时，定向扫描波束宽度越大，邻居发现效率越高。这是因为当邻居节点少时，节点分布较为分散，收发包的碰撞概率小。而当邻居节点个数增多时，各个波束内的碰撞概率增大，使波束宽度大的邻居发现方法的效率严重下降。从图 6-7 中还可以看出，扫描波束越窄，邻居发现效率随着邻居节点数目的改变产生的波动越小，稳定性越好。

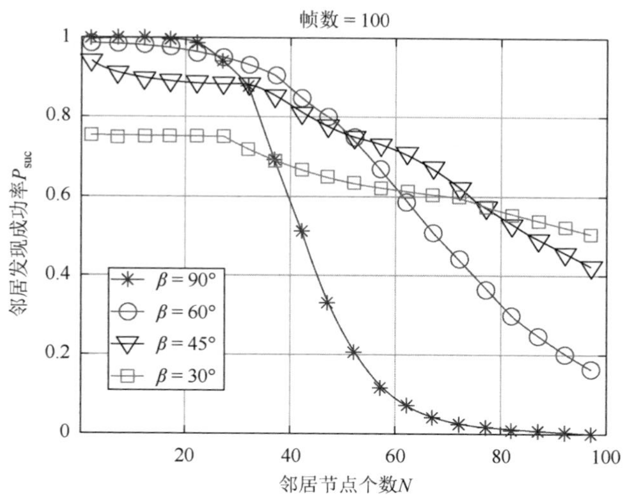

图 6-7　各扫描波束宽度下的邻居发现成功率比较图

接下来，考虑睡眠概率的影响。每架无人机的睡眠概率记为 p_s。发送概率记为 p_0 且接收概率记为 $p_r = 1 - p_s - p_0$。

本节比较在不同睡眠概率下的邻居发现效率。在仿真中，接收概率等于发送概率，即 $p_0 = p_r = 0.5(1-p_s)$。图 6-8 描述了在无人机睡眠概率不同时，成功发现的相邻无人机的数目。值得注意的是，当睡眠概率为零时，邻居发现效率最高。随着睡眠概率的增大，邻居发现效率降低。因此，为实现较高的邻居发现效率，应使无人机的睡眠概率尽可能低。

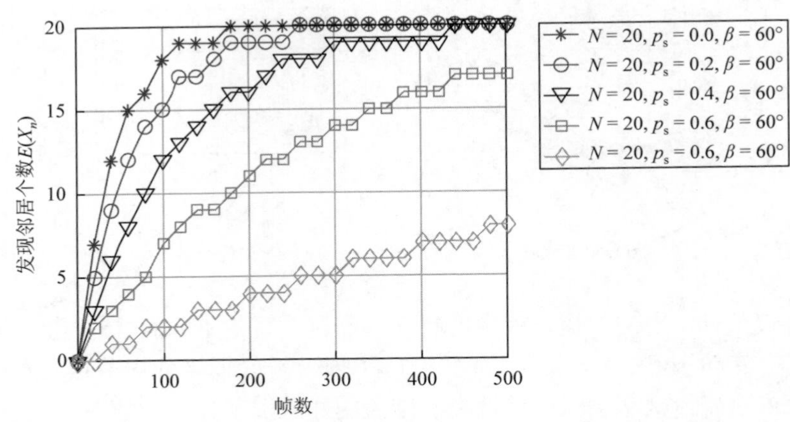

图 6-8　成功发现邻居无人机数目比较图

6.5.2　发送概率

1. 不采用握手即停机制的邻居发现过程

由式（6-19）可知，最佳发送概率与 N 和 N_b 有关。本节比较 N 或 N_b 不同取值下的一架无人机成功发现其他无人机的概率。其仿真结果分别如图 6-9 和图 6-10

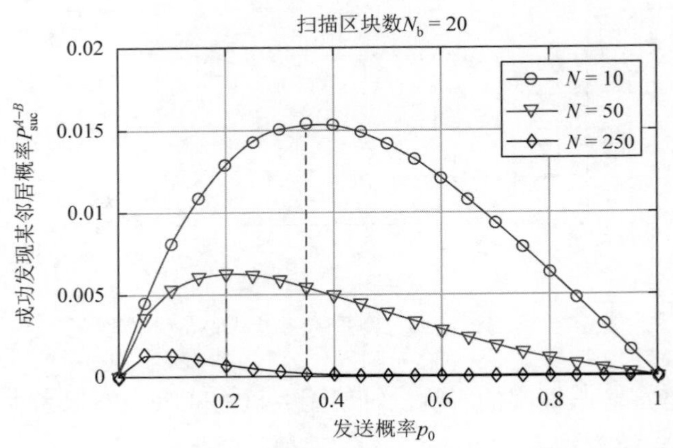

图 6-9　相邻无人机数目与成功发现另一无人机的概率关系图

所示。图中的垂直虚线代表使 P_{suc}^{A-B} 最大的最佳发送概率。如图 6-9 所示，随着 N 的增大，最佳发送概率减小。类似地，图 6-10 中随着 N_{b} 的增大，最佳发送概率减小。图 6-11 中绘制了最佳发送概率关于 N 和 N_{b} 的函数曲面。最佳发送概率小于 0.5，当 $N = N_{\text{b}}$ 时，最佳发送概率取得最大值。如图 6-11 所示，当 N 和 N_{b} 确定下来后，最佳发送概率可以通过式（6-19）获得。

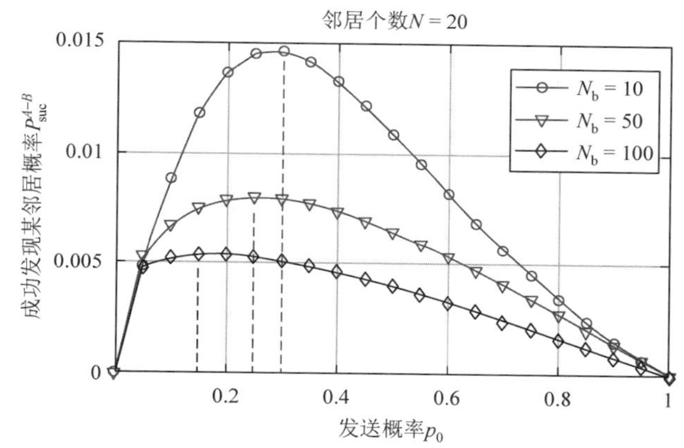

图 6-10　无人机扫描次数与成功发现另一无人机的概率关系图

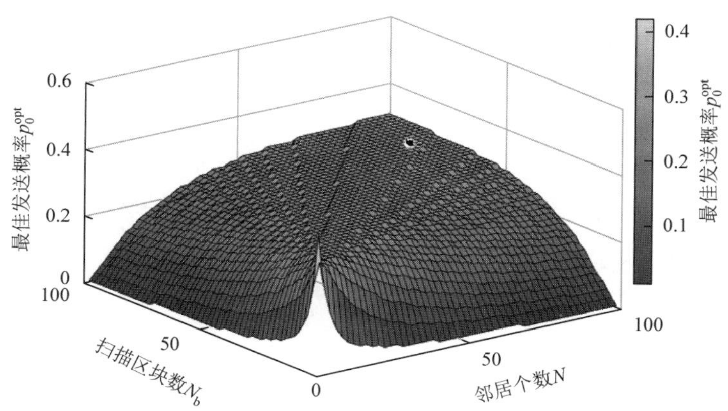

图 6-11　不同 N 和 N_{b} 时，最佳发送概率的变化情况图（见彩图）

2. 采用握手即停机制的邻居发现过程

图 6-12 和图 6-13 描绘了随着帧数的增多，成功发现所有相邻无人机的概率。如图 6-12 所示，随着 N 的增大，邻居发现效率降低，最佳发送概率是 0.5。如图 6-13 所示，随着 β 的减小，邻居发现效率降低，最佳发送概率也是 0.5。

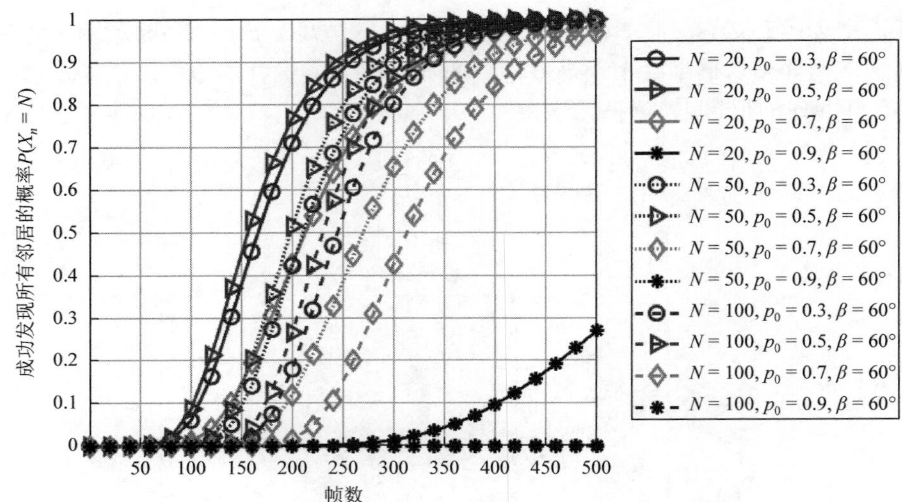

图 6-12　邻居个数与邻居发现效率的关系

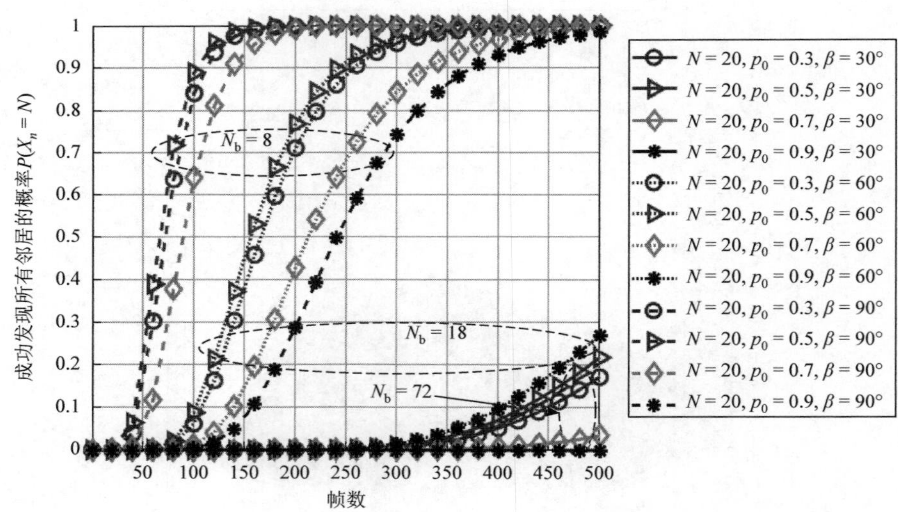

图 6-13　波束宽度与邻居发现效率的关系

6.5.3　睡眠概率

本节仿真了在一个邻居发现周期内无人机离开邻域的情况。如图 6-14 所示，球体内或穿越球体的线段代表无人机在一个邻居发现周期内走过的路径。球体代表无人机 A 的邻域，其半径为 R。随着其他无人机与无人机 A 的相对移动距离 s 增加，无人机离开邻域的概率增大。当某一无人机在一个邻居发现周期内的移动

距离大于 $2R$ 时，它必然会离开邻域。如图 6-15 所示，仿真获得的在一个邻居发现周期内相邻无人机离开无人机 A 邻域的概率与式（6-28）的理论计算结果以及式（6-29）内的拟合近似结果相吻合。

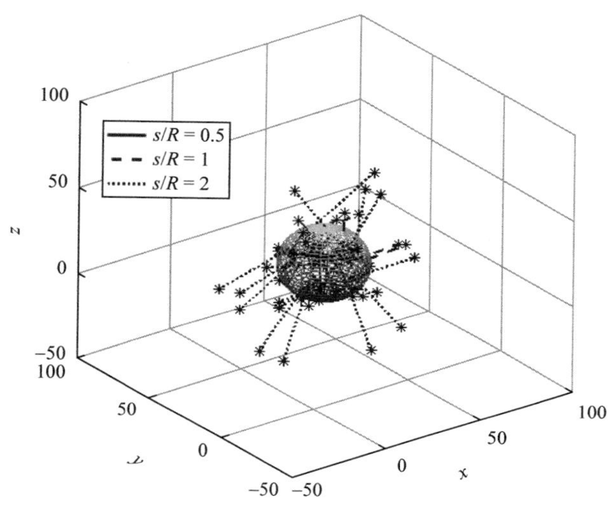

图 6-14　无人机离开邻域的概率与移动距离之间的关系图（见彩图）

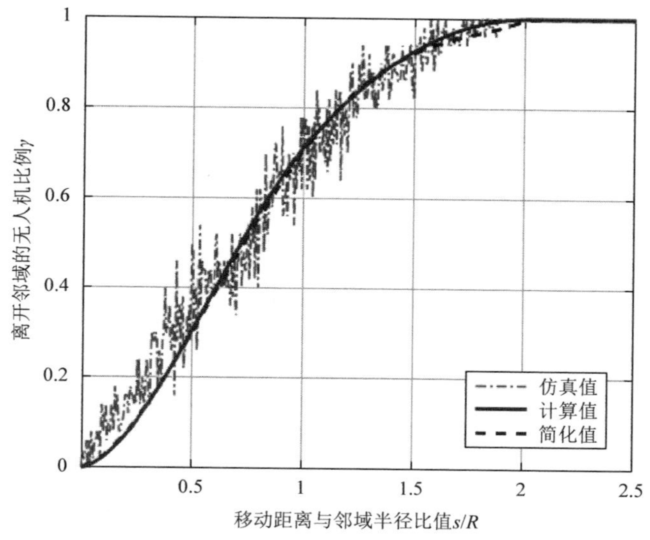

图 6-15　不同 s/R 值下的 γ 取值示意图

最佳睡眠概率可由式（6-29）和式（6-32）获得。由于简化后的 γ 的期望值与理论值相近，可以将式（6-29）中的$E[\gamma]$代入式（6-32）中获得最佳睡眠概率。当设置邻居发现准确率的下限是90%且睡眠概率的上限是0.95时，如图6-16所示，随着λ取值的变化，睡眠概率在0.1～0.95范围内变化。R和N_b的取值对最佳睡眠概率也有影响。

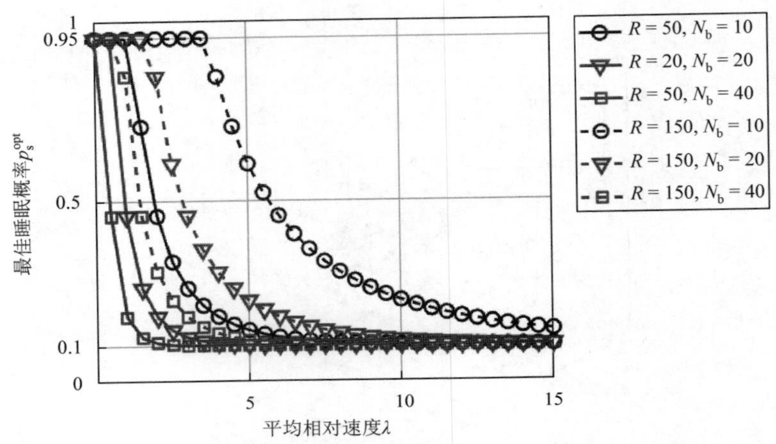

图6-16　不同λ取值下的最佳睡眠概率

表6-2给出了在相同的t帧时间内，伴随不同的睡眠概率，三种不同λ情况下的邻居发现过程。t帧内的邻居发现周期数设为$M=10$。一架无人机的相邻无人机数目设为$N=20$。本节给出了在相同的t帧时间内，随着睡眠概率的变化，各邻居发现过程的传输数据量和平均邻居发现准确率。当$\lambda=0.5$时，最佳睡眠概率是0.272，且此情况下，与不设睡眠状态相比，传输数据量可以减少27.2%。类似地，当$\lambda=1$和$\lambda=2$时，最佳睡眠概率分别是14.5%和10.0%。与不设置睡眠状态相比，可以分别减少14.5%和10.0%的传输数据量。

表6-2　不同睡眠概率下邻居发现的数据量和平均准确率

p_s		0.1	0.2	0.3	0.4	0.5	0.6	0.7	0.8	0.9
$(1-p_s)M$		9	8	7	6	5	4	3	2	1
d		18KB	16KB	14KB	12KB	10KB	8KB	6KB	4KB	2KB
η	$\lambda=0.5$, $s/R=0.5$	96.4%	92.7%	89.0%	85.4%	81.8%	78.1%	74.5%	70.8%	67.2%
	$\lambda=1$, $s/R=1$	93.2%	86.4%	79.6%	72.8%	65.9%	59.1%	52.3%	45.5%	38.7%
	$\lambda=2$, $s/R=2$	90%	80%	70%	60%	50%	40%	30%	20%	10%

6.5.4　不同邻居发现策略的比较

本节比较四种对睡眠概率的设置方法不同的邻居发现策略。在仿真中，本节提出的邻居发现策略用“动态 p_s”表示。当随机设置睡眠概率的值时，无人机将在每个邻居发现周期中以 0～1 的任意概率进行睡眠。在仿真中，这种邻居发现策略由“随机 p_s”表示。此外，无睡眠状态的邻居发现策略由“$p_s = 0$”表示。本节还考虑了将睡眠概率设置为固定值的邻居发现策略，添加一个邻居发现策略，其睡眠概率为具有实际意义的 0.2，用“$p_s = 0.2$”表示。

图 6-17 说明了拓扑变化频率与不同邻居发现策略的数据开销之间的关系。横坐标 s/R 表示每个邻居发现周期中，某一无人机邻域内无人机与该无人机邻域半径之间的平均相对移动距离的比值。s/R 的值越大，拓扑变化的频率越高。当 $s/R \geqslant 2$ 时，拓扑结构将完全改变。

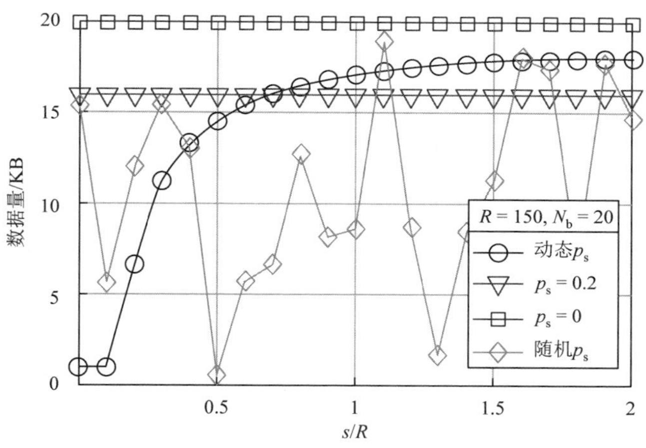

图 6-17　拓扑变化频率与数据量之间的关系比较图

没有睡眠状态（即 $p_s = 0$）的邻居发现策略的数据开销最大。如图 6-17 所示，当网络拓扑变化不是很频繁时，本章提出的策略显著减少了近一半的数据开销。当网络拓扑结构频繁变化时，本章提出的策略的睡眠概率不高于 0.2，所以数据开销超过了“$p_s = 0.2$”的邻居发现策略。而当睡眠概率被随机设置时，数据开销将在各种条件下发生急剧变化，无规律可循。

本节将邻居发现策略的准确率阈值设为 90%。如图 6-18 所示，本节比较了这四种邻居发现策略达到阈值准确性的概率。本节进行了 1 万次仿真比较，并将邻居发现准确率达到阈值的概率记为 p_{th}。本章提出的策略的性能曲线与没有睡眠概率的策略的性能曲线相吻合，即两种策略都能保证在各种网络拓扑变化情况下满足准确率的要求。随着拓扑变化频率的增加，本章提出的邻居发现策略可以将准确率保持在 90%以上。而随着拓扑变化频率的增加，$p_s = 0.2$ 的邻居发现策略的准确率迅速下降。由于睡眠概率的不确定性，当邻居发现策略为“随机 p_s ”时，随着拓扑变化频率增加，p_{th} 可能会更低并且有较大波动。

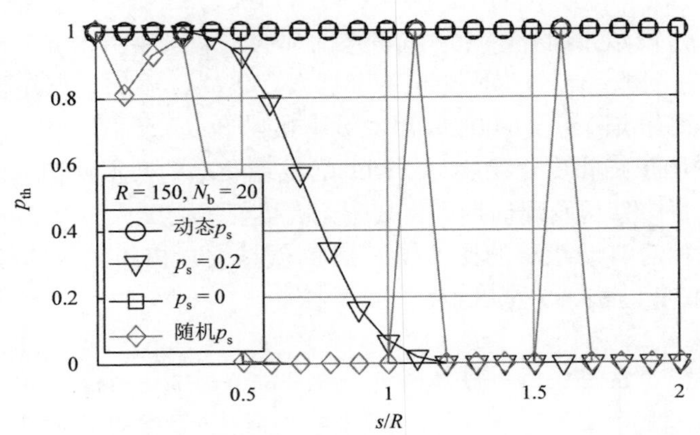

图 6-18　不同邻居发现方案满足准确率要求的比例比较图

p_{da} 代表与 $p_s = 0$ 的情况相比，邻居发现数据开销所占的比例。图 6-19 展示出了具有不同 s/R 的每个邻居发现策略的平均 p_{da} 和平均 p_{th} 。当 $p_s = 0$ 时，无人机没有睡眠状态。此时需要以最大的数据开销保证邻居发现准确率。将睡眠概率

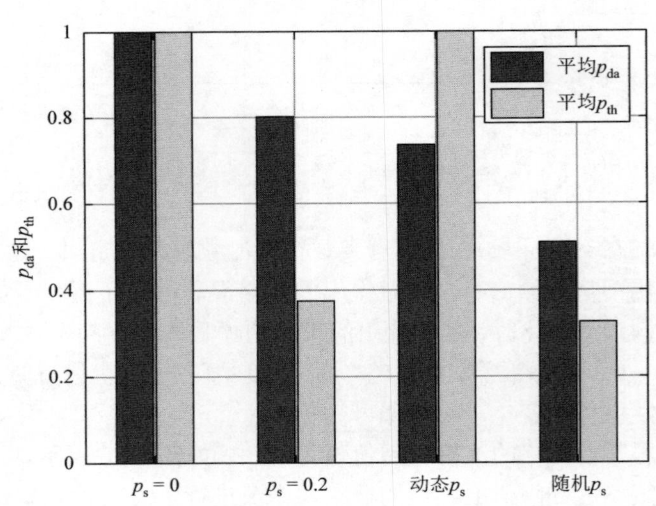

图 6-19　每个邻居发现方案的准确率和数据大小的比较图

设置为固定值或随机值的邻居发现策略很难总是满足邻居发现准确率的要求。本章提出的邻居发现策略则可以在需要较小的数据开销前提下达到邻居发现准确率的要求，约节省了 23%的数据开销。仿真结果证明了本章提出的邻居发现策略的优越性，即本章提出的邻居发现策略可以实现减少数据开销和保证邻居发现准确率的权衡。

6.5.5　对邻居发现策略实用性的研究

在大多数实际情况下，无人机的运动是规则的。为了验证本章提出的邻居发现策略在实际场景中的可行性，本节模拟了无人机在合作模式下的邻居发现性能。

基于飞行计划（flight plan，FP）的移动模型可以表示无人机合作编队运动的情况。预定义的飞行轨迹可以直接用作移动模型[25]。基于 FP 的模型约束整个无人机飞行轨迹[25]，无人机将在既定的轨迹上飞行。

在仿真中，无人机采用 FP 移动模型进行协同运动，采用 CVRD 移动模型进行随机移动。图 6-20 显示了当无人机采用协同或随机移动时，不同邻居发现准确度阈值的最佳睡眠概率。在无人机协同飞行期间，网络拓扑变化很有限。由于网络拓扑变化小，随着准确度所需阈值的提高，仍然可以保证高准确度，高睡眠概率将始终被用来节省开销。因此，无人机对邻居发现的睡眠概率始终保持在较高水平。另外，无人机的无规则随机运动会导致网络拓扑结构发生较大的变化。随着对准确度要求的提高，需要逐步减小睡眠概率，以提高邻居发现的频率，保证邻居发现的准确性。如图 6-21 所示，由于无人机协同移动时睡眠概率恒定且保持在较高水平，因此随着准确度阈值的提高，数据开销保持不变并且始终很小。无

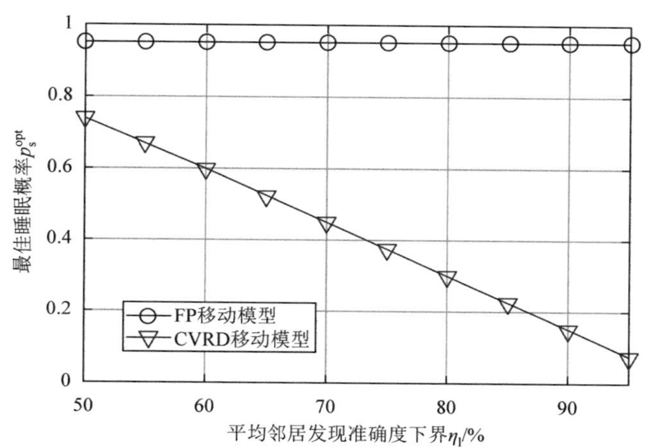

图 6-20　最佳睡眠概率随平均邻居发现准确度下界的变化比较图

论采用协同还是随机运动，本章提出的邻居发现策略都能满足对邻居发现准确度的要求。

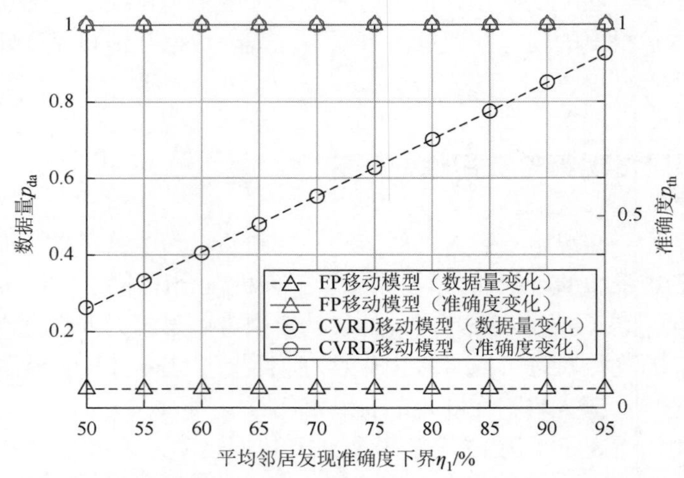

图 6-21　准确度和数据量随平均邻居发现准确度下界的变化比较图

6.6　总　　结

本章提出了一种基于两次握手的无人机传感器网络邻居发现策略。为了减小邻居发现过程的开销，无人机在发送、接收和睡眠状态之间以一定概率转换。运用马尔可夫过程分析提出邻居发现策略，并通过计算最佳发送概率提高了邻居发现效率。考虑到无人机的移动性，为保证邻居发现效率和实现节能的目的，通过求解最优化问题获得了最佳睡眠概率。本章提出的邻居发现策略均衡了无人机网络的邻居发现效率与节能需求，可以应用于无人机传感器网络的组网中。

参 考 文 献

[1] Ali Khan（阿里）. 基于群智能的无人机自组织网络. 北京：北京科技大学，2021.

[2] Hashima S，Hatano K，Takimoto E，et al. Neighbor discovery and selection in millimeter wave D2D networks using stochastic MAB. IEEE Communications Letters，2020，24（8）：1840-1844.

[3] Feng Z Y，Fang Z X，Wei Z Q，et al. Joint radar and communication：A survey. China Communications，2020，17（1）：1-27.

[4] Sun W，Yang Z，Zhang X L，et al. Energy-efficient neighbor discovery in mobile Ad Hoc and wireless sensor networks：A survey. IEEE Communications Surveys & Tutorials，2014，16（3）：1448-1459.

[5] Pozza R，Nati M，Georgoulas S，et al. Neighbor discovery for opportunistic networking in Internet of things scenarios：A survey. IEEE Access，2015，3：1101-1131.

[6] Wang Z，Peng L X，Xu R H，et al. Neighbor discovery in three-dimensional mobile Ad Hoc networks with

directional antennas// Wireless & Optical Communication Conference，Chengdu，2016：1-5.

[7] Khan M，Bhunia S，Yuksel M，et al. LOS discovery in 3D for highly directional transceivers// IEEE Military Communications Conference（MILCOM），Baltimore，2016：325-330.

[8] Zhang Z S. DTRA：Directional transmission and reception algorithms in WLANs with directional antennas for QoS support. IEEE Network，2005，19（3）：27-32.

[9] Astudillo G，Kadoch M. Neighbor discovery and routing schemes for mobile Ad-Hoc networks with beamwidth adaptive smart antennas. Telecommunication Systems，2017，66（1）：17-27.

[10] Park H，Kim Y，Song T，et al. Multiband directional neighbor discovery in self-organized mmWave Ad Hoc networks. IEEE Transactions on Vehicular Technology，2015，64（3）：1143-1155.

[11] Chen H L，Lou W，Wang Z B，et al. On achieving asynchronous energy-efficient neighbor discovery for mobile sensor networks. IEEE Transactions on Emerging Topics in Computing，2016，PP（99）：1.

[12] Bracciale L，Loreti P，Bianchi G. The sleepy bird catches more worms：Revisiting energy efficient neighbor discovery. IEEE Transactions on Mobile Computing，2016，15（7）：1812-1825.

[13] Margolies R，Grebla G，Chen T，et al. Panda：Neighbor discovery on a power harvesting budget. IEEE Journal on Selected Areas in Communications，2016，34（12）：3606-3619.

[14] Prakasam S，Lavanya S. Mac protocols for reduced power consumption in intra-cluster design for wireless sensor networks// 2017 Innovations in Power and Advanced Computing Technologies（i-PACT），Vellore，2017：1-5.

[15] Algora C M G，Reguera V A，Deligiannis N，et al. Review and classification of multichannel MAC protocols for low-power and lossy networks. IEEE Access，2017，5：19536-19561.

[16] Natkaniec M，Kosek-Szott K，Szott S，et al. A survey of medium access mechanisms for providing QoS in Ad-Hoc networks. IEEE Communications Surveys & Tutorials，2013，15（2）：592-620.

[17] Dai H N. Throughput and delay in wireless sensor networks using directional antennas// International Conference on Intelligent Sensors，Sensor Networks and Information Processing，Melbourne，2009：421-426.

[18] Lymberopoulos D，Lindsey Q，Savvides A. An empirical characterization of radio signal strength variability in 3-D IEEE 802.15.4 networks using monopole antennas// Wireless Sensor Networks，Third European Workshop，Berlin，Heidelberg：Springer-Verlag，2006：326-341.

[19] Zhao S W，Liu Y F，Yang T，et al. 3-Way multi-carrier asynchronous neighbor discovery algorithm using directional antennas// 2016 IEEE Wireless Communications and Networking Conference，Doha，2016：1-6.

[20] Li K，Ahmed N，Kanhere S S，et al. Reliable communications in aerial sensor networks by using a hybrid antenna// 2012 IEEE 37th Conference on Local Computer Networks（LCN），Clearwater Beach，2012：156-159.

[21] Duan H，Luo Q，Shi Y，et al. Hybrid particle swarm optimization and genetic algorithm for multi-UAV formation reconfiguration. IEEE Computational Intelligence Magazine，2013，8（3）：16-27.

[22] Li K，Akba M I，Turgut D，et al. Reliable positioning with hybrid antenna model for aerial wireless sensor and actor networks// IEEE Wireless Communications and Networking Conference，Istanbul，2014：2904-2909.

[23] Rawat D B，Grodi R，Bajracharya C. Enhancing connectivity for communication and control in unmanned aerial vehicle networks// IEEE Radio and Wireless Symposium（RWS），San Diego，2015：200-202.

[24] Giruka V C，Singhal M. Hello protocols for Ad-Hoc networks：Overhead and accuracy tradeoffs// IEEE International Symposium on World of Wireless Mobile & Multimedia Networks，Taormina，2005：354-361.

[25] Zhou L，Wang H H，Guizani M. How mobility impacts video streaming over multi-hop wireless networks？. IEEE Transactions on Communications，2012，60（7）：2017-2028.

第7章　无人机网络多址接入方法

7.1　引　　言

传感器网络经常用于环境监测，如监测地理气象、山体植被、大型农田等[1]。无人机可以作为传感设备的理想载体，构成无人机传感器网络。载有传感器的无人机网络在环境监测时具有机动性和灵活性强等显著优势。在无人机传感器网络组网过程中，当拓扑构建完成后，需要设计合适的多址接入方法。高效的多址接入方法是提高无人机网络效率和可靠性的关键。

MAC 协议一直备受学术界和产业界关注，甚至是移动通信更新换代的标志性技术之一。由于配备全向天线的无人机 MAC 协议不能使信道资源被充分利用，有大量文献设计了配备定向天线的无人机 MAC 协议。在文献[2]～文献[4]中，学者提出了专门针对定向天线的高海拔定向 MAC 协议、无人机自适应 MAC 协议以及基于空间重用的定向 MAC 协议。

针对无人机三维飞行的特点，Say 等在文献[4]中提出了空分多址（space division multiple access，SDMA）方法。Tang 等在文献[5]中考虑了当 MAC 层具有多个信道时，节点如何选择合适信道的问题，设计了一种 EMAC MAC（a dynamic multichannel energy-efficient MAC protocol for wireless sensor networks）协议，通过节点的预测唤醒和接收机的伪随机调度来选择信道。后续的 Y-MAC[6]、TSCH（time synchronized channel hopping）[7]等协议又通过增加控制（或协调）信道来协商数据的传输。在他们工作的基础上，Smart 等在文献[8]中提出了名为 DT-SCS（decentralized time-synchronized channel swapping）的多址接入协议，带来了更高的吞吐量利用率。由于无人机大多都需要电池提供能源，故节能也是设计 MAC 协议时应该考虑的一个问题。为此，众多学者潜心研究设计出 S-MAC（sensor-MAC）、T-MAC（timeout-MAC）、STEM（sparse topology and energy management）等节能型多址接入协议，为节点添加了休眠阶段[9]。此外，无人机全双工通信的多址接入协议也已经在文献[9]和文献[10]中被提出，但是它们的复杂度较高[11]。

无人机组成的 FANET 代表了一系列由飞行器组成的 Ad Hoc 网络[11]，FANET 是基于移动 Ad Hoc 网络开发的，它被认为是车载自组网（vehicular Ad Hoc networks，VANET）的子类型[12, 13]。在传统 VANET 的需求之外，FANET 为网络带来了新的挑战[14]，如高移动性、高空间维度等。Omar 等在文献[15]中提出的

VeMAC（a TDMA-based MAC protocol for reliable broadcast in VANET）虽然较为经典，但同样无法满足无人机传感器网络的高移动性，且对多种网络传输模式并存的情况支持不够。

综上所述，无人机传感器网络的三维高移动性将是无人机 MAC 协议设计时需要考虑的一大难题。但现有的文献针对该问题的研究仍不够充分。而本章则专注于多架无人机协同构建空中传感器网络的情况，并针对此场景的三维高移动性设计了多址接入协议。在协议设计过程中，对各项重要的性能指标予以关注，实现无人机网络性能提升。除多跳传输模式外，本章还利用无人机的移动模式构造了时延容忍的存储—携带—转发传输。无人机携带的电池容量有限，续航时间一般都不长，需要经常飞回地面控制站给电池充电。当无人机返回地面控制站时，它可以沿着返回路径为控制站存储和携带返航路径经过的无人机的数据。通过这种方式，被浪费的无人机返航时间可以被利用以提高无人机传感器网络的容量。

地面单元（ground unit，GU）兼具地面控制站和通信功能，负责向全网的无人机发送控制信息，并将无人机的数据收集起来。本章研究的是一个地面单元覆盖范围内的无人机网络。如图 7-1 所示，当无人机 A 有数据要传送给 GU 时，它可以将数据传送给经过它的返航无人机 B，随后返航无人机 B 再将数据传送到地面的 GU。类似地，当无人机 D 返航时，它可以把自己经过的无人机 C 的数据携带并传输给 GU。Temel 和 Bekmezci 在文献[2]中已经证明了，无人机网络中使用这种存储—携带—转发（store-carry-and-forward，SCF）传输模式可以提升网络容量。同时，无人机 F、无人机 E、无人机 C 构建的多跳传输模式也在网络中发挥作用。本章设计了无人机传感器网络中可以支持 SCF 传输模式，同时还兼顾多跳传输模式的多址接入协议。

本章中为图 7-1 所示的无人机传感器网络设计的 MAC 协议命名为 UD-MAC（unmanned aerial vehicle delay tolerant multiple access control）。控制与无负载通信（control and non-payload communication，CNPC）链接被用来支持安全功能。在该协议中，为 CNPC 包添加了一个状态位来表示无人机的返航状态。当无人机开始返航时，CNPC 中的状态位被设置为 0；否则，状态位被设置为 1。在图 7-1 中，当无人机 A 需要无人机 B 携带数据回地面时，它们首先需要交换控制包。当无人机 A 通过无人机 B 发来的控制包中的状态位获悉无人机 B 正在返航时，无人机 A 决定将数据传输给无人机 B。GU 需要收集所有无人机的 CNPC 包来了解全网无人机的返航状态。此外，为实现可靠有序的数据传输，本章还设计了一个自适应的接入时隙分配策略，为不同种类的网络节点设置不同的接入优先级。由于返航无人机的电量受限，对它的控制更为紧急，所以与不返航的无人机相比，它们的接入等待时间更短。GU 根据不同状态（返航或不返航）的无人机数目动态地改变控制信道中对接入时隙的安排。在仿真中将所提出的 UD-MAC 与经典的 VeMAC 的接入效率进行比较，验证 UD-MAC 的性能。

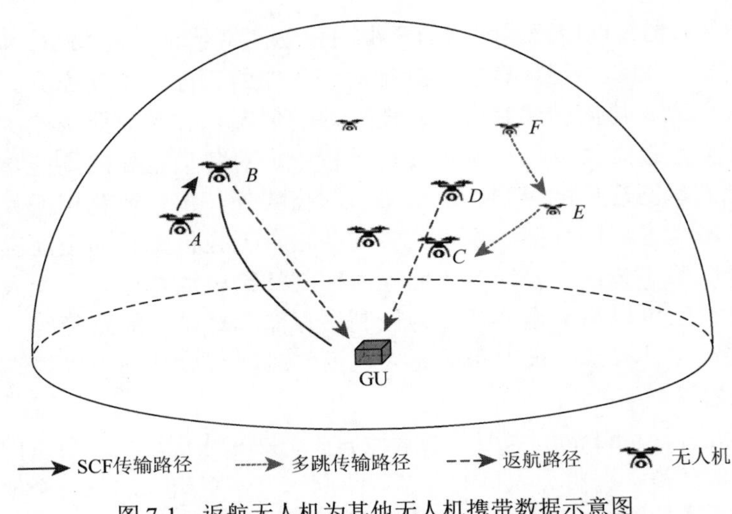

图 7-1　返航无人机为其他无人机携带数据示意图

7.2　系统模型

为了实现数据传输与安全通信的功能，该三维空中无人机传感器网络由 CNPC 链路和数据链路构成，下面将对它们进行详细介绍。

7.2.1　CNPC 链路

无人机系统通过额外的 CNPC 链路来支持重要的安全功能，如“碰撞避免和实时控制”[16]。CNPC 包在两种信道中传输：空-空（air-to-air，A-A）CNPC 信道和空-地（air-to-ground，A-G）CNPC 信道。CNPC 包传输的信息包括以下三种类型。

（1）GU 向无人机发送的命令与控制信息。

（2）无人机向 GU 发送的无人机状态报告信息。

（3）无人机之间发送的感知与碰撞避免信息。

7.2.2　数据链路

虽然 CNPC 链路提供的信息可以辅助多址接入，但是它不仅只为多址接入服务。为避免隐藏终端等问题，MAC 协议必须有自己专用的控制信道。因此，数据

链路包含控制信道 C_0、A-A 数据信道 C_1 和 A-G 数据信道 C_2。控制信道 C_0 只用来传输通信请求、确认信息、对传输信道和时隙的安排等控制信息。数据信道 C_1 和 C_2 用来传输数据。

假设无人机的续航时间为 t，并且网络中的所有无人机均匀分布。本章为网络中的每个节点分配一个特定的身份标识号码（identification，ID）。当某一节点两跳范围内有两个或两个以上的节点同时尝试接入同一个可用信道时隙时，就会发生一次接入碰撞。因此，每个节点都需要知道自己的两跳范围内所有的邻居节点的 ID。由于无人机的高移动性，各节点需要实时地定期更新两跳范围内的邻居列表。

7.3　多址接入协议

7.3.1　信道复用

合适的信道复用方法可以提高频谱效率。Apaza 在文献[17]中提出了一种 A-G CNPC 信道的复用方法，即 A-G CNPC 信道在上行链路使用时分复用，下行链路使用频分复用。此外，A-A CNPC 信道使用时分复用，CNPC 链路的信道复用方式如图 7-2 所示。

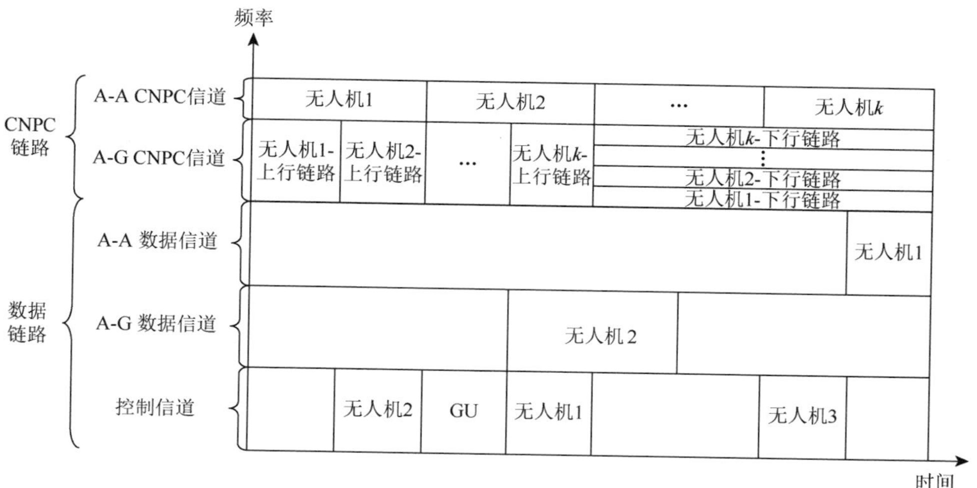

图 7-2　信道复用方式示意图

A-G CNPC 上行链路与下行链路应用时分双工模式，上、下行链路分别占用每个帧的一半。在上行链路中，GU 向无人机传输 CNPC 包；在下行链路中，无人机向 GU 传输 CNPC 包。而在 A-A CNPC 链路中，无人机之间相互传输 CNPC 包。

该系统中，CNPC 链路占用 L 波段（960～1164MHz）和 C 波段（5030～5091MHz）[18]。这两个频段与数据链路占用的频段不同。对于数据链路中的 A-A 数据信道和 A-G 数据信道的频段与时隙分配方式如图 7-2 所示。数据信道和控制信道分别使用不同的频段，并遵循时分复用方式。

7.3.2 包格式

1. CNPC 包

在本章中，返航无人机被用来为沿途的无人机运输数据。由于 GU 需要实时获取无人机的状态信息来动态地安排控制信道内的时隙分配，本章在 CNPC 包里设置一位状态位来识别返航无人机。当无人机开始返航时，状态位为 0，否则状态位为 1。增加了状态位后的 CNPC 包的格式设计如图 7-3（a）和图 7-3（b）所示。

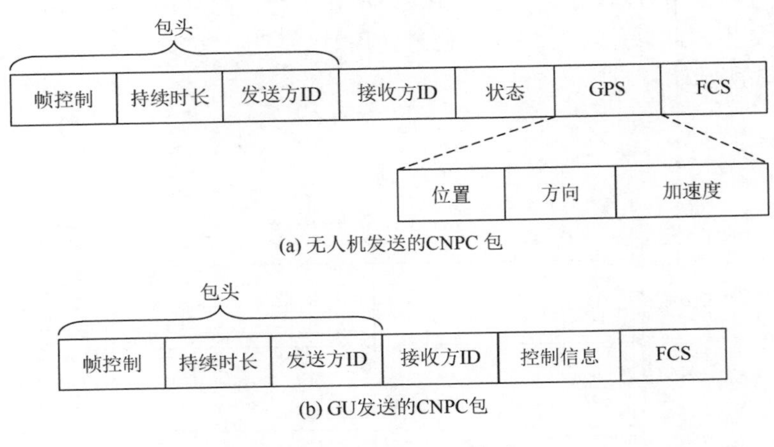

图 7-3　CNPC 包的格式

比较无人机和 GU 发出的 CNPC 包可以发现，它们有相同的包含帧控制、包持续时长、收发端 ID 信息的包头部分。此外，它们都有帧校验序列（frame check sequence，FCS）。无人机和 GU 发出的 CNPC 包的不同点如下。

（1）无人机发出的 CNPC 包中包括确认无人机是否返航的状态位信息以及包含无人机位置、运动方向和加速度的 GPS 信息。

（2）GU 发出的 CNPC 包中包括它对无人机的控制指令信息。

2. 控制包

控制包是指在控制信道中传输的用于辅助建立数据传输链路的信息。控制包的格式如图 7-4 所示。以下信息需要被添加到控制包中。

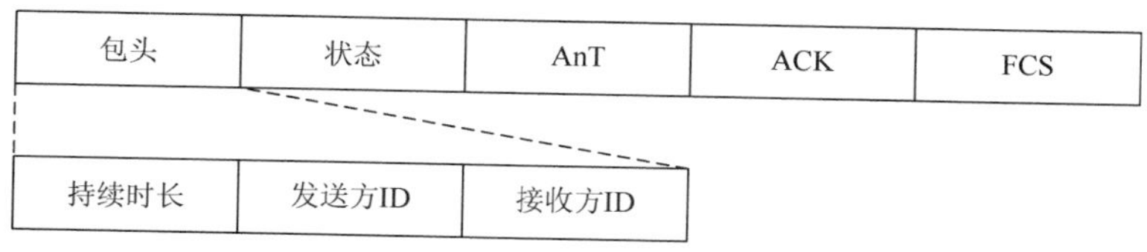

图 7-4　控制包的格式

（1）包头信息，用来确认控制包的持续时间和收发端 ID。
（2）状态位，用来确认发送控制包的无人机是否在返航。
（3）传输公告（announcement of transmission，AnT），用来宣告占用哪个数据信道和其中的哪个时隙来传输数据。
（4）确认（acknowledge，ACK）信息，用来确认数据已经被成功接收了。
（5）FCS 用于验证帧在传输过程中的完整性。

7.3.3　时隙占用策略

1. 控制信道的接入时隙

本章中的无人机传感器网络中有三种类型的节点，即返航无人机、不返航无人机和 GU。假设每架无人机两跳传输范围内的无人机数是 k。单位时间内返航无人机数是 k_r，不返航无人机数是 $k_f = k - k_r$。返航无人机和不返航无人机的通信需求与各自的数目成正比。由于 GU 只从返航无人机处接收信息，因此 GU 的传输需求只与返航无人机的数目成正比。

控制信道的帧被分为三部分：R、F 和 G。如图 7-5 所示，R 代表返航无人机，F 代表不返航无人机，G 代表 GU。值得注意的是，VeMAC[15]中也有类似为不同类型的节点划分不同接入时隙的思想。但是，UD-MAC 与 VeMAC 的节点类型以及帧划分方式均不同。GU 通过从所有无人机处接收到的 CNPC 包的信息获悉返航无人机的数目。因此 GU 根据每个节点两跳传输范围内的返航无人机数目改变对 R、F 和 G 的时隙个数安排。假设一帧中有 n 个时隙，为返航无人机、不返航无人机和 GU 分配的时隙数分别由 n_r、n_f 和 n_g 表示，它们的关系如式（7-1）所示：

$$n_r : n_f : n_g = k_r : k_f : k_g \tag{7-1}$$

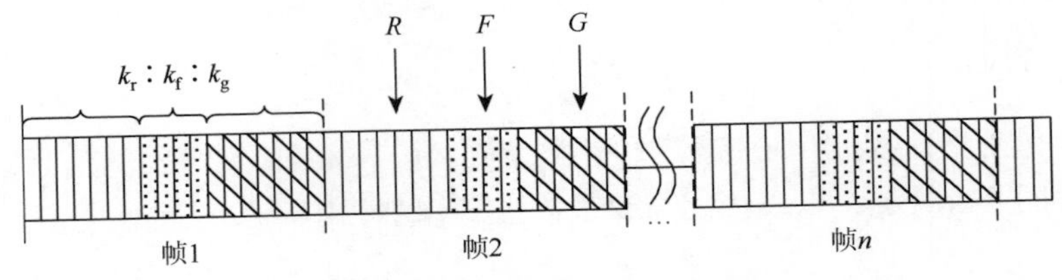

图 7-5　控制信道帧划分示意图

每个节点定期更新自己的两跳传输范围内的邻居列表。只要节点 x 的邻居列表内有一个节点和节点 x 尝试接入同一个时隙，就会发生接入碰撞。在这种情况下，节点 x 和这个竞争节点都无法接入信道。

假设返航无人机 x 需要接入控制信道，且控制信道中的空闲时隙集合为 $T(x)$，为 x 设置的优先接入时隙集合为 $A(x)=T(x)\cap R$。如果返航无人机 x 无法在 τ 帧的时间内接入控制信道，它的优先接入时隙集合将变为 $A(x)=T(x)\cap(R\cup F)$。如果又经过 τ 帧的时间，x 仍然无法接入控制信道，优先接入时隙集合变为 $A(x)=T(x)$。类似地，不返航的无人机 y 的优先接入时隙集合是 $A(y)=T(y)\cap F$。如果它无法在 φ 帧的时间内接入控制信道，它的优先接入时隙集合将变为 $A(y)=T(y)\cap(R\cup F)$。如果又经过 φ 帧的时间，y 仍然无法接入控制信道，优先接入时隙集合变为 $A(y)=T(y)$。对于 GU 节点 z，它的优先接入时隙集合为 $A(z)=T(z)\cap G$。如果 z 无法在 μ 帧的时间内接入控制信道，它的优先接入时隙集合将变为 $A(z)=T(z)$。图 7-6 分别表示出了不同类型节点访问控制信道的流程。

值得注意的是，当在不返航无人机的两跳范围内经过的返航无人机数量非常少时，控制信道上的优先接入时隙将主要分配给不返航的无人机。在这种情况下，相当于在两跳范围内使用多跳传输方式。

参数 τ、φ 和 μ 的取值对接入性能会产生影响。当它们的值都是 0 时，控制信道的帧都没有被分为不同部分。在这种情况下，所有节点随机接入所有的空闲时隙。此时接入碰撞概率会增大。当 τ、φ 和 μ 的取值都趋向于无穷大时，每类节点都只能接入自己对应的时隙集合。此时当发生碰撞的节点再次尝试接入时，由于可选择的时隙减少，碰撞概率将会增大。因此，为 τ、φ 和 μ 确定合适的取值对提升接入性能很重要。由于对返航无人机的控制更紧急，接入控制信道时，返航无人机的优先级应该高于其他类型的节点。换言之，三种类型的节点的接入延迟时间应满足关系式：$\tau<\varphi=\mu<t$，t 是无人机的续航时间。

2. 数据信道的接入时隙

如前面所述，两种数据信道即 A-A 数据信道和 A-G 数据信道分别记为 C_1 和 C_2。由于 GU 的 ID 是 0 并且 GU 只接收数据，所以当传输目的端节点的 ID 是 0 时，将使用 C_2 信道，否则使用 C_1 信道传输数据。

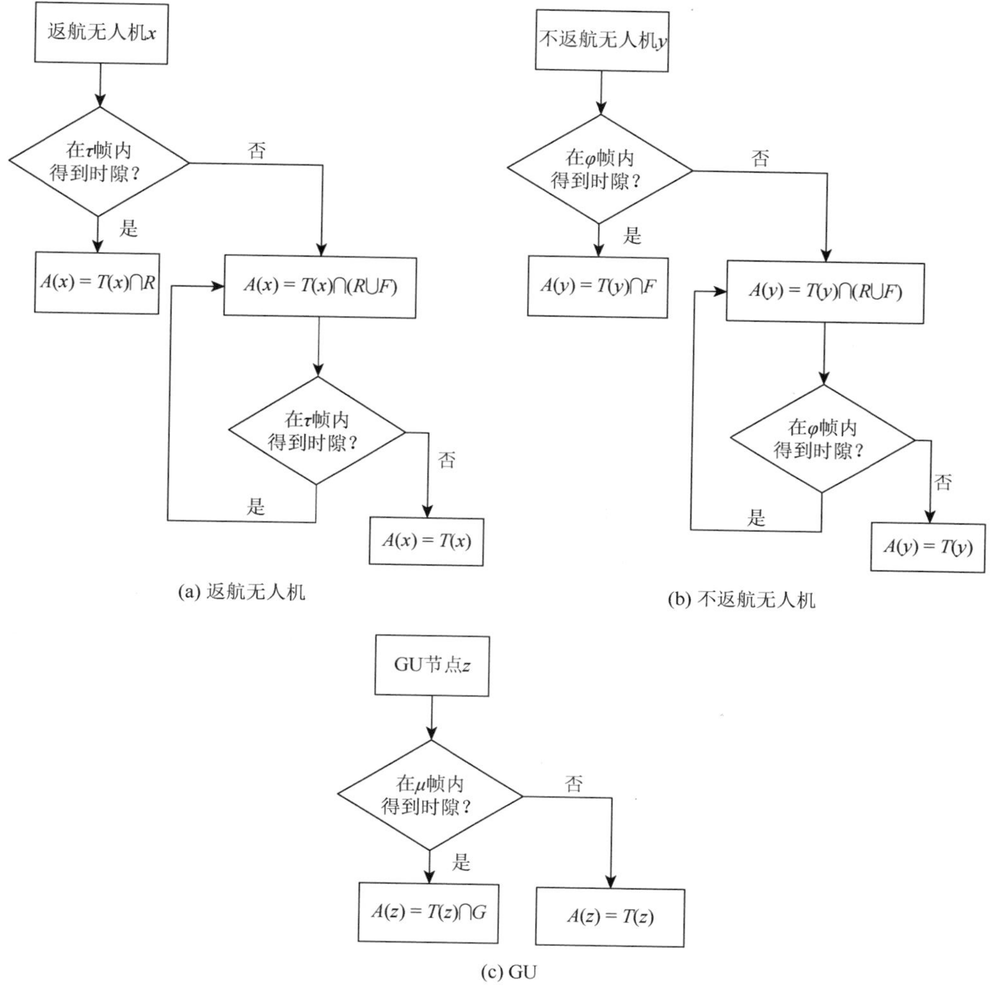

(a) 返航无人机

(b) 不返航无人机

(c) GU

图 7-6 不同类型节点接入控制信道的流程

如果数据信道的数目大于2，即存在不止一个A-A数据信道或A-G数据信道，访问数据信道的方法将更加复杂。信道分配方式将显著影响数据传输的性能[19]，如网络的效率和公平性。

假设 A-A 数据信道有m_1条，A-G 数据信道有m_2条。将 A-A 数据信道记为$C_{1\text{-}1}\sim C_{1\text{-}m_1}$，将 A-G 数据信道记为$C_{2\text{-}1}\sim C_{2\text{-}m_2}$。在同一类型的数据信道中为无人机选择优先接入的信道来减少碰撞。假设发送端无人机的 ID 是ID_A且接收端无人机的 ID 是ID_B。为了均衡各个数据信道的使用率，将通信两端优先使用的数据信道确定为

$$C_p = \begin{cases} C_{1-a}, & \mathrm{ID}_B \neq 0 \\ C_{2-b}, & \mathrm{ID}_B = 0 \end{cases} \tag{7-2}$$

且

$$\begin{cases} a = (\mathrm{ID}_A + \mathrm{ID}_B)\% m_1 + 1 \\ b = \mathrm{ID}_A \% m_2 + 1 \end{cases} \tag{7-3}$$

其中，$a\%b$ 表示 a 除以 b 得到的余数。

因此，每架无人机具有优先访问的数据信道。当无人机想要访问信道时，如果应优先访问的 A-A 数据信道 C_{1-i} 已经被完全占用了，无人机需要优先访问 A-A 数据信道 $C_{1-(i+1)}$，$1 \leqslant i \leqslant m_1 - 1$。如果当无人机想要接入信道时，$C_{1-m_1}$ 已被完全占据，则无人机需要优先访问 A-A 数据信道 C_{1-1}。类似地，如果无人机想要访问信道时，应该优先访问的 A-G 数据信道已经被完全占据，则无人机需要优先访问序号相邻的下一个 A-G 数据信道。为无人机建立优先访问的数据信道，可以最大限度地减少接入冲突，最大限度地提高接入公平性。

多信道是一种众所周知的复用技术，可用于改善网络性能[20]。当同一时间需要通信的无人机数量很大且它们都只传输少量的数据量时，将数据信道划分为多个数据信道有助于减少冲突并提高传输效率。但是当需要同时通信的无人机数目较少或两个通信设备之间的数据量较大时，太多的数据信道会导致低效的通信。因此，根据不同的网络情况灵活地选择数据信道的数目，对提升网络性能大有裨益。

7.3.4　通信示例

1. 通信过程示例

为了更好地理解 UD-MAC 协议，本章给出了一个网络中节点间通信的例子。如图 7-7 所示，无人机周围的球体区域代表无人机的邻域。当无人机 A 正在返航且经过无人机 B 的邻域时，无人机 B 在更新邻居列表时会将无人机 A 的 ID 添加到自己的邻居列表中。当无人机 B 有数据需要传输给 GU 时，无人机 B 向刚加入邻居列表的无人机 A 发出通信请求。无人机 A 通过控制包回复无人机 B，告诉它自己正处于返航状态。因此，无人机 B 决定选择无人机 A 来为自己传递数据。无人机 B 在收到无人机 A 回复的控制信息后就把需要传送到 GU 的数据发送给无人机 A。

在无人机 B 向无人机 A 传输数据的同时，返航无人机 C 也经过了无人机 B 的邻域。然而，无人机 B 已经有无人机 A 来为它传输数据，不再需要无人机 C 为它携带数据，所以无人机 B 和无人机 C 只需通过交换 CNPC 信息完成避障操作即可。

当无人机 A 和 B 之间的数据传输完成时，无人机 A 发送一个包含 ACK 信息的控制包来确认数据已经成功接收到了。在整个通信过程中，GU 和无人机定期互相发送 CNPC 包来保障整个网络的安全与秩序。包传输过程如图 7-7 所示。短帧间间隔（short inter-frame space，SIFS）定义了控制包之间的传输间隔，它赋予了控制包最高的优先级。

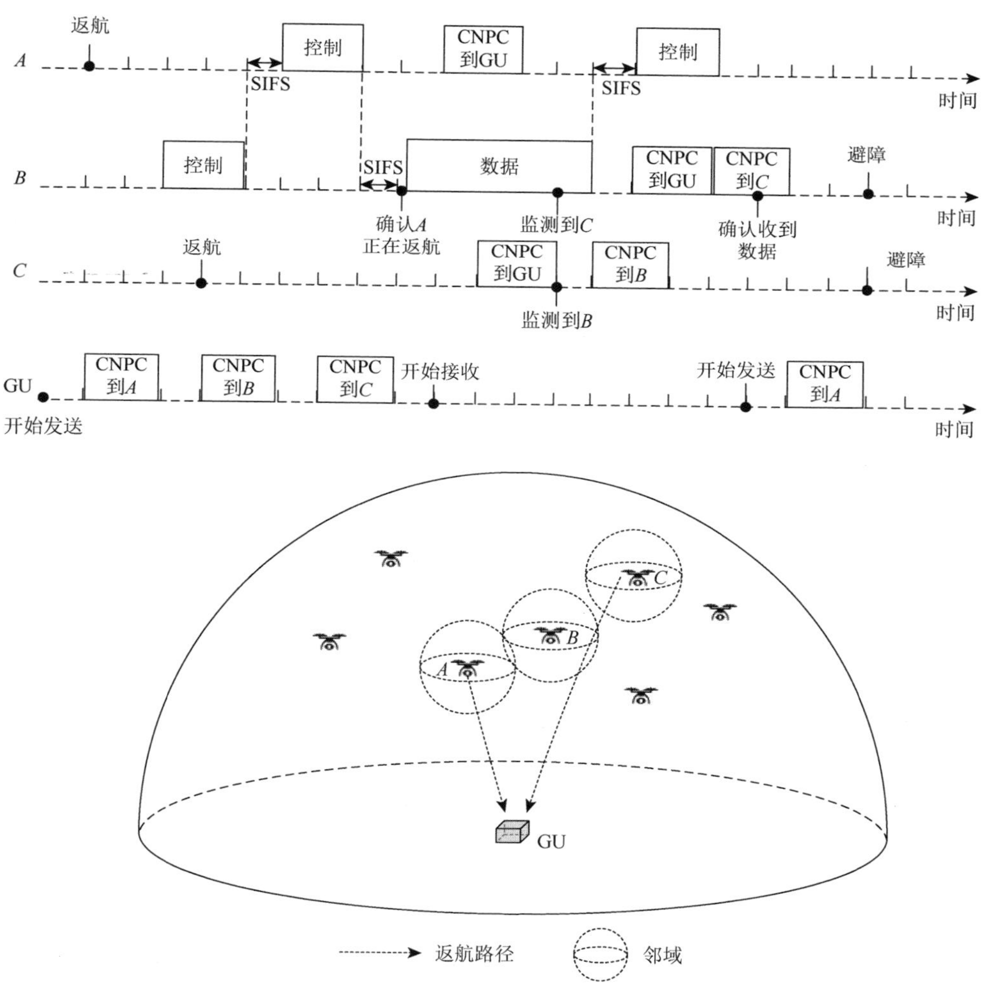

图 7-7　通信过程示例

2. 通信冲突分析

下面讨论两种特殊的通信情况。

（1）多架返航无人机有同时与同一架不返航无人机通信的可能。当同时有不止一架无人机返航经过某一不返航无人机的邻域时，这些返航无人机都有可能为这个不返航的无人机携带数据。因此会有产生冲突的可能。但是，即使多个返航无人机同时进入某一不返航无人机的邻域，它们被发现并加入邻居列表的时间也不尽相同。因此当不返航无人机想要一架返航无人机为它携带数据时，不返航无人机只要与最后被发现的返航无人机，即邻居列表中最新加入的返航无人机通信即可。这种情况下的接入碰撞可以避免。

（2）多架不返航无人机有同时与同一架返航无人机通信的可能。当一架返航无人机同时进入多架不返航无人机相互交叠的邻域时，这些不返航无人机都有可能需要这架返航无人机为它们携带数据，此时有发生碰撞的可能。但是，即使一架返航无人机同时进入了多个不返航无人机的邻域，由 UD-MAC 的协议规则可知，即使多架不返航无人机同时产生通信需求，这几架不返航无人机也会在不同时间接入控制信道。所以当几架不返航无人机都需要一架返航无人机为其携带数据时，返航无人机将与最早接入控制信道的不返航无人机通信。这种情况下的接入碰撞可以避免。

7.4　多址接入性能分析

7.4.1　帧划分对接入效率的影响

假设每个节点都占用一个时隙，控制信道中共有 K 个时隙被一架无人机的两跳传输范围内的节点竞争。此外，一帧的时隙总数记为 N。

由于 GU 可能在一帧时间内需要多次接入，表示 GU 的竞争节点数可能大于 1。显然，当 $K > N$ 时，一定会发生接入冲突。当 $K \leqslant N$ 时，K 个节点同时竞争接入 N 个时隙，冲突概率为

$$P_{\mathrm{c}} = \begin{cases} 1 - \dfrac{\prod\limits_{i=1}^{K-1}(N-i)}{N^{K-1}}, & K \leqslant N, N \neq 0 \\ 1, & K > N \end{cases} \tag{7-4}$$

根据式（7-4），当 $K > N$ 时，冲突概率随着 K 的增大而增大，随着 N 的增大而减小。此外，有

$$\begin{cases} K = K_{\mathrm{r}} + K_{\mathrm{f}} + K_{\mathrm{g}} \\ N = N_{\mathrm{r}} + N_{\mathrm{f}} + N_{\mathrm{g}} \end{cases} \tag{7-5}$$

当控制信道的帧没有被划分为不同部分时，每个节点在一帧内获得一个时隙的概率为

$$p_o = \left(\frac{N-1}{N}\right)^{K-1}, \quad N \neq 0 \tag{7-6}$$

因此当控制信道的帧没有被划分为不同部分时，节点在一个空闲帧内可以获得的时隙数的期望值为

$$E_s = K\left(\frac{N-1}{N}\right)^{K-1}, \quad N \neq 0 \tag{7-7}$$

根据式（7-5）和式（7-7），当控制信道的帧被划分为三部分时，节点在一个空闲帧内可以获得的时隙数的期望值为

$$E_d = K_r\left(\frac{N_r-1}{N_r}\right)^{K_r-1} + K_f\left(\frac{N_f-1}{N_f}\right)^{K_f-1} + K_g\left(\frac{N_g-1}{N_g}\right)^{K_g-1}, \quad N_r, N_f, N_g \neq 0 \tag{7-8}$$

7.4.2　基于马尔可夫链的 UD-MAC 分析

本章利用马尔可夫链分析 UD-MAC。假设共有 K 个节点要竞争 N 个空闲时隙，如图 7-8 所示，可以用马尔可夫链表示随着时隙的增加，成功获得时隙的节点数量。P_{ij} 代表状态转移概率，即在一帧时间内，成功得到时隙的节点数从 i 变为 j 的概率。

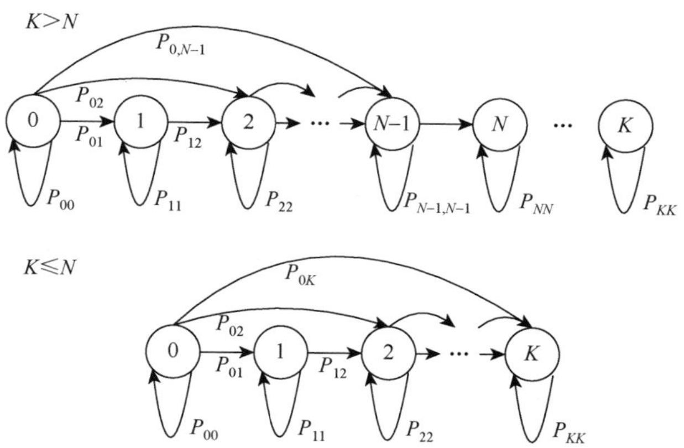

图 7-8　状态概率转移过程的马尔可夫链

当 $K \leqslant N$ 时：

$$P_{ij} = \begin{cases} \dfrac{W(j-i, K-i, N-i)}{(N-i)^{K-i}}, & 0 \leqslant i \leqslant K-1 \text{且} i \leqslant j \leqslant K \\ 1, & i = j = K \\ 0, & \text{其他} \end{cases} \tag{7-9}$$

当 $K > N$ 时：

$$P_{ij} = \begin{cases} \dfrac{W(j-i, K-i, N-i)}{(N-i)^{K-i}}, & 0 \leqslant i \leqslant N-1 \text{且} i \leqslant j \leqslant N-1 \\ 1, & i = j \text{且} N \leqslant i \leqslant K \\ 0, & \text{其他} \end{cases} \tag{7-10}$$

其中，利用概率论知识类比建模，$W(a,b,c)$ 表示将 b 个小球放入 c 个盒子里时，其中有一个小球的盒子个数为 a 的方法数。

当 $b \leqslant c$ 时：

$$W(a,b,c) = \begin{cases} C_b^a A_c^a \left((c-a)^{b-a} - \sum_{i=1}^{b-a} W(i, b-a, c-a) \right), & 0 \leqslant a < b \\ A_c^a, & a = b \\ 0, & a > b \end{cases} \tag{7-11}$$

当 $b > c$ 时：

$$W(a,b,c) = \begin{cases} C_b^a A_c^a \left((c-a)^{b-a} - \sum_{i=1}^{b-a} W(i, b-a, c-a) \right), & 0 \leqslant a < c \\ 0, & a \geqslant c \end{cases} \tag{7-12}$$

其中，$C_b^a = \dfrac{b!}{a!(b-a)!}$；$A_c^a = \dfrac{c!}{(c-a)!}$。$P$ 代表每种类型节点的一步转移概率矩阵，P^n 是 n 步转移概率矩阵。由于一开始 A 个竞争节点都没有获得时隙，初始条件为 $P(X_0 = 0) = 1$。

经过 n 帧以后，X_n 的无条件概率由 P^n 的第一行决定：

$$P(X_n = i) = P_{0i}(n) = P_{1,i+1}^n, \quad i = 0,1,\cdots,K \tag{7-13}$$

n 个帧内，所有节点都得到时隙的概率为

$$F_n^{\text{all}} = P(X_n = K) = P_{1,K+1}^n \tag{7-14}$$

令 $f(x,y,z)$ 表示 x 个竞争节点争用 y 个空闲时隙，在 z 帧后得到时隙的节点个数：

$$f(x,y,z) = \sum_{i=0}^{x} i P_{1,i+1}^z \tag{7-15}$$

返航无人机节点、不返航无人机节点和地面单元节点在 n 帧内获得时隙的节点数分别记为 e_{n-1}、e_{n-2}、e_{n-3}。n 帧内得到时隙的总节点数为 $e_n = \sum_{i=1}^{3} e_{n-i}$。

7.4.3　DTN 机会与维度的关系

本章中，无人机通过 SCF 模式传输数据，本质上就是构建时延容忍网络（delay

tolerant networks，DTN）实现网络传输功能。在为该网络设计多址接入协议的同时，需要考虑到一种极端的情况，即 DTN 机会极少时，仅依靠 SCF 模式传输将难以保证网络的通信需求和数据流通，多址接入协议也将失去意义。DTN 机会的多少与网络传输模式的选择及多址接入效率息息相关。不同维度下的网络构型直接影响到 DTN 机会的多少。因此，本章分析了 DTN 机会和无人机的分布式维度之间的关系，以改进 UD-MAC 协议的设计，获得更高的网络利用率。

无人机可以以不同的尺寸和形状分布，来执行不同类型的任务。由于无人机总是“稀疏分布，不经常遇到对方”[21]，所以无人机的不同分布可能导致网络中每架无人机的不同 DTN 机会。显然，DTN 中各无人机的通信机会直接影响到 DTN 和多址接入的效率。当某一架不返航的无人机附近鲜有返航无人机经过时，UD-MAC 为其两跳内返航无人机和地面单元分配的接入时隙将减少为零。为保证网络正常通信，这一情况下，无人机主要通过与其他不返航无人机的通信传输数据，即无人机使用多跳方式回传数据至地面。

某一架不返航无人机周围会有多少返航无人机经过，与网络中的无人机分布以及它在网络中所处的位置有关。当无人机的分布不同时，返航无人机经过某架无人机的概率会发生变化，即该无人机的 DTN 机会也会不同。返航无人机经过概率越大时，DTN 机会越多。下面以规则形状为例，对无人机网络采用不同维度分布下的 DTN 机会进行分析。

1. 无人机一维分布

当无人机以 H 的飞行高度沿着直线段 A 进行往返，即在一维空间上运动时，无人机定会经过线上与其同侧的其他更靠近网络中心的无人机，为其他无人机提供服务。这种网络分布对应的任务可以有电线检修等，此时无人机只会沿着一条直线往返，返航携带数据的效率最高。

由于无人机分布关于中间点左右对称，分析时可以只考虑以线段中点为界的某一边。假设节点均匀分布在网络中，如图 7-9 所示，将 L 长度的线段均分为 N 个段，每个单位长度为 ε，即 $L=N\varepsilon$。假设各单位长度内有一架无人机，各无人机返航概率相同，则对于位于第 i 段内的无人机，潜在的会经过它的返航无人机的概率为

$$p(i,0,H)=\frac{1}{2}\left(1-\frac{|i|-1}{N}\right),\quad -N\leqslant i\leqslant N, i\in\mathbb{Z}^* \tag{7-16}$$

2. 无人机二维分布

由于无人机的覆盖范围是以 R 为半径的球体范围，所以当无人机飞行区域的

宽度很小时，近似于无人机一维分布。由此，无人机二维分布时需要分为几种情况进行讨论。无人机的飞行高度仍记为 H，飞行区域宽度记为 w。

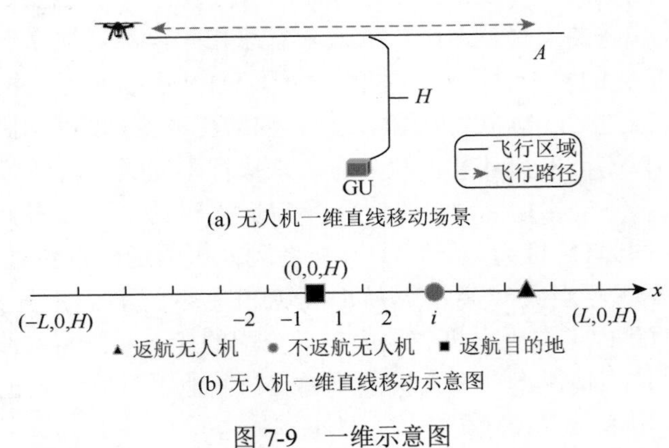

图 7-9　一维示意图

1）窄长方形（$w \leqslant R, w < L$）

当无人机在长方形区域左右往返时，从图 7-10（a）可看出，由于长方形分布区域的宽不大于无人机的覆盖范围的半径，即 $w \leqslant R$，无论无人机在网络中怎样飞行，都能够覆盖区域内的其他节点，可以为该区域内与其处于 GU 左右同侧的任意一个节点提供服务。

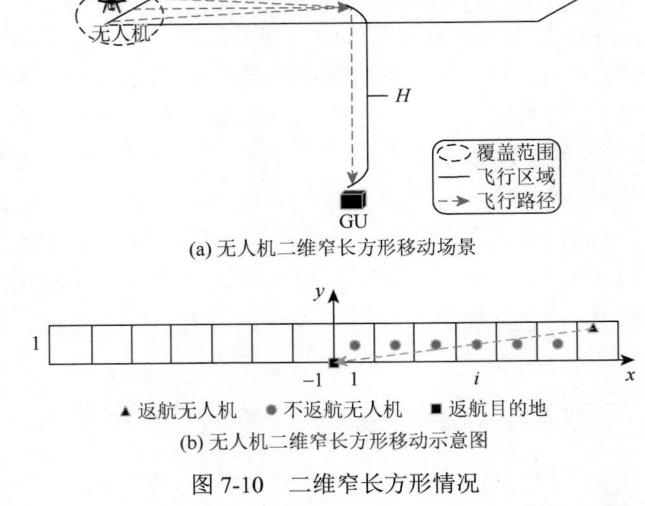

图 7-10　二维窄长方形情况

如图 7-10（b）所示，在此情况下返航经过该格内无人机邻域的比例，即返航无人机经过第 i 个单元格的概率，该概率为

$$p(i,j,H)=\frac{1}{2}\left(1-\frac{|i|-1}{N}\right),\quad -N\leqslant i\leqslant N,i\neq 0 \tag{7-17}$$

无人机最远飞行距离为 L，假设每个单元格边长为 ε，则 $\varepsilon N=\sqrt{L^2-\varepsilon^2}$，即 $N=\dfrac{\sqrt{L^2-\varepsilon^2}}{\varepsilon}$。

2）宽长方形（$w>R,w<L$）

当无人机在长方形区域进行左右往返时，由于该区域的宽度大于覆盖范围的直径 $2R$，可能出现无人机往返过程中无法经过某些节点的情况。

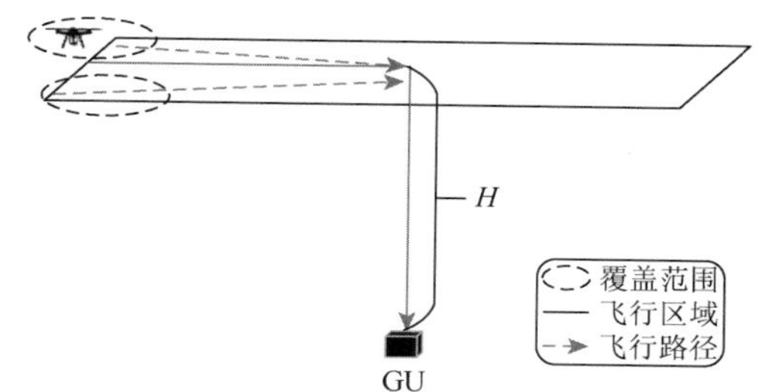

(a) 无人机二维宽长方形移动场景

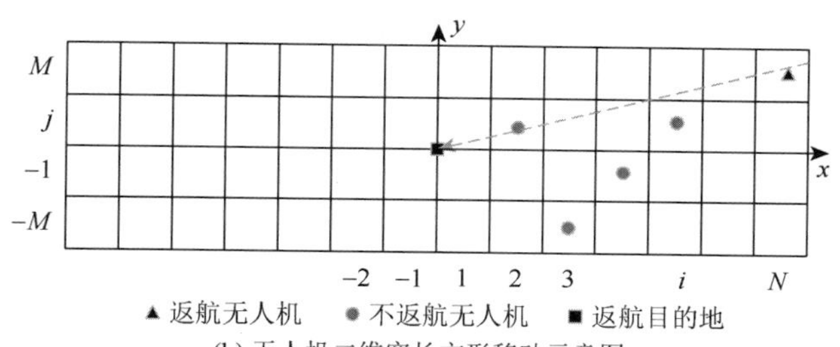

(b) 无人机二维宽长方形移动示意图

图 7-11　二维宽长方形情况

整个飞行区域无人机分布关于 x, y 轴对称，因此只分析第一象限即可。由图 7-11（b）设定 $M<N$。假设各个正方形单元格的边长为 ε，由于无人机最远飞行距离为 L，$(M\varepsilon)^2+(N\varepsilon)^2=L^2$。

计算阴影区域面积占第一象限总区域面积的比值，即为返航无人机经过单位区域 (i,j) 的比例。如图 7-12 所示，第一象限内无人机经过单位区域 (i,j) 的比例需要分三种情况计算，且由图 7-12 可知：

$$S_{阴}=S_{长方形}-S_A-S_B-S_C-S_D \tag{7-18}$$

通过计算可知，在第一象限中：

$$
p(i,j,H)=\begin{cases}\dfrac{1}{8MN}\left(\dfrac{M^2(i+j-1)}{j(j-1)}-i-j+2\right), & \dfrac{j-1}{i}\geqslant\dfrac{M}{N},1<i\leqslant N,1<j\leqslant M\\ \dfrac{1}{8MN}\left(2MN-\dfrac{M^2i(i-1)+N^2j(j-1)+j(j-1)+j(i-1)(i+j-1)}{ij}\right), & \\ \quad\dfrac{j-1}{i}<\dfrac{M}{N},\dfrac{j}{i-1}>\dfrac{M}{N},1<i\leqslant N,1<j\leqslant M & \\ \dfrac{1}{8MN}\left(\dfrac{N^2(i+j-1)}{i(i-1)}-i-j+2\right), & \dfrac{j}{i-1}\leqslant\dfrac{M}{N},1<i\leqslant N,1<j\leqslant M\\ \dfrac{1}{4}, & i=j=1\\ \dfrac{1}{8MN}\dfrac{N^2-(i-1)^2}{i-1}, & j=1,1<i\leqslant N\\ \dfrac{1}{8MN}\dfrac{M^2-(j-1)^2}{j-1}, & i=1,1<j\leqslant M\end{cases} \tag{7-19}
$$

由对称性可知，将式（7-19）中的i、j取绝对值，可以得到整个二维飞行区域的$p(i,j,H)$。

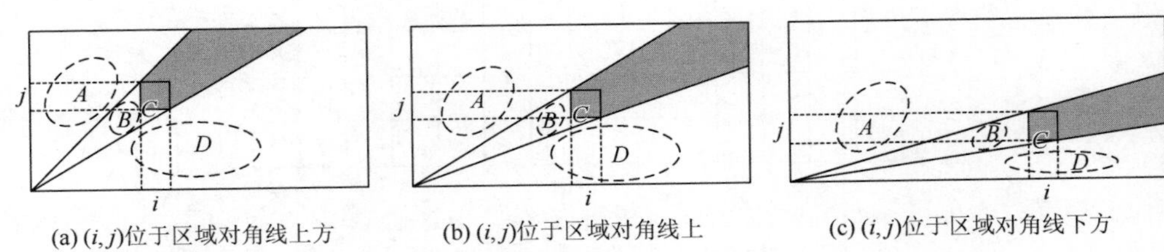

(a) (i,j)位于区域对角线上方　(b) (i,j)位于区域对角线上　(c) (i,j)位于区域对角线下方

图 7-12　二维飞行区域下的阴影区域

3）正方形（$w>R,w=L$）

当无人机在正方形区域进行左右往返时，由于此时无人机的飞行区域最大，可能的往返路径最多，因此区域内的某一节点得到无人机的服务的概率最小。此时，需要对无人机进行路径规划，使尽量多的网络节点能够在较短的时间内得到服务。正方形的边长为$\sqrt{2}L$。在式（7-19）中令$M=N$，即可得到正方形情况下的$p(i,j,H)$。

3. 无人机三维分布

三维情况下，由图 7-13（a）可知，网络中无人机直线飞行到地面的 GU。

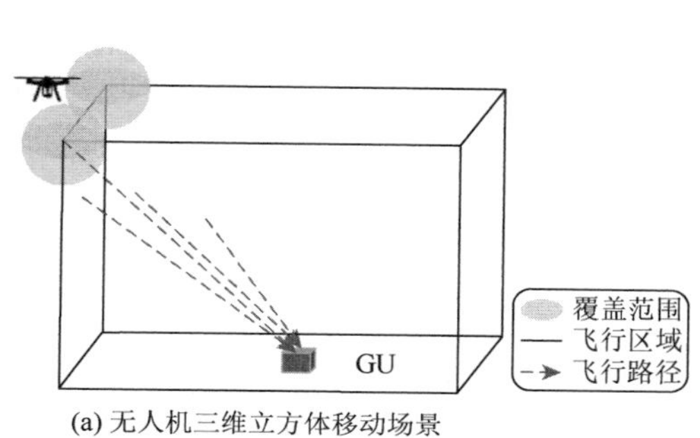

(a) 无人机三维立方体移动场景

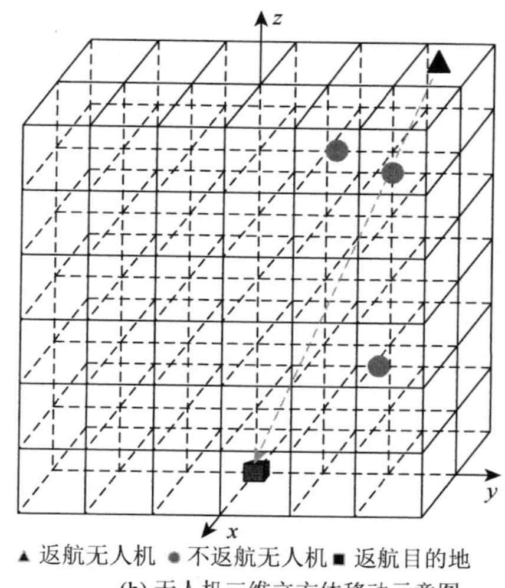

(b) 无人机三维立方体移动示意图

图 7-13　三维飞行区域情况

以地面控制站为原点(0,0,0)，单元立方体的边长均为ε，整个网络长方体的长为$N\varepsilon$，宽为$M\varepsilon$，高为$F\varepsilon$，$L=\sqrt{(N\varepsilon)^2+(M\varepsilon)^2+(F\varepsilon)^2}$。由于对称性，可以只分析第一象限。无人机在长方体区域内均匀分布，每个小立方体内有一架无人机，代表该无人机的邻域。当返航无人机进入某一无人机所在的小立方体内时，两无人机之间可以通信。

可以通过计算得到三维情况下$p(i,j,k)$的下界。某架无人机要有返航无人机经过的条件为：返航无人机与原点的连线经过某架无人机所在的正方体。原点与半球内某点所在直线，与半球的交点坐标可表示为

$$\begin{cases}\dfrac{x}{i}=\dfrac{y}{j}=\dfrac{z}{k}\\ x^2+y^2+z^2=L^2\end{cases} \tag{7-20}$$

即

$$(x,y,z)=\left(L\frac{i}{\sqrt{i^2+j^2+k^2}},L\frac{j}{\sqrt{i^2+j^2+k^2}},L\frac{k}{\sqrt{i^2+j^2+k^2}}\right) \tag{7-21}$$

根据具体情况，计算得到直线与立方体三个面交点分别如下：与立方体上面的交点为$(x_1',y_1',z_1')=\left(\dfrac{Fi}{k},\dfrac{Fj}{k},F\right)$，前面的交点为$(x_2',y_2',z_2')=\left(N,\dfrac{Nj}{i},\dfrac{Nk}{i}\right)$，右面的交点为$(x_3',y_3',z_3')=\left(\dfrac{Mi}{j},M,\dfrac{Mk}{j}\right)$。记$d$为该直线在立方体与外接球体之间的距离。

根据概率计算方法，将单位区域 (i,j,k) 处潜在的返航无人机经过比例 $p(i,j,k)$ 近似为球锥减掉阴影部分后的体积占立方体体积的比例。

由图 7-14 可知，单位区域 (i,j,k) 处潜在的返航无人机经过比例是

$$p(i,j,k)=\begin{cases}1/4, & (i\varepsilon)^2+(j\varepsilon)^2+(k\varepsilon)^2\leqslant 3R^2\\ \dfrac{V_1-V_2-V_3}{4MNF\varepsilon^3}, & (i\varepsilon)^2+(j\varepsilon)^2+(k\varepsilon)^2>3R^2\end{cases}\tag{7-22}$$

故需要计算出 V_1、V_2 和 V_3。

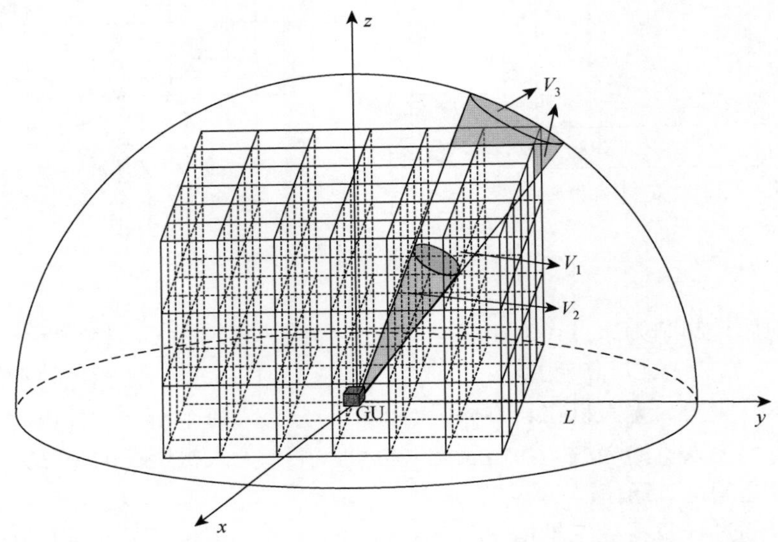

图 7-14　无人机可能经过 (i,j,k) 的飞行区域示意图

$$V_1=\frac{1}{3}\pi r_1^2(2L-H)\tag{7-23}$$

其中，$r_1=\dfrac{LR}{\sqrt{(i\varepsilon)^2+(j\varepsilon)^2+(k\varepsilon)^2}}$；$H=\dfrac{L\sqrt{(i\varepsilon)^2+(j\varepsilon)^2+(k\varepsilon)^2-R^2}}{\sqrt{(i\varepsilon)^2+(j\varepsilon)^2+(k\varepsilon)^2}}$，$R$ 为每架无人机的邻域半径。

$$V_2=\begin{cases}0, & (i\varepsilon)^2+(j\varepsilon)^2+(k\varepsilon)^2<4R^2\\ \dfrac{\pi R^2\sqrt{(i\varepsilon)^2+(j\varepsilon)^2+(k\varepsilon)^2}-2\pi R^3}{3}, & (i\varepsilon)^2+(j\varepsilon)^2+(k\varepsilon)^2\geqslant 4R^2\end{cases}\tag{7-24}$$

$$V_3=\begin{cases}\dfrac{2\pi r_2^2 d}{3}, & d\leqslant L-H\\ \dfrac{2\pi r_1^2(L-H)}{3}+\dfrac{\pi(d-L-H)(r_1^2+r_3^2+r_1r_3)}{3}, & d>L-H\end{cases}\tag{7-25}$$

其中，$r_2 = \dfrac{dr_1}{L-H}$；$r_3 = \dfrac{(L-d)r_1}{H}$。

$$d = \begin{cases} \sqrt{(x-x_1')^2+(y-y_1')^2+(z-z_1')^2}, & i \leqslant \dfrac{N}{F}k, j < \dfrac{M}{F}k \text{或} i = \dfrac{N}{M}, j = \dfrac{N}{F}k \\ \sqrt{(x-x_2')^2+(y-y_2')^2+(z-z_2')^2}, & j \leqslant \dfrac{M}{N}i, k < \dfrac{F}{N}i \\ \sqrt{(x-x_3')^2+(y-y_3')^2+(z-z_3')^2}, & i < \dfrac{N}{M}j, k \leqslant \dfrac{F}{M}j \end{cases}$$

由上述分析可知，$p(i,j,k)$ 越大，这一位置的无人机的 DTN 机会越大。

7.4.4 DTN 机会与传输方式选择

从上述分析可知，在无人机总数相同的前提下，整个网络中无人机的飞行范围越大，返航无人机经过某架无人机的比例越小。因此，当传感器网络的无人机监测范围越大时，大部分位置上利用 DTN 向地面传输信息的效率越低，应该更多地通过多跳传输回传信息至地面。在网络中，距离网络中心越远的无人机，有返航无人机经过的概率越低，其利用 DTN 的效率越低。

可以通过设置 $p(i,j,k)$ 的阈值 $g(0 \leqslant g \leqslant 1)$ 来控制采用两种传输方式的时机。当 $p(i,j,k) \leqslant g$ 时，意味着该区域的 DTN 机会小于需求，无人机应优先使用多跳传输。当网络数据传输不紧急时，可减小阈值 g，更多地采用 DTN 传输。反之，当数据传输量大或数据传输需求频繁时，应增大阈值 g，提高使用 DTN 传输的门槛。阈值 g 可以根据网络功能和需求确定。

满足条件 $p(i,j,k)=g$ 的无人机与地面单元之间的距离 l^* 可以视为一个关键距离。当无人机与地面单元的距离小于 l^* 时，采用 DTN 传输方式；当无人机与地面单元的距离大于 l^* 时，采用多跳传输方式。其他条件不变时，关键距离 l^* 随着网络中某位置某时间段内存在 DTN 机会概率的阈值 g 的增大而减小。

7.5 仿真结果及分析

7.5.1 帧划分对接入效率的影响

图 7-15 展示了在三种帧划分方式下的节点成功得到时隙数目的比较。以下符号代表图中的三种不同帧划分方式。

（1）NP 方法代表控制信道的帧没有被划分为不同的部分。这种方式也被运用于对 VeMAC 的性能分析中。

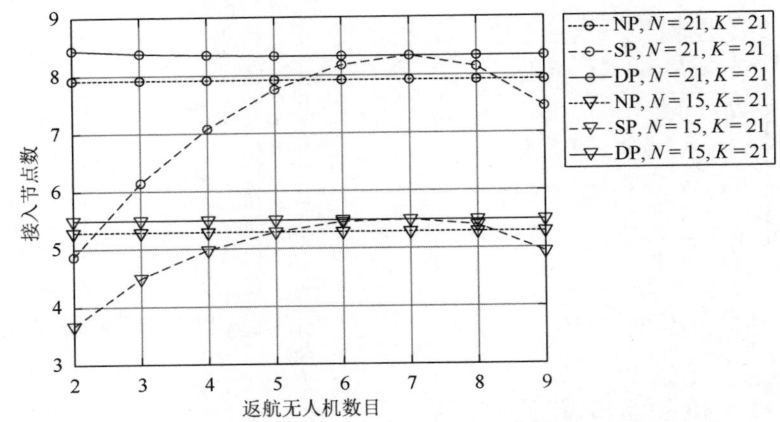

图 7-15　接入节点数与返航无人机数目关系图

（2）SP 方法代表控制信道的帧被固定地等分成三部分。

（3）DP 方法代表控制信道的帧根据不同类型的节点数被动态划分成三个部分。这种方式也是 UD-MAC 中的帧划分方式。

通过图 7-15 可以看出，与其他两个方法相比，相同时间长度内使用 DP 方法的平均接入节点数是最多的。此外，返航无人机的数量对 DP 方法中的平均接入节点数没有影响，始终可以保持接入性能稳定。因此，DP 方法可被认为是最佳方法。

7.5.2　UD-MAC 和 VeMAC 对比

本章通过仿真结果比较 UD-MAC 和 VeMAC 在接入控制信道 C_0 时的多址接入效率。

由图 7-15 可知，返航无人机的数量对于单位时间内接入节点的数量的影响可以忽略。因此，为简化仿真，控制信道中分配给返航无人机、不返航无人机和 GU 的时隙数的比例分别是 2/5、1/5 和 2/5。假设返航无人机的接入延迟为 $\tau = 1$ 帧，不返航无人机的接入延迟是 $\varphi = 2$ 帧，GU 的接入延迟是 $\mu = 2$ 帧。在这些前提下比较 UD-MAC 和 VeMAC 的接入性能。

如图 7-16 所示，与 VeMAC 相比，在相同的帧数内，UD-MAC 能够得到的成功接入节点数目的平均值更大。在第一帧内，两个协议的性能差不多。但是，从第二帧开始，UD-MAC 的优势就显示出来，接入效率明显优于 VeMAC。

如图 7-17 所示，UD-MAC 的累积分布函数比 VeMAC 的高出 31.8%，这意味着将所有竞争节点都得到时隙所需的时间相比，UD-MAC 能比 VeMAC 节省 31.8% 的时间。

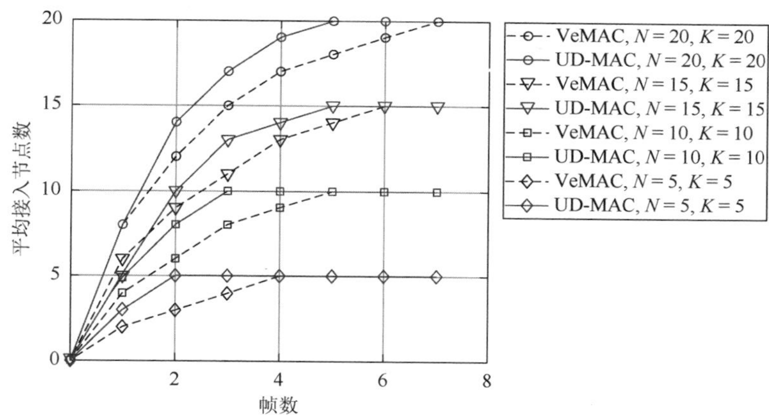

图 7-16　成功得到时隙的节点平均数与帧数的关系比较图

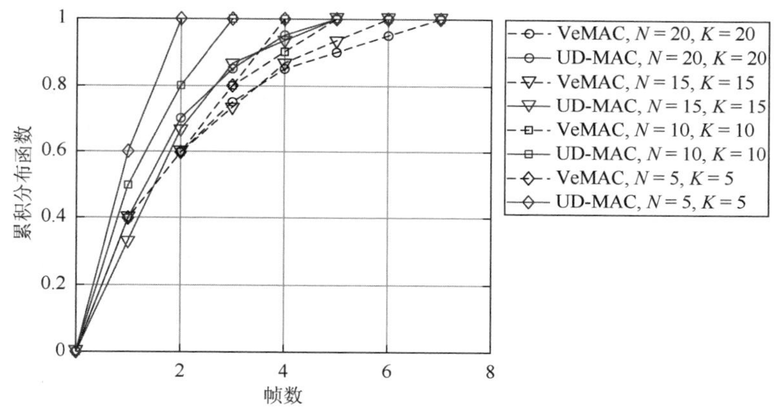

图 7-17　累积分布函数与帧数的关系

图 7-18 显示了平均接入冲突数与帧数的关系。随着帧数的增加，得到时隙的竞争节点数也在增加。因此接入冲突数随着帧数的增加而减少。此外，与 VeMAC 相比，UD-MAC 的接入冲突数更少。仿真结果验证了 UD-MAC 的高效性。

7.5.3　数据信道的分配

本节通过仿真验证前面设计的数据信道分配方法。假设共有 7 条 A-A 数据信道和 5 条 A-G 数据信道。随机选取大量两两不同的整数对来代表通信收发两端的 ID。如图 7-19 所示，对每条 A-A 数据信道的占用率相近，每条 A-G 数据信道的占用率也相近。仿真表明，本章的数据信道分配方法可以满足选用数据信道时的公平性。

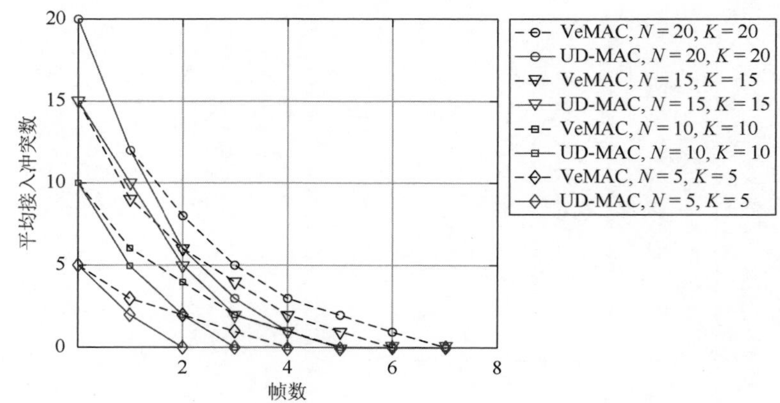

图 7-18　平均接入冲突数与帧数的关系

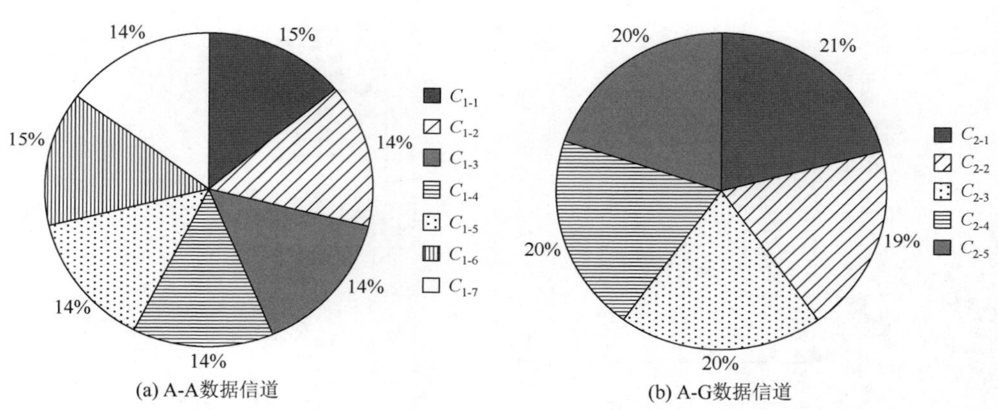

图 7-19　选择各个数据信道的比例

7.5.4　DTN 机会与维度的关系

通过前面的分析可知，网络中某一位置上的 DTN 机会受到 $p(i,j,k)$ 和 $p_{\text{far}}(i,j,k,t)$ 的影响。假设所有返航无人机以相同的概率出现在第一象限的每个位置。

首先讨论各无人机的位置与 $p(i,j,k)$ 之间的关系，通过仿真得到图 7-20～图 7-24。可以看出越靠近网络的中心，$p(i,j,k)$ 越大。如图 7-22 和图 7-23 所示，当无人机分布于二维矩形区域时，位于不同象限的无人机的 $p(i,j,H)$ 关于 x 和 y 坐标轴对称。类似地，当无人机分布于三维长方体区域时，无人机的 $p(i,j,H)$ 关于 x 和 y 坐标轴对称。当无人机分布在三维立方体空间中时，在第一象限中所有无人机的 $p(i,j,k)$ 如图 7-24 所示。

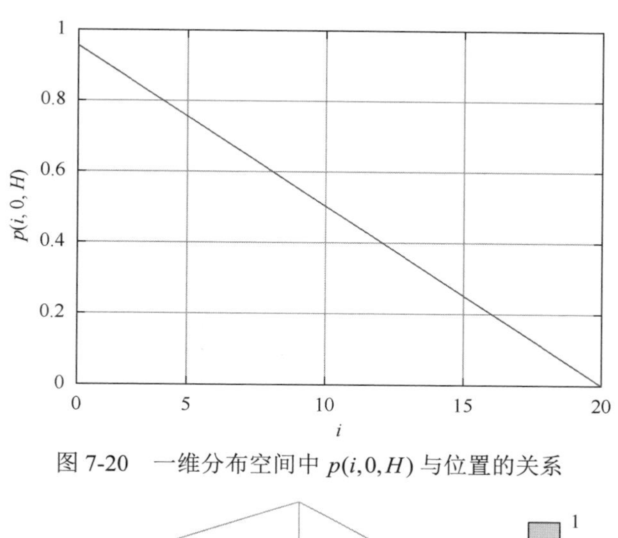

图 7-20　一维分布空间中 $p(i,0,H)$ 与位置的关系

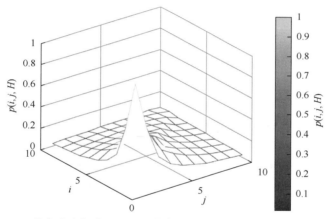

图 7-21 二维分布空间中 $p(i,j,H)$ 与位置的关系（第一象限）（见彩图）

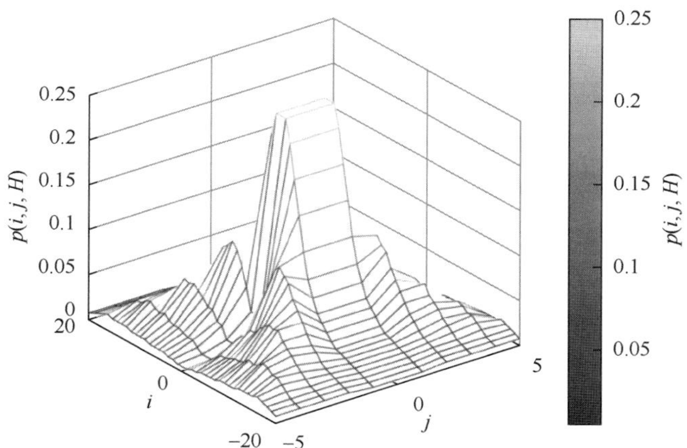

图 7-22　二维矩形区域内 $p(i,j,H)$ 与位置的关系（全区域）（见彩图）

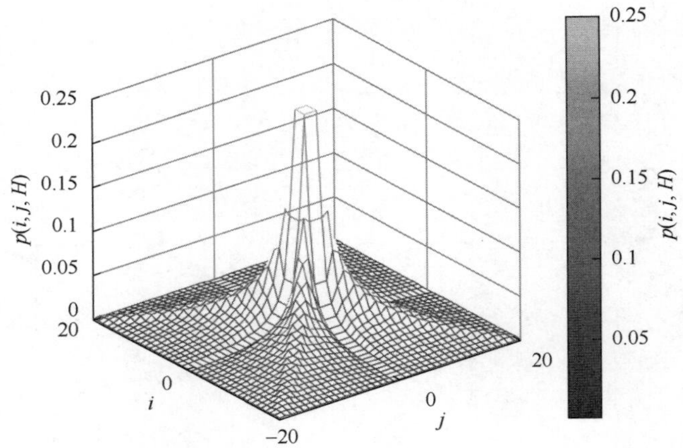

图 7-23　二维正方形区域内 $p(i,j,H)$ 与位置的关系（全区域）（见彩图）

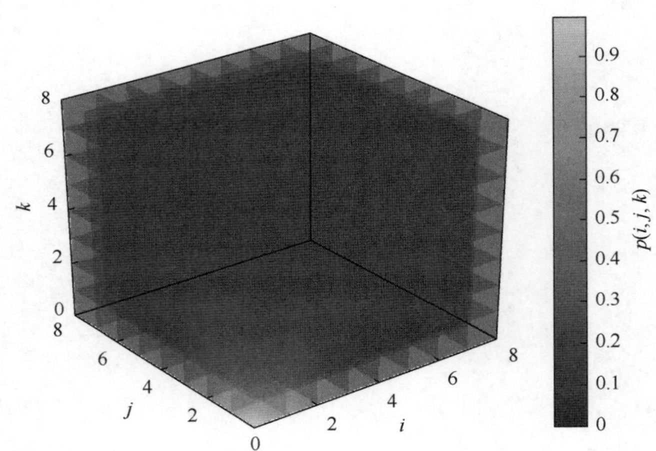

图 7-24　三维立方体区域内 $p(i,j,k)$ 与位置的关系（第一象限）（见彩图）

由网络的对称性可知，当返航无人机以相同的概率随机出现在整个网络中的每个位置时，如果无人机分布是一维的，网络中每个位置的 $p(i,j,k)$ 应该减半，并且如果分布是二维或三维的，则 $p(i,j,k)$ 应该乘以 1/4。通过该部分的仿真可以清楚地看到，越接近无人机网络的中心，返航无人机经过的概率越大。随着分布维数的增加，靠近网络边缘的无人机的 $p(i,j,k)$ 将越来越小。

随后在二维和三维情况下对前面计算得到的 $p(i,j,k)$ 与它的仿真结果进行比较，验证理论计算值的正确性。图 7-25 和图 7-26 分别展示了二维和三维情况下的 $p(i,j,k)$ 理论计算值与仿真结果之间的误差。二维情况下 $p(i,j,H)$ 的误差较小，计算得到各点处平均误差为 0.0017。三维情况下 $p(i,j,k)$ 下界计算值均以较小的误差值低于仿真值，可视为合理下界。理论计算与仿真均得到了相同的 $p(i,j,k)$ 分布与变化趋势，计算结果可以在一定误差允许范围内被接受。

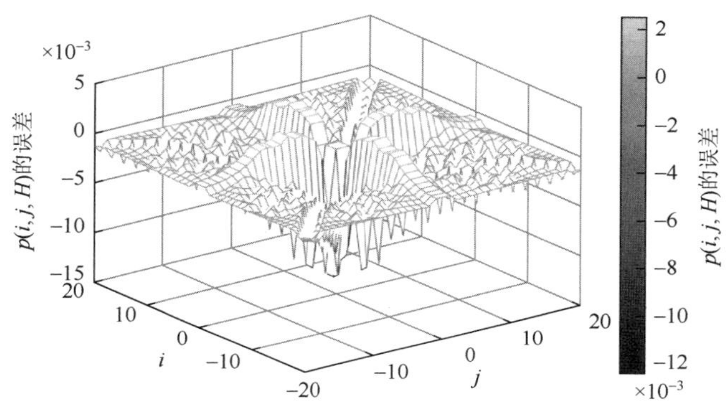

图 7-25　二维情况下 $p(i,j,H)$ 的计算值与仿真值之间的误差（全区域）（见彩图）

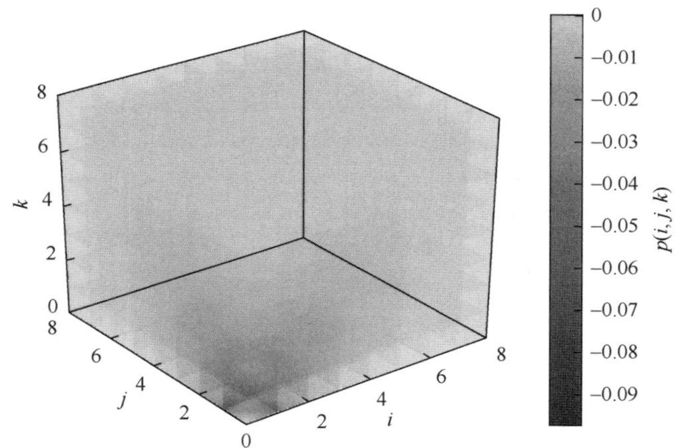

图 7-26　三维情况下 $p(i,j,k)$ 的下界计算值与仿真值之间的误差（第一象限）（见彩图）

上述仿真验证了靠近网络中心的无人机的 DTN 机会更大，高维度或稀疏的无人机网络边缘的 DTN 机会可能会很小。因此，仅采用 DTN 来完成整个网络的数据传输是不现实的。适当地将 SCF 传输方式和多跳传输方式相结合，可以提高网络容量，使数据传输更加高效。为保证网络效率，分布在边缘的无人机应优先选择使用多跳传输。网络外围的无人机将数据传输给靠近网络中心的任意一架无人机后，靠近网络中心的无人机再使用 DTN 方式将数据传回地面。

7.6 总　　结

本章设计了一个名为 UD-MAC 的多址接入协议，旨在支持利用返航无人机构建时延容忍传输时的网络多址接入。CNPC 链路被用于支持安全功能并将无人机的状态通知给 GU。GU 根据不同状态无人机的数目动态地改变为各类型网络节点分配的时隙个数。本章在 UD-MAC 中也设置了不同的优先级来实现高接入效率。由于网络中还存在多跳传输方式，本章还分析了 DTN 机会与网络维度的关系，并通过探讨证明 UD-MAC 可以支持 SCF 和多跳传输两种传输方式。无人机可以根据自身的 DTN 机会情况选择传输方式。仿真结果表明了 UD-MAC 具有比经典多址接入协议 VeMAC 更高的多址接入效率。

参 考 文 献

[1] 任志玲，张广全，林冬，等. 无线传感器网络应用综述. 传感器与微系统，2018，37（3）：1-2，10.

[2] Temel S，Bekmezci İ. On the performance of flying Ad Hoc networks（FANETs）utilizing near space high altitude platforms（HAPs）// International Conference on Recent Advances in Space Technologies，Istanbul，2013：461-465.

[3] Alshbatat A I，Liang D. Adaptive MAC protocol for UAV communication networks using directional antennas// International Conference on Networking，Sensing and Control，Chicago，2010：598-603.

[4] Say S，Aomi N，Ando T，et al. Circularly multi-directional antenna arrays with spatial reuse based MAC for aerial sensor networks// 2015 IEEE International Conference on Communications Workshops，London，2015：2225-2230.

[5] Tang L，Sun Y，Gurewitz O，et al. EM-MAC：A dynamic multichannel energy-efficient MAC protocol for wireless sensor networks// ACM International Symposium on Mobile Ad Hoc Networking & Computing. DBLP，Paris，2011：1-11.

[6] Kim Y，Shin H，Cha H. Y-MAC：An energy-efficient multi-channel MAC protocol for dense wireless sensor networks// International Conference on Information Processing in Sensor Networks（IPSN 2008），St. Louis，2008：53-63.

[7] Tinka A，Watteyne T，Pister K S J，et al. A decentralized scheduling algorithm for time synchronized channel hopping//Ad Hoc Networks. Berlin，Heidelberg：Springer-Verlag，2010：201-216.

[8] Smart G，Deligiannis N，Surace R，et al. Decentralized time-synchronized channel swapping for Ad Hoc wireless networks. IEEE Transactions on Vehicular Technology，2016，65（10）：8538-8553.

[9] Gupta L，Jain R，Vaszkun G. Survey of important issues in UAV communication networks. IEEE Communications Surveys & Tutorials，2016，18（2）：1123-1152.

[10] Cai Y，Yu F R，Li J，et al. Medium access control for unmanned aerial vehicle（UAV）Ad-Hoc networks with full-duplex radios and multipacket reception capability. IEEE Transactions on Vehicular Technology，2013，62（1）：390-394.

[11] Jiang A Z，Mi Z C，Dong C，et al. CF-MAC：A collision-free MAC protocol for UAVs Ad-Hoc networks// Wireless Communications & Networking Conference，Doha，2016：1-6.

[12] Bekmezci İ，Sahingoz O K，Temel Ş. Flying Ad-Hoc networks（FANETs）：A survey. Ad Hoc Networks，2013，

11（3）：1254-1270.

[13] Grossglauser M，Tse D N C. Mobility increases the capacity of Ad Hoc wireless networks. IEEE/ACM Transactions on Networking，2002，10（4）：477-486.

[14] Motlagh N H，Taleb T，Arouk O. Low-altitude unmanned aerial vehicles-based internet of things services：Comprehensive survey and future perspectives. IEEE Internet of Things Journal，2016，3（6）：899-922.

[15] Omar H A，Zhuang W，Li L. VeMAC：A TDMA-based MAC protocol for reliable broadcast in VANETs. IEEE Transactions on Mobile Computing，2013，12（9）：1724-1736.

[16] Zeng Y，Zhang Y，Lim T J. Wireless communications with unmanned aerial vehicles：Opportunities and challenges. IEEE Communications Magazine，2016，54（5）：36-42.

[17] Apaza R. NASA GRC UAS project communications modeling and simulation development status. [2014-04-08]. https://ntrs.nasa.gov/archive/ nasa/casi.ntrs.nasa.gov/20150002317.pdf.

[18] Kerczewski R J，Wilson J D，Bishop W D. Frequency spectrum for integration of unmanned aircraft. [2013-10-08]. https://ntrs.nasa.gov/archive/nasa/casi.ntrs.nasa. gov/20140011093.pdf.

[19] Saifullah A，Xu Y，Lu C Y，et al. Distributed channel allocation protocols for wireless sensor networks. IEEE Transactions on Parallel and Distributed Systems，2014，25（9）：2264-2274.

[20] Wang Y，Motani M，Garg H K，et al. Cooperative multichannel directional medium access control for Ad Hoc networks. IEEE Systems Journal，2017，11（4）：2675-2686.

[21] Cho J H，Chen I R. PROVEST：Provenance-based trust model for delay tolerant networks. IEEE Transactions on Dependable & Secure Computing，2018，15（1）：151-165.

第 8 章　无人机基站频谱共享

8.1　引　　言

近年来，随着无线电、自动控制、计算机等技术的飞速发展，无人机可以在脱离地面人员的控制下自主完成各项复杂的任务。无人机的易操作性、造价低廉、灵活、模块化等优点的进一步提升使其应用场景更加多样化，在无线通信领域有更加广阔的应用前景。

在无人机空中基站的应用中，多个小型无人机可以提供比单个大型无人机更经济的无线覆盖[1]，Alphabet 公司的 Loon 项目旨在使用形成空中 Mesh 网络的气球为偏远地区提供互联网接入。Košmerl 和 Vilhar 开发了一种双无人机中继系统，以扩展无人机网络的通信范围，并且已经验证了实现多无人机通信的可行性[2]。Chand 等为灾害管理和军事环境设计了一个基于无人机的无线 Mesh 网络[3]。Gupta 等实现了无人机 Mesh 网络，其中多个无人机为地面用户提供无线覆盖。无人机构成了一个空中自组织网络，当一架无人机通过网关访问互联网时，地面上的所有用户都可以访问互联网[4]。然而，根据 Gupta 和 Kumar 发现的定理[5]，无线自组织网络的单节点容量是跳数的减函数。对于无人机 Mesh 网络的空中层，多跳传输给每架无人机带来了严重的容量不足问题，亟须寻找新的频谱资源以提高无人机的网络容量以满足更高的通信需求[6]，其中，频谱共享是通过提高频谱利用率来提高无线网络容量的有效方法，目前实现频谱共享的常用技术是认知无线电。利用该技术，需要进行频谱共享的网络可以利用频谱感知发现频谱空洞，从而利用未使用的频谱提供通信服务[7]。在认知无线电技术中，通常将参与频谱共享的用户分为主用户和次用户。主用户是愿意与其他接入者分享频谱资源的用户，具有访问频谱的最高优先级[7]，次用户是被允许按照一定规则分享其他网络频谱资源的用户。根据次用户的接入方式可以将频谱共享分为交织式（interweave）、下垫式（underlay）和填充式（overlay）三种模式。其中交织式模式下，次用户通过进行频谱感知判断主用户是否存在，当主用户不存在时次用户可以使用频谱进行数据传输；下垫式模式下，主用户和次用户同时在该频段传输，此时需要考虑次用户对主用户的干扰；填充式模式下，主用户和次用户可在同一时间使用相同的频谱资源，次用户需提前获取主用户的先验知识，在传输数据的同时协助主用户进行传输[8]。

无人机网络和蜂窝网络的地面网络在空间上是分开的，这为它们之间的频谱共享创造了独特的机会[5]。Zhang C Y 和 Zhang W 研究了无人机小蜂窝网络和地面蜂窝网络之间的频谱共享[9]。Guo 等优化了发射功率，以在无人机共享主用户频谱时最大化能效[10]。Bai 和 Heath 设计了无人机和地面蜂窝网络之间的正交频谱共享[11]。在文献[12]中，作者研究了无人机和雷达系统之间的频谱共享。Galiotto 等设计了航空认知无线电网络的路由方案[13]。

虽然无人机具备了快速构建一个 Mesh 网络的全部条件，但现阶段还有很多问题亟须解决。无人机基站要高于地面基站，因此无人机基站与地面移动终端之间会以一定的概率存在视距通信链路。本章充分考虑了无人机与地面移动终端之间的视距概率。通过分析研究无人机网络与地面网络的频谱共享，可以有效地提升网络容量，满足更高的通信需求。

8.2　无人机网络与地面网络的频谱共享

本节主要讨论无人机网络与地面网络频谱共享时的网络性能。无人机与地面用户之间以一定的概率存在视距链路，并且在低空无人机的高度范围内，视距链路存在的概率是无人机所部署地区的建筑物密度和无人机高度的函数。因此在本节中，我们采用 LoS/NLoS 信道模型建模无人机空地信道。

本节首先提出无人机网络与地面网络的频谱共享模型，分析频谱共享模型带来的优缺点。然后利用随机几何理论分析在空地信道为 LoS/NLoS 信道，无人机均匀泊松分布在高度为 h 的二维平面上时，无人机网络用户的覆盖率、地面网络用户的覆盖率及其与无人机高度、无人机密度之间的关系。然后分析无人机分布在高度差为 Δh 的三维空间时，无人机网络用户的覆盖率、地面网络用户的覆盖率及其与无人机高度、高度差 Δh 、无人机密度之间的关系。最后通过蒙特卡罗仿真验证了理论分析结果的正确性。本节的结论可为无人机最佳部署提供依据。

8.2.1　无人机空地信道介绍

无人机的飞行高度一般都大于地面基站的高度。因此在无人机与地面用户之间有一定的概率存在视距链路。目前对于无人机通信的主要工作集中在无人机空地信道的建模方面，Bai 和 Heath 以及 Wei 等推导了空地信道的视距概率与仰角以及周围环境的密度的函数关系式[11, 14]，Bor-Yaliniz 和 Yanikomeroglu 以及 Zhou 等深入地研究了无人机空地信道的损失模型[15, 16]。由于路径损耗和阴影效应，典型的无人机信道模型应该是空中基站的函数关系[8]。为了解决无人机部署带来的挑战，Orfanus 等考虑了路径损耗带来的影响，提出了无人机空地信道模型应该为下述模型[17]：

$$P_{\mathrm{r,u}}=\begin{cases}P_{\mathrm{u}}|X_{\mathrm{u}}|^{-\alpha_{\mathrm{u}}}, & \text{视距链路}\\ \eta P_{\mathrm{u}}|X_{\mathrm{u}}|^{-\alpha_{\mathrm{u}}}, & \text{非视距链路}\end{cases} \tag{8-1}$$

其中，$P_{\mathrm{r,u}}$ 表示地面终端接收到无人机的空地信道；P_{u} 为无人机基站发射的信号；$|X_{\mathrm{u}}|$ 表示终端与无人机之间的距离；α_{u} 表示无人机空地信道的路径损耗因子；η 表示非视距损耗因子。无人机与地面终端之间的视距链路概率为[18]

$$P_{\mathrm{LoS}}=\frac{1}{1+C\exp(-B(\theta-C))} \tag{8-2}$$

其中，C 和 B 是取决于环境参数的常量（城市、城镇或者其他）；θ 表示仰角。显然 $\theta=\dfrac{180}{\pi}\arcsin\left(\dfrac{h}{|X_{\mathrm{u}}|}\right)$。并且非视距的概率表示为 $P_{\mathrm{NLoS}}=1-P_{\mathrm{LoS}}$。根据上述视距概率公式可以看出，视距的概率随着仰角的增加而增加。

依据 Gong 和 Haenggi 建立的 LoS/NLoS 模型，由无人机基站服务的地面用户接收无人机的信号可以分为两个部分，分别是通过视距链路接收到的信号以及从非视距链路接收到的信号[18]。因此 Shobowale 和 Hamdi 在提出的模型中，考虑了路径损耗以及阴影效应[19]。Venkataraman 等假设了一种多斜率的分段路径损失函数[20]。假设基站与终端之间的距离以 km 为单位表示，以距离 r 表示的路径损耗函数可以表示为

$$\xi(r)=\begin{cases}\xi_1(r), & 0\leqslant r\leqslant d_1\\ \xi_2(r), & d_1<r\leqslant d_2\\ \vdots & \vdots\\ \xi_N(r), & r>d_{N-1}\end{cases} \tag{8-3}$$

其中，将路径损耗函数 $\xi(r)$ 分成 N 个切片，每个切片以基站与终端之间的距离作为切分的依据，每个切片内的损失函数用 $\xi_N(r)$ 函数表示。Jiang 和 Swindlehurst 将 LoS/NLoS 模型中的概率计算表示为视距概率乘以视距信号与非视距概率乘以非视距信号之和[21]。文献[18]的不足之处在于没有考虑阴影效应。Jiang 和 Swindlehurst 将阴影效应对信道的影响考虑在内，对文献[18]中提到的模型进行了改进，得到下述关于 LoS/NLoS 的模型：$P_{\mathrm{r,u}}=P_{\mathrm{LoS}}P_{\mathrm{u}}|X_{\mathrm{u}}|^{-\alpha_{\mathrm{u}}}g+P_{\mathrm{NLoS}}\eta P_{\mathrm{u}}|X_{\mathrm{u}}|^{-\alpha_{\mathrm{u}}}g$，其中 g 表示阴影效应的衰落因子[21]。本节以文献[22]中提到的 LoS/NLoS 模型建模无人机空地信道。

8.2.2 二维无人机网络的频谱共享模型及性能分析

本节提出的无人机 Mesh 网络与地面网络频谱共享的模型如图 8-1 所示。多无

人机组成的 Mesh 网络分布在高度为 h 的二维平面中，无人机共享地面网络的频谱。在图 8-1 中地面用户分为两种。一种是可以和地面基站（base station，BS）建立连接的用户，用 BSU（base station user）标记；另一种是无法与 BS 建立连接，但是可以与无人机基站连接的用户，用 DU（downlink user）标记。

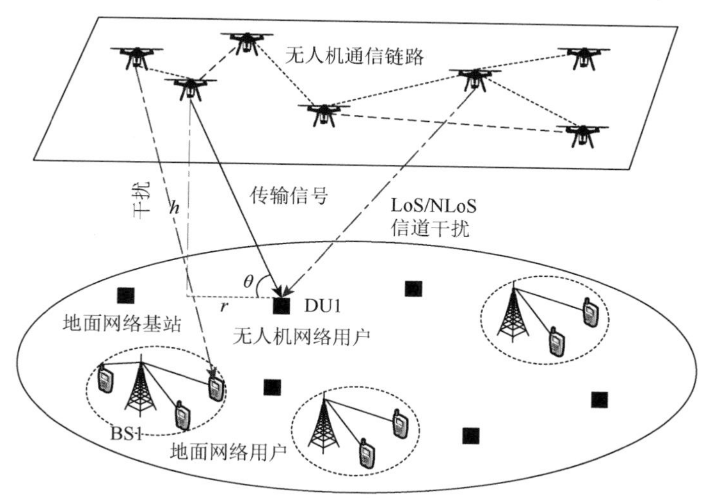

图 8-1　无人机分布在高度为 h 的二维平面的频谱共享模型

当多个无人机为地面用户提供通信服务时，无人机之间通过多跳通信形成无线 Mesh 网络以扩大覆盖范围。当一个无人机连接到网关的时候，所有无人机都可以为地面用户提供互联网接入。Ding 等证明了无线自组织网络的容量是网络节点数的减函数，与网络频谱资源成正比[23]。因此在无人机 Mesh 网络中，为了提高网络容量，需要增加网络的频谱资源。无人机 Mesh 网络的通信链路可以分为空对空链路（无人机与无人机之间的链路）、空对地链路（无人机到 DU 的链路）和地对空链路（DU 到无人机的链路）。考虑到空对空链路中发射机与接收机都分布在高度为 h 的二维平面上，而无人机分布的二维平面与地面在空间上是隔离的，因此空对空链路有共享地面网络频谱资源的可能性。而空对地链路与地对空链路无法完全实现无人机网络与地面网络接收机在空间上的隔离性，这是因为 DU 与 BSU 都分布在地面上，如果无人机与 DU 之间共享频谱，就会给 BSU 带来强烈的干扰。因此，在本节提到的无人机 Mesh 网络与地面网络的频谱共享模型为：无人机 Mesh 网络与蜂窝网络共享频谱资源 f_1，无人机 Mesh 网络的空对地链路使用频谱资源 f_2，无人机 Mesh 网络地对空链路使用的频谱资源为 f_3。

假设 BS 服从密度为λ_b的均匀泊松点过程Φ_b，无人机分布服从高度为h、密度为λ_u的二维均匀泊松点过程Φ_u。不失一般性，假设 MAC 协议采用的是 ALOHA 协议，无人机 Mesh 网络的网络容量受限于空地链路。

本节重点研究无人机空地链路的性能。在本节中，信道模型同时考虑路径损耗和小尺度衰落。假设地面基站与 BSU 之间的路径损耗因子为α_b，无人机与地面用户（BSU，DU）之间的路径损耗因子为α_u。不失一般性，假设地面基站与 BSU 之间的信道为瑞利信道，即地面小尺度衰落的功率增益服从具有单位均值的指数分布，同时，环境噪声为高斯白噪声。无人机基站的发射功率和地面基站的发射功率分别为P_u和P_b。在本节中，假设无人机与地面用户（BSU，DU）之间的信道衰落均为 LoS/NLoS 的信道。接下来将详细推导地面基站对 BSU 的覆盖率，以及无人机基站对 DU 的覆盖率与无人机分布的二维平面的高度h之间的函数关系式。

1. 地面网络基站对 BSU 的覆盖率

为了简化计算，假设无人机的泊松点分布过程与蜂窝基站的泊松点分布是独立的。换言之，每个 BSU 接收无穷区间内的基站发射信号；每个 DU 接收无穷区间内的基站发射信号。这样假设的原因是确保每个 BSU 和 DU 接收到的干扰为不受地理位置影响的均值。

在本节中，蜂窝网络基站对 BSU 的覆盖率为 BSU 接收的信干噪比大于 BSU 接收机解调的信干噪比门限β的概率。前面提到，无人机 Mesh 网络与地面网络之间共享频谱资源f_1。因此 BSU 接收机接收到的信号包括：来自蜂窝网络基站的有用信号；来自无人机 Mesh 网络无人机多跳时发射的信号，并且该信号经过 LoS/NLoS 信道的衰落到达 BSU 接收机。因此 BSU 接收的信干噪比的表达式为

$$\mathrm{SINR}_{\mathrm{BSU}}=\frac{P_{\mathrm{r,b}}}{I_{\mathrm{b}}^{\mathrm{c}}+I_{\mathrm{u}}+N} \tag{8-4}$$

其中，$P_{\mathrm{r,b}}$为 BSU 接收到的其所属基站发射的信号；$I_{\mathrm{b}}^{\mathrm{c}}$为 BSU 接收到的其他基站发射的干扰信号；$I_{\mathrm{u}}$为接收到的来自无人机的发射器干扰；$N$为噪声功率，并且根据假设可以得到

$$P_{\mathrm{r,b}}=P_{\mathrm{b}}d_0^{-\alpha_{\mathrm{b}}}g_0 \tag{8-5}$$

$$I_{\mathrm{b}}^{\mathrm{c}}=\sum_{i\neq 0}P_{\mathrm{b}}d_i^{-\alpha_{\mathrm{b}}}g_i \tag{8-6}$$

$$I_{\mathrm{u}}=\sum_{i}P_{i,\mathrm{LoS}}P_{\mathrm{u}}x_i^{-\alpha_{\mathrm{u}}}g_i+P_{i,\mathrm{NLoS}}\eta P_{\mathrm{u}}x_i^{-\alpha_{\mathrm{u}}}g_i \tag{8-7}$$

其中，下标$i=0$表示被选择的 BSU 以及其所属地面基站的编号，g_0和g_i分别表

示 BSU 与其所属基站之间的信道增益和 BSU 与第 i 个基站之间的信道衰减因子。本节假设地面网络用户与地面网络基站之间的信道为瑞利信道。P_{b} 是基站的发射功率，且对于所有的用户而言，P_{b} 都是一个固定值。d_i 是典型的 BSU 与第 i 个基站之间的距离，d_0 是一个 BSU 与其所属基站之间的距离，在随机几何的典型场景下，d_0 是一个固定值。α_{b} 是 BSU 接收基站信号时的路径损耗因子。本章中涉及的接收机噪声功率强度是经过路径损耗因子归一化之后的值。$P_{i,\mathrm{LoS}}$ 和 $P_{i,\mathrm{NLoS}}$ 分别是 BSU 信号接收器与第 i 个无人机之间的视距功率和非视距功率。P_{u} 是无人机的发射功率，并假设所有无人机的发射功率是一个固定值。x_i 是 BSU 接收器和第 i 个无人机之间的距离，α_{u} 是 BSU 接收无人机信号时的路径损耗因子，路径损耗因子 η 是由于 NLoS 的连接而产生的额外损耗因子。

定理 8-1　当典型的 BSU 与其基站距离为 d_0，且空地信道可以用 LoS/NLoS 信道模型建模时，典型 BSU 的覆盖率为

$$P_{\mathrm{cov,BSU}}(\beta)=\exp\left(\frac{-2\pi\lambda_{\mathrm{b}}\beta^{\frac{2}{\alpha_{\mathrm{b}}}}d_0^2}{\alpha_{\mathrm{b}}\sin\left(\frac{2\pi}{\alpha_{\mathrm{b}}}\right)}\right)\exp(-2\pi\lambda_{\mathrm{u}}H_1(\beta,d_0,h,\alpha_{\mathrm{b}},\alpha_{\mathrm{u}}))$$
$$\cdot\exp(-2\pi\lambda_{\mathrm{u}}H_2(\beta,d_0,h,\alpha_{\mathrm{b}},\alpha_{\mathrm{u}}))\exp\left(-\frac{\beta d_0^{\alpha_{\mathrm{b}}}N}{P_{\mathrm{b}}}\right) \tag{8-8}$$

其中

$$H_1(\beta,d_0,h,\alpha_{\mathrm{b}},\alpha_{\mathrm{u}})=\int_0^{\infty}\left(1-\frac{1}{1+\frac{\beta d_0^{\alpha_{\mathrm{b}}}}{P_{\mathrm{b}}}P_{\mathrm{u}}(\sqrt{r^2+h^2})^{-\alpha_{\mathrm{u}}}\frac{1}{1+C\exp\left(-B\left(\frac{180}{\pi}\arctan(h/r)-C\right)\right)}}\right)r\mathrm{d}r$$

$$H_2(\beta,d_0,h,\alpha_{\mathrm{b}},\alpha_{\mathrm{u}})=\int_0^{\infty}\left(1-\frac{1}{1+\frac{\beta d_0^{\alpha_{\mathrm{b}}}}{P_{\mathrm{b}}}P_{\mathrm{u}}(\sqrt{r^2+h^2})^{-\alpha_{\mathrm{u}}}\eta\left(1-\frac{1}{1+C\exp\left(-B\left(\frac{180}{\pi}\arctan\left(\frac{h}{r}\right)-C\right)\right)}\right)}\right)r\mathrm{d}r$$

证明： 典型 BSU 的覆盖率为

$$\begin{aligned}
P_{\text{cov,BSU}}(\beta) &= P(\text{SINR}_{\text{BSU}} > \beta) \\
&= P\left(\frac{P_{\text{BS}} d_0^{-\alpha_b} g_0}{I_b^c + I_u + N} > \beta\right) \\
&\overset{(a)}{=} \exp\left(-\frac{\beta d_0^{\alpha_b}(I_b^c + I_u + N)}{P_b}\right) \\
&\overset{(b)}{=} \exp\left(-\frac{\beta d_0^{\alpha_b} I_b^c}{P_b}\right)\exp\left(-\frac{\beta d_0^{\alpha_b} I_u}{P_b}\right)\exp\left(-\frac{\beta d_0^{\alpha_b} N}{P_b}\right) \\
&= L_{I_b^c}\left(\frac{\beta d_0^{\alpha_b}}{P_b}\right) L_{I_u}\left(\frac{\beta d_0^{\alpha_b}}{P_b}\right)\exp\left(-\frac{\beta d_0^{\alpha_b} N}{P_b}\right)
\end{aligned} \tag{8-9}$$

其中，g 是一个服从均值为指数分布的随机变量 $(g \sim \exp(1))$，根据蜂窝基站网络之间的信道服从瑞利衰落的假设可以得到等式 (a) 的推导。BSU 接收到来自其他同频基站的干扰和来自无人机基站的干扰是独立的随机过程，即 I_b^c 和 I_u 分别来自基站分布的点过程 Φ_b 和 Φ_u。因此在计算均值的时候可以根据随机变量的独立性得出等式 (b) 的推导。

将式（8-8）、式（8-9）代入公式 $L_{I_u}\left(\frac{\beta d_0^{\alpha_b}}{P_b}\right)$ 可以得到如下形式：

$$L_{I_u}\left(\frac{\beta d_0^{\alpha_b}}{P_b}\right) = L_{I_{u,\text{LoS}}}\left(\frac{\beta d_0^{\alpha_b}}{P_b}\right) L_{I_{u,\text{NLoS}}}\left(\frac{\beta d_0^{\alpha_b}}{P_b}\right) \tag{8-10}$$

式（8-10）为两个乘积项表现形式，分别表示来自无人机视距链路的干扰对覆盖率的影响以及非视距链路对覆盖率的影响。

化简成两项乘积的这种方式，大大简化了计算。只需要分别求出视距链路下的干扰和非视距链路下的干扰对覆盖率的影响，就可以得到无人机对基站用户覆盖率的影响。

视距干扰表达式 $L_{I_{u,\text{LoS}}}\left(\frac{\beta d_0^{\alpha_b}}{P_b}\right)$ 可以表示为

$$\begin{aligned}
L_{I_{u,\text{LoS}}}\left(\frac{\beta d_0^{\alpha_b}}{P_b}\right) &= E_{I_{u,\text{LoS}}}\left[\exp\left(\frac{\beta d_0^{\alpha_b}}{P_b} I_{u,\text{LoS}}\right)\right] \\
&= E_{g_i,\Phi_u}\left[\prod_{x_i \in \Phi_u \setminus \{0\}} \exp\left(\frac{\beta d_0^{\alpha_b}}{P_b} g_i P_u P_{\text{LoS}} x_i^{-\alpha_u}\right)\right]
\end{aligned}$$

$$= E_{\Phi_u}\left[\prod_{x_i \in \Phi_u \setminus \{0\}} E_{g_i}\left[\exp\left(\frac{\beta d_0^{\alpha_b}}{P_b} P_u P_{LoS} x_i^{-\alpha_u}\right)\right]\right]$$

$$= E_{\Phi_u}\left[\prod_{x_i \in \Phi_u \setminus \{0\}} \frac{1}{1+\frac{\beta d_0^{\alpha_b}}{P_b} P_u P_{LoS} x_i^{-\alpha_u}}\right] \tag{8-11}$$

在式（8-11）的推导中：g_i 服从均值为 1 的负指数分布，g_i 为独立同分布的随机过程，g_i 与 Φ_u 是相互独立的随机过程。

同理可得 $L_{I_{u,NLoS}}\left(\frac{\beta d_0^{\alpha_b}}{P_b}\right)$ 也可以表示成概率生成泛函形式：

$$L_{I_{u,NLoS}}\left(\frac{\beta d_0^{\alpha_b}}{P_b}\right) = E_{\Phi_u}\left[\prod_{x_i \in \Phi_u \setminus \{0\}} \frac{1}{1+\frac{\beta d_0^{\alpha_b}}{P_b} P_u (1-P_{LoS}) \eta x_i^{-\alpha_u}}\right] \tag{8-12}$$

将式（8-11）和式（8-12）代入式（8-10），$L_{I_u}\left(\frac{\beta d_0^{\alpha_b}}{P_b}\right)$ 可以表达成式（8-13），接下来通过对点集 V 的概率生成函数可以对表达式进一步化简：

$$\begin{aligned} L_{I_u}\left(\frac{\beta d_0^{\alpha_b}}{P_b}\right) &= L_{I_{u,LoS}}\left(\frac{\beta d_0^{\alpha_b}}{P_b}\right) L_{I_{u,NLoS}}\left(\frac{\beta d_0^{\alpha_b}}{P_b}\right) \\ &= E_{\Phi_u}\left[\prod_{x_i \in \Phi_u} \frac{1}{1+\frac{\beta d_0^{\alpha_b}}{P_b} P_u P_{LoS} x_i^{-\alpha_u}}\right] E_{\Phi_u}\left[\prod_{x_i \in \Phi_u} \frac{1}{1+\frac{\beta d_0^{\alpha_b}}{P_b} P_u (1-P_{LoS}) \eta x_i^{-\alpha_u}}\right] \end{aligned} \tag{8-13}$$

由集合 V 的概率生成函数：

$$E\left(\prod_{x_i \in \Phi} f(x)\right) = \exp\left(-\lambda_b \int_V (1-f(x))\mathrm{d}x\right) \tag{8-14}$$

对 $L_{I_u}\left(\frac{\beta d_0^{\alpha_b}}{P_b}\right)$ 使用概率生成泛函公式，考虑到 $L_{I_u}\left(\frac{\beta d_0^{\alpha_b}}{P_b}\right)$ 表达成视距干扰 $L_{I_{u,LoS}}\left(\frac{\beta d_0^{\alpha_b}}{P_b}\right)$ 和非视距干扰 $L_{I_{u,NLoS}}\left(\frac{\beta d_0^{\alpha_b}}{P_b}\right)$ 的形式，对无人机干扰的概率生成泛函可以表达成视距干扰的概率生成泛函和非视距干扰的概率生成泛函。视距干扰的概率生成泛函的表达式为

$$L_{I_{\mathrm{u,LoS}}}\left(\frac{\beta d_0^{\alpha_{\mathrm{b}}}}{P_{\mathrm{b}}}\right)=\exp\left(-\lambda_{\mathrm{u}}\int_V\left(1-\frac{1}{1+\dfrac{\beta d_0^{\alpha_{\mathrm{b}}}}{P_{\mathrm{b}}}P_{\mathrm{u}}P_{\mathrm{LoS}}x_i^{-\alpha_{\mathrm{u}}}}\right)\mathrm{d}x\right)$$
$$=\exp(-2\pi\lambda_{\mathrm{u}}H_1(\beta,d_0,h,\alpha_{\mathrm{b}},\alpha_{\mathrm{u}}))\tag{8-15}$$

其中

$$H_1(\beta,d_0,h,\alpha_{\mathrm{b}},\alpha_{\mathrm{u}})=\int_0^{\infty}\left(1-\frac{1}{1+\dfrac{\beta d_0^{\alpha_{\mathrm{b}}}}{P_{\mathrm{b}}}P_{\mathrm{u}}(\sqrt{r^2+h^2})^{-\alpha_{\mathrm{u}}}\dfrac{1}{1+C\exp\left(-B\left(\dfrac{180}{\pi}\arctan\left(\dfrac{h}{r}\right)-C\right)\right)}}\right)r\mathrm{d}r$$

同理可得，无人机非视距干扰的概率生成泛函表达式为

$$L_{I_{\mathrm{u,NLoS}}}\left(\frac{\beta d_0^{\alpha_{\mathrm{b}}}}{P_{\mathrm{b}}}\right)=\exp(-2\pi\lambda_{\mathrm{u}}H_2(\beta,d_0,h,\alpha_{\mathrm{b}},\alpha_{\mathrm{u}}))\tag{8-16}$$

其中

$$H_2(\beta,d_0,h,\alpha_{\mathrm{b}},\alpha_{\mathrm{u}})=\int_0^{\infty}\left(1-\frac{1}{1+\dfrac{\beta d_0^{\alpha_{\mathrm{b}}}}{P_{\mathrm{b}}}P_{\mathrm{u}}(\sqrt{r^2+h^2})^{-\alpha_{\mathrm{u}}}\eta\left(1-\dfrac{1}{1+C\exp\left(-B\left(\dfrac{180}{\pi}\arctan(h/r)-C\right)\right)}\right)}\right)r\mathrm{d}r$$

至此，定理 8-1 的证明结束。

根据上述推导可知，BSU 的覆盖率是基站发射功率、基站密度、无人机高度、无人机密度、无人机发射功率以及信干噪比门限 β 的函数。从定理 8-1 中可以得到下述关键的几个结论。

（1）考虑到无人机虽然给 BSU 带来了干扰，但是增加无人机的分布高度并不一定会减少无人机对 BSU 的干扰。随着无人机的分布高度增加，BSU 的覆盖率是先减小后增大的。随着无人机高度的增加，虽然 BSU 与无人机的距离增大了，但是增加高度的同时也会使无人机对 BSU 的视距干扰概率增加。当视距干扰概率增加到上限后，随着无人机的高度增加，BSU 接收到的无人机的干扰一直减小，从而有 BSU 的覆盖率随着无人机的高度的增加先增大后减小的趋势。

（2）当蜂窝基站的发射功率增加的时候，BSU 对其他地面基站的抗干扰能力不变，这是因为随着发射功率的增加，其他地面基站的发射干扰信号也会以同样的比例增加，因此 BSU 对其他基站的抗干扰能力没变，但是随着蜂窝基站的发射功率增加，BSU 对无人机基站的抗干扰能力和对环境噪声的抗噪声能力变大，因此增加发射功率可以使 BSU 的覆盖率增加。

（3）BSU 的覆盖率随着无人机的部署密度 λ_u 的增大而减小，这是因为随着无人机密度的增大，同样范围内无人机的数量增加，无人机对 BSU 的干扰信号增加。

（4）当无人机的部署高度趋近于无穷大时，无人机与 BSU 之间的距离趋近于无穷大，无人机对 BSU 的干扰趋近于 0，此时只存在蜂窝基站对 BSU 的干扰以及环境噪声。

2. 无人机基站对 DU 的覆盖率

前面提到，由于 DU 与 BSU 在空间上不分离，无人机下行链路共享频谱资源 f_2，因此 DU 接收机接收到的信号包括：来自无人机基站的发射信号，该信号经过 LoS/NLoS 信道衰落后到达 DU 接收机；来自其他无人机的干扰信号，该干扰信号同样经过 LoS/NLoS 信道衰落后到达 DU 接收机。因此 DU 接收的 SINR 为

$$\mathrm{SINR}_{\mathrm{DU}} = \frac{P_{\mathrm{r,u}}}{I_{\mathrm{u}}^{\mathrm{c}} + N} \tag{8-17}$$

其中，$P_{\mathrm{r,u}}$ 表示 DU 从视距信道接收到其所属无人机基站的信号与从非视距信道接收到的其所属基站的信号的均值；$I_{\mathrm{u}}^{\mathrm{c}}$ 表示 DU 从 Φ_{u} 中除了其所属无人机基站之外其他无人机基站的干扰信号，干扰信号为 DU 从视距信道接收到的干扰与从非视距信道接收到的干扰的均值；N 表示噪声功率。除此之外，上述表达式可以具体表示为

$$P_{\mathrm{r,u}} = P_{\mathrm{LoS}} P_{\mathrm{u}} x_0^{-\alpha_{\mathrm{u}}} g_0 + P_{\mathrm{NLoS}} \eta P_{\mathrm{u}} x_0^{-\alpha_{\mathrm{u}}} g_0 \tag{8-18}$$

$$I_{\mathrm{u}}^{\mathrm{c}} = \sum_{i \neq 0} P_{i,\mathrm{LoS}} P_{\mathrm{u}} x_i^{-\alpha_{\mathrm{u}}} g_i + P_{i,\mathrm{NLoS}} \eta P_{\mathrm{u}} x_i^{-\alpha_{\mathrm{u}}} g_i \tag{8-19}$$

其中，$i=0$ 表示待计算的 DU 与其所属无人机基站的编号；g_0 和 g_i 分别表示 DU 与其所属无人机基站之间的视距与非视距小尺度衰落因子和第 i 个无人机基站与 DU 之间的视距与非视距的小尺度衰落因子；对于无人机基站与 DU 之间的信道，本章假设其为 LoS/NLoS 信道，P_{u} 表示无人机基站发射功率，并且所有的无人

机基站的发射功率都是相同的；$P_{i,\mathrm{LoS}}$ 表示 DU 接收到第 i 个无人机信号视距的概率；$P_{i,\mathrm{NLoS}}$ 表示 DU 接收到第 i 个无人机信号非视距的概率。根据视距概率公式即式（8-2）可以看出，DU 接收到无人机视距链路的概率与无人机与 DU 之间的位置有关；$x_i=\sqrt{d_i^2+h^2}$ 表示第 i 个无人机基站发射机与 DU 接收机之间的距离；$x_0=\sqrt{d_0^2+h^2}$ 表示 DU 与其所属无人机基站之间的距离。在典型的场景下，d_0 假设为一个固定值。基于 SINR 的 DU 的覆盖率可以表示为以下形式：

$$P_{\mathrm{cov,DU}}(\beta)=P(\mathrm{SINR}_{\mathrm{DU}}>\beta) \tag{8-20}$$

其中，β 表示接收机能正确解调信号的信干噪比门限，即最低信干噪比，因此 DU 的覆盖率可以表示为 DU 接收机的信干噪比大于最低信干噪比的概率。

定理 8-2 典型 DU 与其所属无人机基站的水平距离为 d_0，且空地信道可以用 LoS/NLoS 信道模型建模时，典型 DU 的覆盖概率为

$$\begin{aligned}P_{\mathrm{cov,DU}}&=P_{\mathrm{LoS}}\exp(-2\pi\lambda_{\mathrm{u}}H_3(\beta,d_0,h,\alpha_{\mathrm{u}}))\\&\quad+(1-P_{\mathrm{LoS}})\exp(-2\pi\lambda_{\mathrm{u}}H_4(\beta,d_0,h,\alpha_{\mathrm{u}}))\end{aligned} \tag{8-21}$$

其中

$$P_{\mathrm{LoS}}=\frac{1}{1+C\exp(-B(\theta-C))}$$

$$H_3(\beta,d_0,h,\alpha_{\mathrm{u}})=\int_0^{\infty}\left(1-\frac{1}{1+\beta x_0^{\alpha_{\mathrm{u}}}\left(\sqrt{r^2+h^2}\right)^{-\alpha_{\mathrm{u}}}\dfrac{1}{1+C\exp\left(-B\left(\dfrac{180}{\pi}\arctan\left(\dfrac{h}{r}\right)-C\right)\right)}}\right)r\mathrm{d}r \tag{8-22}$$

$$H_4(\beta,d_0,h,\alpha_{\mathrm{u}})=\int_0^{\infty}\left(1-\frac{1}{1+\beta x_0^{\alpha_{\mathrm{u}}}\left(\sqrt{r^2+h^2}\right)^{-\alpha_{\mathrm{u}}}\eta\left(1-\dfrac{1}{1+C\exp\left(-B\left(\dfrac{180}{\pi}\arctan\left(\dfrac{h}{r}\right)-C\right)\right)}\right)}\right)r\mathrm{d}r \tag{8-23}$$

证明： 典型 DU 的覆盖率为

$$\begin{aligned}
P_{\text{cov,DU}} &= P(\text{SINR}_{\text{DU}} > \beta) \\
&\underline{\underline{(\text{a})}} P_{\text{LoS}} P\left(\frac{P_{\text{u}} x_0^{-\alpha_{\text{u}}} g_i}{I_{\text{DU}}^{\text{c}}} > \beta\right) + P_{\text{NLoS}} P\left(\frac{\eta P_{\text{u}} x_0^{-\alpha_{\text{u}}} g_i}{I_{\text{DU}}^{\text{c}}} > \beta\right) \\
&\underline{\underline{(\text{b})}} P_{\text{LoS}} \exp\left(-\frac{\beta x_0^{-\alpha_{\text{u}}} I_{\text{DU}}^{\text{c}}}{P_{\text{u}}}\right) + (1 - P_{\text{LoS}}) \exp\left(-\frac{\beta x_0^{-\alpha_{\text{u}}} I_{\text{DU}}^{\text{c}}}{\eta P_{\text{u}}}\right) \\
&\underline{\underline{(\text{c})}} P_{\text{LoS}} L_{I_{\text{DU}}^{\text{c}}}\left(-\frac{\beta x_0^{-\alpha_{\text{u}}}}{P_{\text{u}}}\right) + (1 - P_{\text{LoS}}) L_{I_{\text{DU}}^{\text{c}}}\left(-\frac{\beta x_0^{-\alpha_{\text{u}}}}{\eta P_{\text{u}}}\right)
\end{aligned} \tag{8-24}$$

其中，等式(a)是根据 LoS/NLoS 信道的特征，将 DU 的覆盖率拆分成视距的覆盖率和非视距的覆盖率。等式(b)是根据 g 是服从瑞利衰落的负指数分布的随机变量的假设。等式(c)是拉普拉斯变换。DU 接收的干扰为 $I_{\text{BSU}}^{\text{c}}$，该干扰来自无人机分布的点过程 Φ_{u}。根据 LoS/NLoS 信道的特点，I_{DU}^{c} 可以表示成式（8-25）的形式：

$$\begin{aligned}
I_{\text{DU}}^{\text{c}} &= I_{\text{u,LoS}}^{\text{c}} + I_{\text{u,NLoS}}^{\text{c}} \\
&= \sum_{x_i \in \Phi_{\text{u}} \setminus \{0\}} P_{\text{LoS}} P_{\text{u}} x_i^{-\alpha_{\text{u}}} g_i + \sum_{x_i \in \Phi_{\text{u}} \setminus \{0\}} (1 - P_{\text{LoS}}) \eta P_{\text{u}} x_i^{-\alpha_{\text{u}}} g_i
\end{aligned} \tag{8-25}$$

通过各无人机与 DU 之间的信道小尺度衰落的独立性，以及将 DU 接收到无人机的干扰视为视距链路干扰以及非视距链路干扰，可以对 $L_{I_{\text{DU}}^{\text{c}}}\left(\frac{\beta x_0^{\alpha_{\text{u}}}}{P_{\text{u}}}\right)$ 做如下化简：

$$\begin{aligned}
L_{I_{\text{DU}}^{\text{c}}}\left(\frac{\beta x_0^{\alpha_{\text{u}}}}{P_{\text{u}}}\right) &= L_{I_{\text{u,LoS}}^{\text{c}}}\left(\frac{\beta x_0^{\alpha_{\text{u}}}}{P_{\text{u}}}\right) L_{I_{\text{u,NLoS}}^{\text{c}}}\left(\frac{\beta x_0^{\alpha_{\text{u}}}}{P_{\text{u}}}\right) \\
&= E_{\Phi_{\text{u}}}\left[\prod_{x_i \in \Phi_{\text{u}} \setminus \{0\}} \frac{1}{1 + \beta x_0^{\alpha_{\text{u}}} P_{\text{LoS}} x_i^{-\alpha_{\text{u}}}}\right] E_{\Phi_{\text{u}}}\left[\prod_{x_i \in \Phi_{\text{u}} \setminus \{0\}} \frac{1}{1 + \beta x_0^{\alpha_{\text{u}}} (1 - P_{\text{LoS}}) \eta x_i^{-\alpha_{\text{u}}}}\right]
\end{aligned} \tag{8-26}$$

观察式（8-26）可以发现，视距干扰项以及非视距干扰项都满足概率生成泛函的表达式。接着对式（8-26）应用概率生成公式可以得到

$$\begin{aligned}
L_{I_{\text{u,LoS}}^{\text{c}}}\left(\frac{\beta x_0^{\alpha_{\text{u}}}}{P_{\text{u}}}\right) &= \exp\left(-\lambda_{\text{u}} \int_V \left(1 - \frac{1}{1 + \beta x_0^{\alpha_{\text{u}}} P_{\text{LoS}} x_i^{-\alpha_{\text{u}}}}\right) \mathrm{d}x\right) \\
&\underline{\underline{(\text{a})}} \exp(-2\pi \lambda_{\text{u}} H_3(\beta, d_0, h, \alpha_{\text{u}}))
\end{aligned} \tag{8-27}$$

等式(a)是由于无人机的位置分布服从高度为 h 的均匀泊松点过程 Φ_{u}，因此 $x_i = \sqrt{h^2 + r_i^2}$。为了表示方便，本节将无人机视距链路下对 DU 的干扰用 $H_3(\beta, d_0, h, \alpha_{\text{u}})$ 表示，注意本节假设无人机分布在无穷区间内，但是在仿真过程中，可以将积分上限用一个很大的值代替：

$$H_3(\beta,d_0,h,\alpha_{\mathrm{u}})=\int_0^{\infty}\left(1-\frac{1}{1+\beta x_0^{\alpha_{\mathrm{u}}}(\sqrt{r^2+h^2})^{-\alpha_{\mathrm{u}}}\dfrac{1}{1+C\exp\left(-B\left(\dfrac{180}{\pi}\arctan\left(\dfrac{h}{r}\right)-C\right)\right)}}\right)r\mathrm{d}r \tag{8-28}$$

同理，无人机非视距连接下的位置与视距的位置服从相同的均匀泊松点过程 Φ_{UAV}，因此可以将无人机非视距连接下的干扰表示成 $L_{I_{\mathrm{u,NLoS}}^{\mathrm{c}}}\left(\dfrac{\beta x_0^{\alpha_{\mathrm{u}}}}{P_{\mathrm{u}}}\right)$，其中为了表述方便，非视距干扰项的积分表达式用 $H_4(\beta,d_0,h,\alpha_{\mathrm{u}})$ 表示，在仿真的过程中，需要控制积分上限与 $H_3(\beta,d_0,h,\alpha_{\mathrm{u}})$ 设置成相同的值。

$$L_{I_{\mathrm{u,NLoS}}^{\mathrm{c}}}\left(\frac{\beta x_0^{\alpha_{\mathrm{u}}}}{P_{\mathrm{u}}}\right)=\exp(-2\pi\lambda_{\mathrm{u}}H_4(\beta,d_0,h,\alpha_{\mathrm{u}})) \tag{8-29}$$

其中

$$H_4(\beta,d_0,h,\alpha_{\mathrm{u}})=\int_0^{\infty}\left(1-\frac{1}{1+\beta x_0^{\alpha_{\mathrm{u}}}(\sqrt{r^2+h^2})^{-\alpha_{\mathrm{u}}}\eta\left(1-\dfrac{1}{1+C\exp\left(-B\left(\dfrac{180}{\pi}\arctan\left(\dfrac{h}{r}\right)-C\right)\right)}\right)}\right)r\mathrm{d}r$$

至此，定理 8-2 的证明结束。

根据推导可知，DU 的覆盖率是无人机发射功率、无人机密度、无人机高度以及信干噪比门限 β 的函数。依据定理 8-2 可以得到下述几个关键的结论。

（1）DU 的覆盖率随着无人机高度先增大后减小。无人机高度的增加使 DU 接收到无人机的视距概率增加，当无人机的视距概率增加到一个上限值时，无人机的高度增加会使 DU 接收到的无人机的信号减小。这就使 DU 的覆盖率随着无人机的高度先增大后减小。

（2）在不考虑噪声的前提下，DU 的覆盖率与无人机的发射功率无关，这是因为所有无人机的发射功率都是统一的值，增加无人机的发射概率，DU 的接收信号增加，DU 接收到的干扰信号也会以同样的比例增加。因此在不考虑噪声的前提下，DU 的覆盖率不受无人机发射功率的影响，在本节中，噪声功率为恒定的高斯白噪声，因此当无人机的发射功率增加时，DU 的抗噪声能力增加，DU 的覆盖率增加。

（3）DU 的覆盖率随着无人机的覆盖密度的增大而减小，这是因为随着无人机的部署密度增大，同一范围内无人机的数量增加，导致 DU 接收到来自无人机的干扰信号增加，DU 接收到的信干噪比下降。

上述的三个结论都会在仿真图中得到验证。

8.2.3　三维无人机网络的频谱共享模型及性能分析

无人机由于制造工艺以及定位精度差等相关因素的影响，其均匀泊松分布在高度为 h 的平面上是一种理论场景，因此需要探讨一个无人机分布在高度为 $[h,h+\Delta h]$ 的三维空间中，这样就可以忽略无人机客观因素带来的误差。如图 8-2 所示，无人机均匀泊松分布在高度为 $[h,h+\Delta h]$ 的三维空间中。无人机之间通过连接链路多跳中继组成 Mesh 网络。无人机与地面的 DU 之间的链路为信号链路。由于无人机与 DU 之间共享频谱资源 f_2，因此 DU 会接收到来自其他无人机的干扰，这些干扰信号经无人机的发射机发射后经过 LoS/NLoS 信道的干扰到达 DU

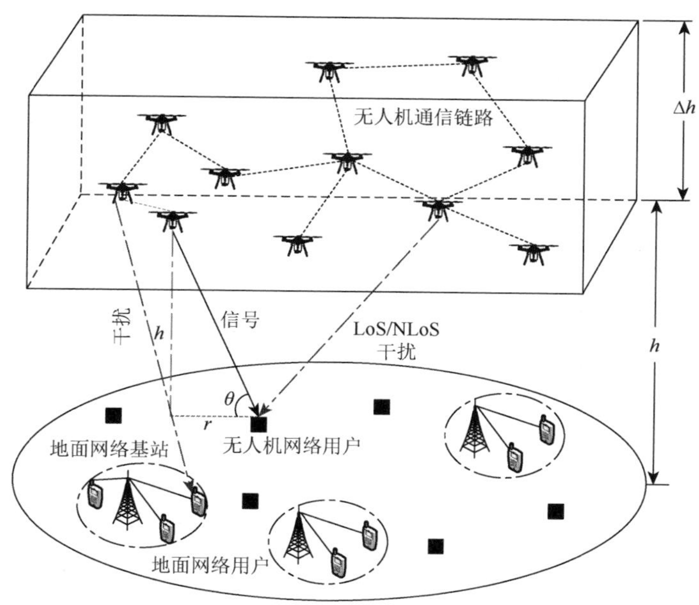

图 8-2　无人机分布在三维空间中的空地频谱共享模型

接收机。三维空间中的无人机与地面 DU 用户之间建立通信链路。接下来主要讨论多个无人机在三维空间中构建 Mesh 网络，地面 DU 用户与其通信的同时，地面基站与 BSU 通信的场景。因此，设计无人机的 Mesh 网络需要同时注意 BSU 用户的覆盖率以及 DU 的覆盖率与无人机分布的三维空间中 h、Δh、无人机分布相关参数以及环境参数的函数关系式，最后通过蒙特卡罗仿真对理论分析中提到的函数关系式进行验证，并通过分析函数关系式得出相关结论。

1. 蜂窝网络基站对 BSU 的覆盖率

在本节的分析中，空中无人机与无人机之间通信采用全向天线，空中无人机与地面 DU 通信采用全向天线。三维空间中的无人机 Mesh 网络共享地面网络的频谱。因此 BSU 会接收地面基站的有用信号和无人机发射的干扰信号。和二维无人机网络与地面网络频谱共享场景下的分析相同，在该场景下，BSU 接收的信干噪比的表达式也为式（8-4），其中各参数的意义可参考式（8-5）、式（8-6）、式（8-7）。

基于信干噪比的 BSU 的覆盖率可以表示为以下形式：

$$P_{\text{cov,BSU}} = P(\text{SINR}_{\text{BSU}} > \beta) \tag{8-30}$$

其中，β 表示接收机能正确解调信号的信干噪比门限。

定理 8-3　当无人机分布在三维空间，典型 BSU 与其所属基站之间的通信距离为 d_0，且空地信道可以用 LoS/NLoS 信道模型建模时，典型 BSU 的覆盖率为

$$P_{\text{cov,BSU}} = \exp\left(\frac{-2\pi\lambda_{\text{b}}\beta^{\frac{2}{\alpha_{\text{b}}}}d_0^2}{\alpha_{\text{b}}\sin\left(\frac{2\pi}{\alpha_{\text{b}}}\right)}\right) \cdot \exp\left(-\frac{\beta d_0^{\alpha_{\text{b}}}N}{P_{\text{b}}}\right)(\exp(-2\pi\lambda_{\text{u}}H_5)+\exp(-2\pi\lambda_{\text{u}}H_6)) \tag{8-31}$$

其中

$$H_5 = \int_{h_1}^{h_2}\int_0^{\infty}\left(1-\frac{1}{1+\frac{\beta d_0^{\alpha_{\text{b}}}}{P_{\text{b}}}P_{\text{u}}(\sqrt{r^2+h^2})^{-\alpha_{\text{u}}}\frac{1}{1+C\exp\left(-B\left(\frac{180}{\pi}\arctan\left(\frac{h}{r}\right)-C\right)\right)}}\right)r\text{d}h\text{d}r$$

$$H_6=\int_{h_1}^{h_2}\int_0^{\infty}\left(1-\frac{1}{1+\frac{\beta d_0^{\alpha_b}}{P_b}P_u(\sqrt{r^2+h^2})^{-\alpha_u}\eta\left(1-\frac{1}{1+C\exp\left(-B\left(\frac{180}{\pi}\arctan\left(\frac{h}{r}\right)-C\right)\right)}\right)}\right)r\mathrm{d}h\mathrm{d}r$$

证明：典型 BSU 的覆盖率为

$$\begin{aligned}P_{\mathrm{cov,BSU}}&=P(\mathrm{SINR_{BSU}}>\beta)\\&=P\left(\frac{P_b d_0^{-\alpha_b}g_0}{I_b^c+I_u+N}>\beta\right)\\&=\exp\left(-\frac{\beta d_0^{\alpha_b}(I_b^c+I_u+N)}{P_b}\right)\\&=\exp\left(-\frac{\beta d_0^{\alpha_b}I_b^c}{P_b}\right)\exp\left(-\frac{\beta d_0^{\alpha_b}I_u}{P_b}\right)\exp\left(-\frac{\beta d_0^{\alpha_b}N}{P_b}\right)\\&=L_{I_b^c}\left(\frac{\beta d_0^{\alpha_b}}{P_b}\right)L_{I_u}\left(\frac{\beta d_0^{\alpha_b}}{P_b}\right)\exp\left(-\frac{\beta d_0^{\alpha_b}N}{P_b}\right)\end{aligned}\tag{8-32}$$

根据随机变量 g_i 的统计独立性可以得到

$$\begin{aligned}L_{I_{\mathrm{u,LoS}}}\left(\frac{\beta d_0^{\alpha_b}}{P_b}\right)&=E_{I_{\mathrm{u,LoS}}}\left[\exp\left(\frac{\beta d_0^{\alpha_b}}{P_b}I_{\mathrm{u,LoS}}\right)\right]\\&=E_{g_i,\Phi_u}\left[\prod_{x_i\in\Phi_u\backslash\{0\}}\exp\left(\frac{\beta d_0^{\alpha_b}}{P_b}g_iP_uP_{\mathrm{LoS}}x_i^{-\alpha_u}\right)\right]\\&=E_{\Phi_u}\left[\prod_{x_i\in\Phi_u\backslash\{0\}}E_{g_i}\left[\exp\left(\frac{\beta d_0^{\alpha_b}}{P_b}P_uP_{\mathrm{LoS}}x_i^{-\alpha_u}\right)\right]\right]\\&=E_{\Phi_u}\left[\prod_{x_i\in\Phi_u\backslash\{0\}}\frac{1}{1+\frac{\beta d_0^{\alpha_b}}{P_b}P_uP_{\mathrm{LoS}}x_i^{-\alpha_u}}\right]\end{aligned}\tag{8-33}$$

同理，对 $L_{I_{\mathrm{u,NLoS}}}\left(\frac{\beta d_0^{\alpha_b}}{P_b}\right)$ 化简可以得到

$$L_{I_{\mathrm{u,NLoS}}}\left(\frac{\beta d_0^{\alpha_\mathrm{b}}}{P_\mathrm{b}}\right)=E_{\Phi_\mathrm{u}}\left[\prod_{x_i\in\Phi_\mathrm{u}\setminus\{0\}}\frac{1}{1+\dfrac{\beta d_0^{\alpha_\mathrm{b}}}{P_\mathrm{b}}P_\mathrm{u}(1-P_\mathrm{LoS})\eta x_i^{-\alpha_\mathrm{u}}}\right] \tag{8-34}$$

因此 $L_{I_\mathrm{u}}\left(\dfrac{\beta d_0^{\alpha_\mathrm{b}}}{P_\mathrm{b}}\right)$ 可以表示为以下形式：

$$\begin{aligned}L_{I_\mathrm{u}}\left(\frac{\beta d_0^{\alpha_\mathrm{b}}}{P_\mathrm{b}}\right)&=L_{I_{\mathrm{u,LoS}}}\left(\frac{\beta d_0^{\alpha_\mathrm{b}}}{P_\mathrm{b}}\right)L_{I_{\mathrm{u,NLoS}}}\left(\frac{\beta d_0^{\alpha_\mathrm{b}}}{P_\mathrm{b}}\right)\\&=E_{\Phi_\mathrm{u}}\left[\prod_{x_i\in\Phi_\mathrm{u}}\frac{1}{1+\dfrac{\beta d_0^{\alpha_\mathrm{b}}}{P_\mathrm{b}}P_\mathrm{u}P_\mathrm{LoS}x_i^{-\alpha_\mathrm{u}}}\right]E_{\Phi_\mathrm{u}}\left[\prod_{x_i\in\Phi_\mathrm{u}}\frac{1}{1+\dfrac{\beta d_0^{\alpha_\mathrm{b}}}{P_\mathrm{b}}P_\mathrm{u}(1-P_\mathrm{LoS})\eta x_i^{-\alpha_\mathrm{u}}}\right]\end{aligned} \tag{8-35}$$

观察式（8-35）可以看出，无人机对 BSU 覆盖率的影响在公式上可以独立地表示成干扰的影响以及非视距干扰的影响，通过对视距干扰项以及非视距干扰项应用概率生成泛函可以得到

$$\begin{aligned}L_{I_{\mathrm{u,LoS}}}\left(\frac{\beta d_0^{\alpha_\mathrm{b}}}{P_\mathrm{b}}\right)&=\exp\left(-\lambda_\mathrm{u}\int_V\left(1-\frac{1}{1+\dfrac{\beta d_0^{\alpha_\mathrm{b}}}{P_\mathrm{b}}P_\mathrm{u}P_\mathrm{LoS}x_i^{-\alpha_\mathrm{u}}}\right)\mathrm{d}x\right)\\&=\exp\left(-2\pi\lambda_\mathrm{u}\int_{h_1}^{h_2}\int_0^\infty\left(1-\frac{1}{1+\dfrac{\beta d_0^{\alpha_\mathrm{b}}}{P_\mathrm{b}}P_\mathrm{u}(\sqrt{r^2+h^2})^{-\alpha_\mathrm{u}}\dfrac{1}{1+C\exp\left(-B\left(\dfrac{180}{\pi}\arctan\left(\dfrac{h}{r}\right)-C\right)\right)}}\right)r\mathrm{d}h\mathrm{d}r\right)\\&=\exp(-2\pi\lambda_\mathrm{u}H_5(\beta,d_0,h_1,h_2\alpha_\mathrm{b},\alpha_\mathrm{u}))\end{aligned} \tag{8-36}$$

其中

$$H_5(\beta,d_0,h_1,h_2\alpha_\mathrm{b},\alpha_\mathrm{u})=\int_{h_1}^{h_2}\int_0^\infty\left(1-\frac{1}{1+\dfrac{\beta d_0^{\alpha_\mathrm{b}}}{P_\mathrm{b}}P_\mathrm{u}(\sqrt{r^2+h^2})^{-\alpha_\mathrm{u}}\dfrac{1}{1+C\exp\left(-B\left(\dfrac{180}{\pi}\arctan\left(\dfrac{h}{r}\right)-C\right)\right)}}\right)r\mathrm{d}h\mathrm{d}r$$

同理，将概率生成泛函应用到非视距干扰项可以得到

$$L_{I_{\mathrm{u,NLoS}}}\left(\frac{\beta d_0^{\alpha_b}}{P_b}\right)=\exp(-2\pi\lambda_u H_6(\beta,d_0,h_1,h_2\alpha_b,\alpha_u)) \tag{8-37}$$

其中

$$H_6(\beta,d_0,h_1,h_2\alpha_b,\alpha_u)=\int_{h_1}^{h_2}\int_0^{\infty}\left(1-\frac{1}{1+\dfrac{\beta d_0^{\alpha_b}}{P_b}P_u(\sqrt{r^2+h^2})^{-\alpha_u}\eta\left(1-\dfrac{1}{1+C\exp\left(-B\left(\dfrac{180}{\pi}\arctan\left(\dfrac{h}{r}\right)-C\right)\right)}\right)}\right)r\mathrm{d}h\mathrm{d}r$$

至此，定理 8-3 的证明结束。

从定理 8-3 中可以看出 BSU 的覆盖率是基站发射功率、无人机基站发射功率、无人机高度、无人机分布的三维空间高度差、无人机密度、无人机发射功率以及信干噪比门限的函数。

根据概率表达式可以看出，在三维无人机网络与地面网络频谱共享的场景中，无人机分布高度以及无人机分布密度对 BSU 覆盖率的影响与二维无人机网络与地面网络频谱共享中对 BSU 覆盖率的分析大致相同。对于无人机波动范围 Δh 对 BSU 覆盖率的影响，可得到以下结论：在无人机分布的下限 h_1 不变的前提下，BSU 的覆盖率随着 Δh 的增加而减小，这是因为无人机部署的密度不变，而 Δh 的增加将会使无人机部署的数量增加，BSU 接收到的来自无人机的干扰增加，即 BSU 对无人机的抗干扰能力下降，BSU 的覆盖率随着无人机分布高度波动范围 Δh 的增加而减小。

2. 无人机基站对 DU 的覆盖率

和 8.8.2 节的分析相同，在该场景下，BSU 接收的信干噪比的表达式为式(8-17)，其中各参数的含义可见式（8-18）和式（8-19），基于 SINR 的 DU 的覆盖率可以表示为式（8-20）。

定理 8-4　当无人机分布在三维空间中，典型 DU 与其所属无人机基站的水平距离为 d_0，且空地信道可以用 LoS/NLoS 信道模型建模时，典型 DU 的覆盖率为

$$\begin{aligned}P_{\mathrm{cov,DU}}=&P_{\mathrm{LoS}}\exp(-2\pi\lambda_u H_7(\beta,d_0,h,\alpha_u))\exp(-2\pi\lambda_u H_8(\beta,d_0,h,\alpha_u))\\&+(1-P_{\mathrm{LoS}})\exp(-2\pi\lambda_u H_7(\beta/\eta,d_0,h_1,h_2\alpha_b,\alpha_u))\exp(-2\pi\lambda_u H_8(\beta/\eta,d_0,h_1,h_2\alpha_b,\alpha_u))\end{aligned} \tag{8-38}$$

其中

$$H_7(\beta/\eta,d_0,h_1,h_2\alpha_{\mathrm{b}},\alpha_{\mathrm{u}})=\int_{h_1}^{h_2}\int_0^{\infty}\left(1-\frac{1}{1+\beta x_0^{\alpha_{\mathrm{u}}}(\sqrt{r^2+z^2})^{-\alpha_{\mathrm{u}}}\dfrac{1}{1+C\exp\left(-B\left(\dfrac{180}{\pi}\arctan\left(\dfrac{z}{r}\right)-C\right)\right)}}\right)r\mathrm{d}h\mathrm{d}r \tag{8-39}$$

$$H_8(\beta/\eta,d_0,h_1,h_2\alpha_{\mathrm{b}},\alpha_{\mathrm{u}})=\int_{h_1}^{h_2}\int_0^{\infty}\left(1-\frac{1}{1+\beta x_0^{\alpha_{\mathrm{u}}}\eta(\sqrt{r^2+z^2})^{-\alpha_{\mathrm{u}}}\left(1-\dfrac{1}{1+C\exp\left(-B\left(\dfrac{180}{\pi}\arctan\left(\dfrac{z}{r}\right)-C\right)\right)}\right)}\right)r\mathrm{d}h\mathrm{d}r \tag{8-40}$$

证明：典型 DU 的覆盖率为

$$\begin{aligned}P_{\mathrm{cov,DU}}&=P(\mathrm{SINR}_{\mathrm{u}}>\beta)\\&\underset{=}{\text{(a)}}P_{\mathrm{LoS}}P\left(\frac{P_{\mathrm{u}}x_0^{-\alpha_{\mathrm{u}}}g_i}{I_{\mathrm{DU}}^{\mathrm{c}}}>\beta\right)+P_{\mathrm{NLoS}}P\left(\frac{\eta P_{\mathrm{u}}x_0^{-\alpha_{\mathrm{u}}}g_i}{I_{\mathrm{DU}}^{\mathrm{c}}}>\beta\right)\\&\underset{=}{\text{(b)}}P_{\mathrm{LoS}}\exp\left(-\frac{\beta x_0^{-\alpha_{\mathrm{u}}}I_{\mathrm{DU}}^{\mathrm{c}}}{P_{\mathrm{u}}}\right)+(1-P_{\mathrm{LoS}})\exp\left(-\frac{\beta x_0^{-\alpha_{\mathrm{u}}}I_{\mathrm{DU}}^{\mathrm{c}}}{\eta P_{\mathrm{u}}}\right)\\&\underset{=}{\text{(c)}}P_{\mathrm{LoS}}L_{I_{\mathrm{DU}}^{\mathrm{c}}}\left(-\frac{\beta x_0^{-\alpha_{\mathrm{u}}}}{P_{\mathrm{u}}}\right)+(1-P_{\mathrm{LoS}})L_{I_{\mathrm{DU}}^{\mathrm{c}}}\left(-\frac{\beta x_0^{-\alpha_{\mathrm{u}}}}{\eta P_{\mathrm{u}}}\right)\end{aligned} \tag{8-41}$$

其中，等式(a)是根据 LoS/NLoS 信道的特征，将 DU 的覆盖率拆分成视距链路的覆盖率和非视距链路的覆盖率之和。等式(b)是根据 g 是服从瑞利衰落的负指数分布的随机变量的假设。等式(c)是将干扰转换成拉普拉斯变换。

DU 接收的干扰为 $I_{\mathrm{BSU}}^{\mathrm{c}}$，该干扰来自无人机分布的点过程 Φ_{u}。根据 LoS/NLoS 信道的特点，$I_{\mathrm{DU}}^{\mathrm{c}}$ 可以表示成式（8-42）的形式：

$$\begin{aligned}I_{\mathrm{DU}}^{\mathrm{c}}&=I_{\mathrm{u,LoS}}^{\mathrm{c}}+I_{\mathrm{u,NLoS}}^{\mathrm{c}}\\&=\sum_{x_i\in\Phi_{\mathrm{u}}\setminus\{0\}}P_{\mathrm{LoS}}P_{\mathrm{u}}x_i^{-\alpha_{\mathrm{u}}}g_i+\sum_{x_i\in\Phi_{\mathrm{u}}\setminus\{0\}}(1-P_{\mathrm{LoS}})\eta P_{\mathrm{u}}x_i^{-\alpha_{\mathrm{u}}}g_i\end{aligned} \tag{8-42}$$

通过各无人机与 DU 之间的信道小尺度衰落的独立性，以及 DU 接收到无人机的干扰可以为视距干扰以及非视距干扰，可以对 $L_{I_{\mathrm{DU}}^{\mathrm{c}}}\left(\dfrac{\beta x_0^{\alpha_{\mathrm{u}}}}{P_{\mathrm{u}}}\right)$ 做如下化简：

$$L_{I_{\mathrm{DU}}^{\mathrm{c}}}\left(\frac{\beta x_0^{\alpha_{\mathrm{u}}}}{P_{\mathrm{u}}}\right)=L_{I_{\mathrm{u,LoS}}^{\mathrm{c}}}\left(\frac{\beta x_0^{\alpha_{\mathrm{u}}}}{P_{\mathrm{u}}}\right)L_{I_{\mathrm{u,NLoS}}^{\mathrm{c}}}\left(\frac{\beta x_0^{\alpha_{\mathrm{u}}}}{P_{\mathrm{u}}}\right)$$
$$=E_{\Phi_{\mathrm{u}}}\left[\prod_{x_i\in\Phi_{\mathrm{u}}\backslash\{0\}}\frac{1}{1+\beta x_0^{\alpha_{\mathrm{u}}}P_{\mathrm{LoS}}x_i^{-\alpha_{\mathrm{u}}}}\right]E_{\Phi_{\mathrm{u}}}\left[\prod_{x_i\in\Phi_{\mathrm{u}}\backslash\{0\}}\frac{1}{1+\beta x_0^{\alpha_{\mathrm{u}}}(1-P_{\mathrm{LoS}})\eta x_i^{-\alpha_{\mathrm{u}}}}\right] \tag{8-43}$$

观察式（8-43）可以发现，视距干扰项以及非视距干扰项都满足概率生成泛函的表达式。接着对式（8-43）应用概率生成公式可以得到

$$L_{I_{\mathrm{u,LoS}}^{\mathrm{c}}}\left(\frac{\beta x_0^{\alpha_{\mathrm{u}}}}{P_{\mathrm{u}}}\right)=\exp\left(-\lambda_{\mathrm{u}}\int_V\left(1-\frac{1}{1+\beta x_0^{\alpha_{\mathrm{u}}}P_{\mathrm{LoS}}x_i^{-\alpha_{\mathrm{u}}}}\right)\mathrm{d}x\right)$$
$$\underset{=\!=}{(\mathrm{a})}\exp(-2\pi\lambda_{\mathrm{u}}H_3(\beta/\eta,d_0,h_1,h_2\alpha_{\mathrm{b}},\alpha_{\mathrm{u}})) \tag{8-44}$$

其中，等式(a)是因为无人机的位置分布服从高度为 h 的均匀泊松点过程 Φ_{UAV}，因此 $x_i=(\sqrt{h^2+r_i^2})$。为了表示方便，将无人机视距连接下对 DU 的干扰用 $H_3(\beta,d_0,h,\alpha_{\mathrm{u}})$ 表示，注意此处假设无人机分布在无穷区间内，但是在仿真过程中，可以将积分上限用一个很大的值代替：

$$H_3(\beta,d_0,h,\alpha_{\mathrm{u}})=\int_{h}^{h_1}\int_0^{\infty}\left(1-\frac{1}{1+\beta x_0^{\alpha_{\mathrm{u}}}(\sqrt{r^2+h^2})^{-\alpha_{\mathrm{u}}}\dfrac{1}{1+C\exp\left(-B\left(\dfrac{180}{\pi}\arctan\left(\dfrac{h}{r}\right)-C\right)\right)}}\right)r\mathrm{d}h\mathrm{d}r \tag{8-45}$$

同理，无人机非视距连接下的位置与视距的位置服从相同的均匀泊松点过程 Φ_{UAV}，因此可以将无人机非视距连接下的干扰表示成 $L_{I_{\mathrm{u,NLoS}}^{\mathrm{c}}}\left(\dfrac{\beta x_0^{\alpha_{\mathrm{u}}}}{P_{\mathrm{u}}}\right)$。为了表述方便，非视距干扰项的积分表达式用 $H_4(\beta/\eta,d_0,h_1,h_2\alpha_{\mathrm{b}},\alpha_{\mathrm{u}})$ 表示，在仿真的过程中，需要控制积分上限与 $H_3(\beta/\eta,d_0,h_1,h_2\alpha_{\mathrm{b}},\alpha_{\mathrm{u}})$ 设置成相同的值。

$$L_{I_{\mathrm{u,NLoS}}^{\mathrm{c}}}\left(\frac{\beta x_0^{\alpha_{\mathrm{u}}}}{P_{\mathrm{u}}}\right)=\exp\left(-2\pi\lambda_{\mathrm{u}}\int_{h_1}^{h_2}\int_0^{\infty}\left(1-\frac{1}{1+\beta x_0^{\alpha_{\mathrm{u}}}(\sqrt{r^2+h^2})^{-\alpha_{\mathrm{u}}}\eta\left(1-\dfrac{1}{1+C\exp\left(-B\left(\dfrac{180}{\pi}\arctan\left(\dfrac{h}{r}\right)-C\right)\right)}\right)}\right)r\mathrm{d}h\mathrm{d}r\right)$$
$$=\exp(-2\pi\lambda_{\mathrm{u}}H_4(\beta/\eta,d_0,h_1,h_2\alpha_{\mathrm{b}},\alpha_{\mathrm{u}})) \tag{8-46}$$

其中

$$H_4(\beta/\eta,d_0,h_1,h_2\alpha_b,\alpha_u)=\int_{h_1}^{h_2}\int_0^{\infty}\left(1-\frac{1}{1+\beta x_0^{\alpha_u}(\sqrt{r^2+h^2})^{-\alpha_u}\eta\left(1-\frac{1}{1+C\exp\left(-B\left(\frac{180}{\pi}\arctan\left(\frac{h}{r}\right)-C\right)\right)}\right)}\right)r\mathrm{d}h\mathrm{d}r$$

至此，定理 8-4 的证明结束。

根据推导可知，DU 的覆盖率是无人机发射功率、无人机密度、无人机高度以及信干噪比门限 β 的函数。从定理 8-4 中可以得到下述几个关键的结论。

（1）DU 的覆盖率随着无人机高度先增大后减小，无人机高度的增加使 DU 接收到无人机的视距概率增加，当无人机的视距概率增加到一个上限值时，无人机的高度增加会使 DU 接收到的无人机的信号减小，这就使 DU 随着无人机的高度先增大后减小。

（2）在不考虑噪声的前提下，DU 的覆盖率与无人机的发射功率无关，这是因为所有无人机的发射功率都是统一的值，增加无人机的发射概率，DU 的接收信号增加，DU 接收到的干扰信号也会以同样的比例增加。因此在不考虑噪声的前提下，DU 的覆盖率不受无人机发射功率的影响，在分析中，噪声功率为恒定的高斯白噪声，因此当无人机的发射功率增加时，DU 的抗噪声能力增加，DU 的覆盖率增加。

（3）DU 的覆盖率随着无人机的覆盖密度的增大而减小。随着无人机的部署密度增大，同一范围内无人机的数量增多，导致 DU 接收到来自无人机的干扰信号增加，DU 接收到的信干噪比下降。

（4）在无人机分布的下限 h_1 不变的前提下，BSU 的覆盖率随着 Δh 的增加而减小，这是因为无人机部署的密度不变，而 Δh 的增加将会使无人机部署的数量增加，BSU 接收到来自无人机的干扰增加，即 BSU 对无人机的抗干扰能力下降，BSU 的覆盖率随着无人机的分布的 Δh 的增加而减小。

上述结论会在仿真图中得到验证。

8.2.4　仿真结果及分析

1. 无人机均匀泊松分布在高度为 h 的二维平面

图 8-3 为无人机 Mesh 网络在高度为 h 的二维平面上的分布服从均匀泊松点过

程时，典型的蜂窝网络用户 BSU 的覆盖率与高度 h 的仿真图。图 8-3 中首先通过蒙特卡罗的仿真曲线交叉验证理论值的正确性，即定理 8-1 的正确性。从图中可以看出，理论值与蒙特卡罗值完全吻合。其中，单个点的蒙特卡罗求解法为：以 LoS/NLoS 信道建模无人机空地信道，以密度为 λ_u 的均匀泊松点过程部署无人机 Mesh 网络，统计一万次中典型用户 BSU 接收到的信干噪比大于接收机门限的次数。从图 8-3 中可以看到，BSU 的覆盖率随着高度 h 的增加先减小后增大，并且 BSU 的覆盖率逐渐增大到一个上限，这个上限值为 BSU 在不受无人机干扰时的覆盖率，图 8-3 比较了不同无人机部署密度 λ_u 时 BSU 的覆盖率。从图中可以看出，随着部署密度 λ_u 的减小，BSU 的覆盖率增大。这一点在定理 8-1 的结论中已经分析过，此处不再赘述。

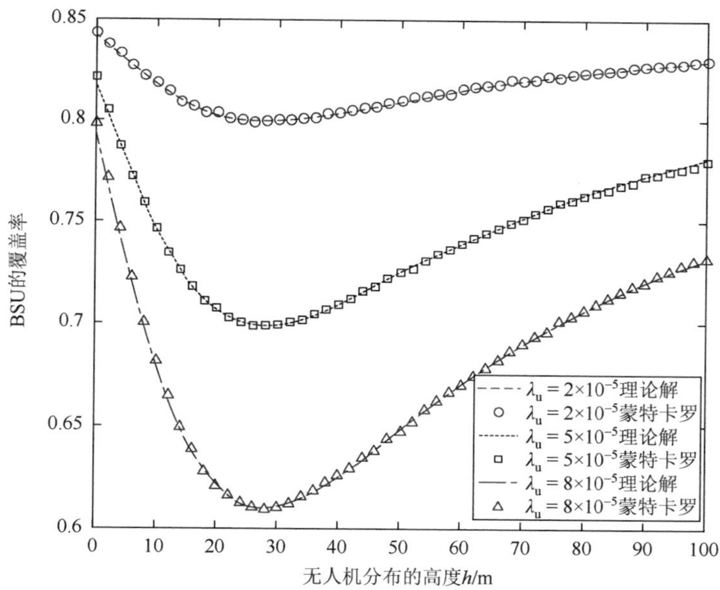

图 8-3　无人机分布在高度为 h 的二维平面时，BSU 的覆盖率与高度 h 的仿真图

图 8-4 为无人机 Mesh 网络在高度为 h 的二维平面上的分布服从均匀泊松点过程时，无人机基站用户 DU 的覆盖率与高度 h 的仿真图。在图 8-4 中，首先通过蒙特卡罗仿真交叉验证理论值的正确性，即定理 8-2 的正确性。从图中可以看出，DU 的覆盖率理论曲线与用蒙特卡罗仿真法绘制的仿真曲线完全吻合。图中单个点的蒙特卡罗求解法为：以密度为 λ_u 的均匀泊松点过程在高度为 h 的平面上部署无人机 Mesh 网络，DU 接收到经过 LoS/NLoS 信道衰落的无人机的信号。统计一万次仿真中典型用户 DU 接收到的信干噪比大于接收机门限的次数。图 8-4 分析

了多种参数对 DU 覆盖率的影响，包括无人机分布的高度 h 以及无人机的部署密度 λ_u 对 DU 覆盖率的影响。从图中可以得出，DU 的覆盖率随着高度 h 增加而减小，并且随着高度 h 的不断增加，DU 的覆盖率最终将趋于 0。这是因为随着高度的不断增加，DU 与无人机基站的视距概率增加，但是当视距概率增加到上限值时，DU 接收到无人机的信道不断减小，而环境噪声是一个恒定值，当 h 不断增加使有用信号小于噪声时，DU 的覆盖率趋于 0。图中也给出了 DU 的覆盖率与密度 λ_u 的关系，可以清楚地看出，无人机的分布高度相同时，DU 的覆盖率随着 λ_u 的增加而减小。

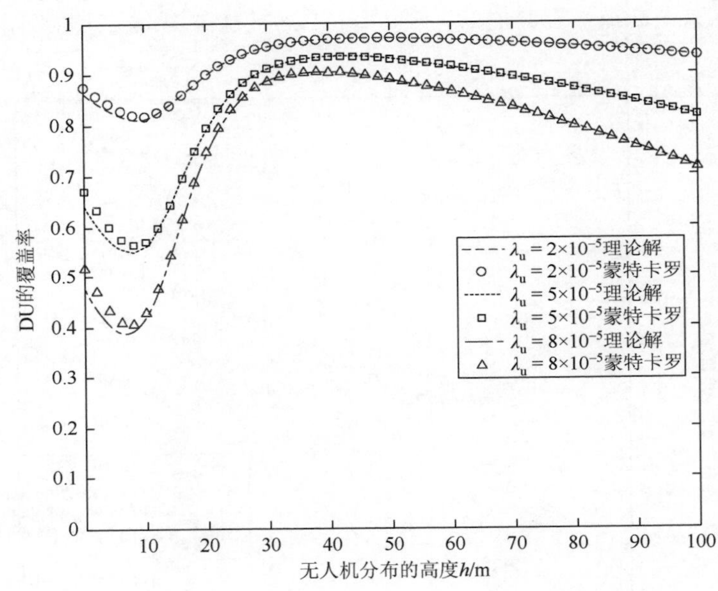

图 8-4　无人机分布在高度为 h 的二维平面时，DU 的覆盖率与高度 h 的仿真图

2. 无人机分布在高度为 $[h,h+\Delta h]$ 的三维空间

图 8-5 为无人机 Mesh 网络在高度为 $[h,h+\Delta h]$ 的三维空间中的分布服从均匀泊松点过程，以 LoS/NLoS 信道建模无人机空地信道时，BSU 的覆盖率与高度 h 的仿真图。图中绘制了六条曲线，分别为 $\Delta h = 1\text{m}$ 、$\Delta h = 2\text{m}$ 、$\Delta h = 3\text{m}$ 的 BSU 的覆盖率理论曲线和 BSU 覆盖率的蒙特卡罗曲线。在本仿真中，利用蒙特卡罗算法交叉验证了 BSU 的覆盖率理论曲线的正确性，即定理 8-3 的正确性。其中，单个点的蒙特卡罗求解法为：LoS/NLoS 信道建模无人机空地信道，以密度为 λ_u 的均匀泊松点过程将无人机 Mesh 网络部署在高度为 $[h,h+\Delta h]$ 的三维空间中，统计一万

次仿真中典型用户 BSU 接收到的信干噪比大于接收机门限的次数。从图 8-5 中可以看出，随着无人机高度的增加，BSU 的覆盖率先减小后增大，并且最终 BSU 的覆盖率趋于一个上限，这个上限值为 BSU 在不受无人机干扰时的覆盖率。在图 8-5 中，比较无人机分布在同样高度的情况下，BSU 的覆盖率随着无人机分布高度范围 Δh 的增加而减小。这点在定理 8-3 的结论中已经分析过，此处不再赘述。

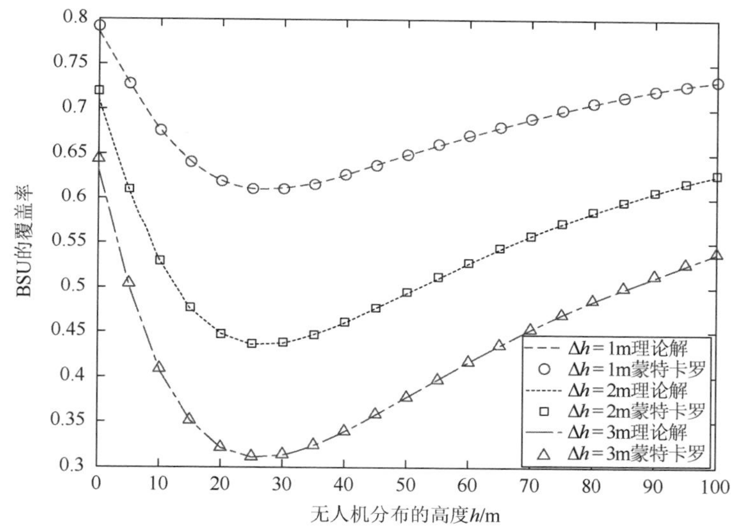

图 8-5　无人机分布在 $[h,h+\Delta h]$ 的三维空间中，BSU 的覆盖率与无人机高度 h 的仿真图

图 8-6 为无人机 Mesh 网络在高度为 $[h,h+\Delta h]$ 的三维空间中的分布服从均匀泊松点过程时，无人机基站用户 DU 的覆盖率与高度 h 的仿真图。在图 8-6 中，首先通过蒙特卡罗仿真交叉验证理论值的正确性，即定理 8-4 的正确性。从图中可以看出 DU 的覆盖率理论曲线与用蒙特卡罗仿真法绘制的仿真曲线完全吻合。图中单个点的蒙特卡罗求解法为：以密度为 λ_{u} 的均匀泊松点过程将无人机 Mesh 网络部署在高度为 $[h,h+\Delta h]$ 的三维空间中，DU 接收到经过 LoS/NLoS 信道衰落的无人机的信号。统计一万次仿真中典型用户 DU 接收到的信干噪比大于接收机门限的次数。在图 8-6 中，分析了多种参数对 DU 覆盖率的影响，包括无人机分布的高度 h 以及无人机的部署密度 λ_{u} 对 DU 覆盖率的影响。从图中可以得出，DU 的覆盖率随着高度 h 的增加先减小后增加，当达到某一高度后，又呈现减小的趋势，并且随着高度 h 的不断增加，DU 的覆盖率最终将趋于 0。这是因为随着高度的不断增加，无人机接收到 DU 的有用信号不断减小，而环境噪声是一个恒定值，

当 h 不断增加使有用信号小于噪声时，DU 的覆盖率趋于 0。图中也给出了 DU 的覆盖率与 Δh 的关系，可以清楚地看出，无人机的分布高度相同时，DU 的覆盖率随着 Δh 的增加而减小。这是因为随着 Δh 的增加，DU 接收到的干扰无人机的数量增加，使 DU 的覆盖率随着信干噪比减小而减小。

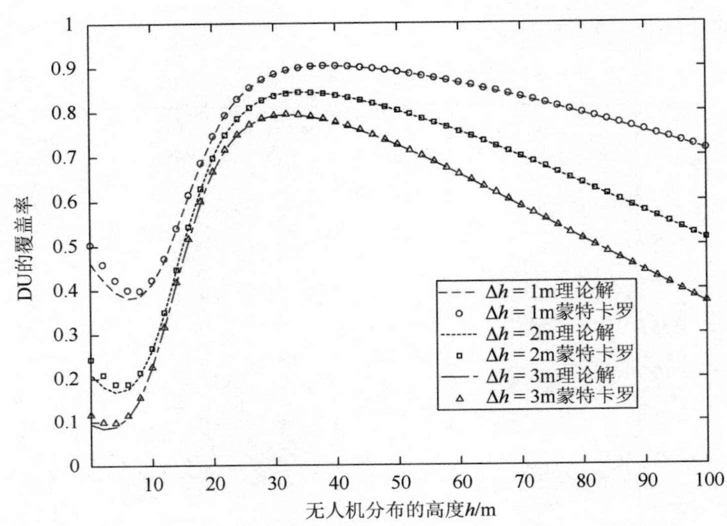

图 8-6　无人机分布在 $[h,h+\Delta h]$ 的三维空间中，DU 的覆盖率与无人机高度 h 的仿真图

8.3　基于频谱共享模型的无人机最佳部署

无人机 Mesh 网络的传输容量（transmission capacity，TC）定义为 $T_u=\lambda_u P(\mathrm{SINR}_{DU})\log_2(1+\beta)$，并且用 T_u 来表示无人机网络的传输容量[4]。若限制 BSU 的覆盖率在一定的范围内，可以找到一个无人机的最佳部署，在这种部署下，无人机 Mesh 网络可以取得最大的网络容量。因此最佳的部署模型可以抽象为

$$\max_{h} \ T_u \tag{8-47}$$

$$\text{s.t.} \ P_{\text{cov,BSU}} \geqslant \alpha \tag{8-48}$$

在接下来的篇幅中，将对 LoS/NLoS 信道建模无人机空地信道模型，结合无人机分布在高度为 h 的二维平面上以及无人机分布在高度为 $[h,h+\Delta h]$ 的三维空间中的两种场景进行优化方程求解，并通过拉格朗日乘子法求解优化方程，得到无人机的最优部署。

8.3.1　拉格朗日乘子法

拉格朗日乘子法是一种寻找多元函数在一组约束下的极值的方法。通过引入拉格朗日乘子，可将有 d 个变量与 k 个约束条件的最优化问题转化为具有 $d+k$ 个变量的无约束优化问题求解。

先考虑一个等式约束的优化问题，假定 x 为 d 维向量，欲寻找 x 的某个取值 x^*，使目标函数 $f(x)$ 最小且满足 $g(x)=0$ 的约束。从集合的角度看，该问题的目标是在由方程 $g(x)=0$ 确定的 $d-1$ 维曲面上寻找目标函数 $f(x)$ 最小化的点[24]。此时不难得到如下结论：对于约束曲面上的任意点 x，该点的梯度 $\nabla g(x)$ 正交于约束曲面；在最优点 x^*，目标函数在该点的梯度 $\nabla f(x^*)$ 正交于约束曲面。

由此可知在最优点 x^*，梯度 $\nabla g(x)$ 和 $\nabla f(x)$ 的方向必相同或者相反，即存在 $\lambda \neq 0$ 使 $\nabla f(x^*)+\lambda \nabla g(x^*)=0$。

λ 称为拉格朗日乘子，定义拉格朗日函数为

$$L(x,\lambda)=f(x)+g(x) \tag{8-49}$$

不难发现，将其对 x 的偏导系数 $\nabla_x L(x,\lambda)$ 置零即可得 $\nabla f(x)+\lambda\nabla g(x)=0$，同时将其对 λ 的偏导数 $\nabla_\lambda L(x,\lambda)$ 置零即得约束条件 $g(x)=0$。于是，原约束问题可转化为对拉格朗日函数 $L(x,\lambda)$ 的无约束优化问题。

现在考虑不等式约束：$g(x)\leqslant 0$。此时最优点 x^* 或在 $g(x)<0$ 的区域中，或在边界 $g(x)=0$ 上。对于 $g(x)<0$ 的情形，约束条件 $g(x)\leqslant 0$ 不起作用，可以直接通过条件 $\nabla f(x)=0$ 来获得最优点。这等同于将 λ 置零然后对 $\nabla_x L(x,\lambda)$ 置零求得的最优解。对于 $g(x)=0$ 的情形，类似于上面等式约束情况的分析，但需要注意的是 $\nabla f(x^*)$ 必与 $\nabla g(x^*)$ 相反，即存在常数 $\lambda>0$ 使 $\nabla f(x^*)+\lambda\nabla g(x^*)=0$。整合这两种情形，必须满足 $\lambda\nabla g(x)=0$。因此在约束 $g(x)\leqslant 0$ 下最小化 $f(x)$，可以转化为如下约束下最小化式的拉格朗日函数：

$$\begin{cases}\lambda g(x)=0\\ \lambda\geqslant 0\\ g(x)\leqslant 0\end{cases} \tag{8-50}$$

式（8-50）称为 Karush-Kuhn-Tucker（简称 KKT）条件。

上述做法可推广到多个约束的情形，考虑具有 m 个等式约束和 n 个不等式约束，且可行域 $D\subset\mathbb{R}^d$ 非空的优化问题：

$$\min_x \ f(x) \tag{8-51}$$

$$\begin{aligned} \text{s.t. } & h_i(x)=0, \quad i=1,2,\cdots,m \\ & g_j(x)\leqslant 0, \quad j=1,2,\cdots,m \end{aligned} \tag{8-52}$$

引入拉格朗日乘子 $\lambda=(\lambda_1,\lambda_2,\cdots,\lambda_m)$ 和 $\mu=(\mu_1,\mu_2,\cdots,\mu_m)$，相应的拉格朗日函数为

$$L(x,\lambda,\mu)=f(x)+\sum_{i=1}^{m}\lambda_i h_i(x)+\sum_{j=1}^{n}\mu_j g_j(x) \tag{8-53}$$

在不等式约束条件下引入 KKT 条件（ $j=1,2,\cdots,n$ ）：

$$\begin{cases} \mu_j g_j(x)=0 \\ \mu_j \geqslant 0 \\ g_j(x)\leqslant 0 \end{cases} \tag{8-54}$$

一个优化问题可以从两个角度来考察，即“主问题”和“对偶问题”，对于主问题，其拉格朗日“对偶函数” $\varGamma$ ： $\mathbb{R}^m\times\mathbb{R}^n\mapsto\mathbb{R}$ 定义为

$$\begin{aligned} \varGamma(\lambda,\mu) &= \inf_{x\notin D} L(x,\lambda,\mu) \\ &= \inf_{x\notin D}\left(f(x)+\sum_{i=1}^{m}\lambda_i h_i(x)+\sum_{j=1}^{n}\mu_j g_j(x)\right) \end{aligned} \tag{8-55}$$

其中， $\tilde{x}\notin D$ 为主问题可行域中的点，则对任意 $\mu\succ 0$ 和 λ 都有

$$\sum_{i=1}^{m}\lambda_i h_i(x)+\sum_{j=1}^{n}\mu_j g_j(x)\leqslant 0 \tag{8-56}$$

所以有

$$\varGamma(\lambda,\mu)=\inf_{x\notin D} L(x,\lambda,\mu)\leqslant L(\widehat{x},\lambda,\mu)\leqslant f(\widehat{x}) \tag{8-57}$$

若主问题的最优值为 p^*，则对任意 $\mu\succ 0$ 和 λ 都有

$$\varGamma(\lambda,\mu)\leqslant p^* \tag{8-58}$$

即对偶函数给出了主问题最优值的下界。显然，这个下界取决于 μ 和 λ 的值。于是，一个很自然的问题是：基于对偶问题能获得的最好的下界是什么？这就引入了优化问题[24]。

8.3.2　无人机最佳部署

8.2.1 节讨论用 LoS/NLoS 信道建模无人机空地信道的可能性。8.2.2 节推导出了无人机分布在高度为 h 的二维平面，地面基站对 BSU 的覆盖率。BSU 的覆盖率是关于无人机分布密度和无人机分布高度 h 的函数。同时无人机基站对 DU 的覆盖率在 8.2.3 节中做出了详细推导。无人机分布在高度为 h 的二维平面时，无人机基站对 DU 的覆盖率是关于无人机分布密度和无人机分布高度 h 的函数。利用 8.2

节中的定理 8-1 与定理 8-2，可以推导出在不影响 BSU 通信的前提下，最大化无人机 Mesh 网络的传输容量的无人机部署密度 λ_u。在 8.2.3 节中，无人机分布在高度为 $[h_1, h+\Delta h]$ 的三维空间中，用 LoS/NLoS 信道建模无人机空地信道。定理 8-3 和定理 8-4 分别推导出地面基站对 BSU 的覆盖率和无人机对 DU 的覆盖率。其中 BSU 接收到来自无人机基站的干扰以及同频地面基站的干扰，此时 BSU 的覆盖率是地面基站密度、无人机密度和无人机分布的三维空间参数的函数关系式。DU 接收到来自三维空间 $[h_1, h+\Delta h]$ 中除与之建立通信链路的无人机外其他无人机基站带来的干扰。DU 的覆盖率是关于无人机密度、无人机分布在 $[h_1, h+\Delta h]$ 的三维空间参数的函数关系式。利用定理 8-3 和定理 8-4 的结论，推导出在不影响 BSU 的通信前提下，最大化无人机 Mesh 网络的传输容量的无人机部署密度 λ_u。

1. 无人机分布在高度为 h 的二维平面

当无人机分布在高度为 h 的二维平面时，为了提高频谱利用率，无人机 Mesh 网络与蜂窝网络之间共享同一段频谱资源。根据定理 8-1 和定理 8-2，DU 和 BSU 的覆盖率是 λ_u 的函数。地面基站对 BSU 的覆盖率随着 λ_u 的增加而减小，这是因为随着无人机数量的增加，无人机对 BSU 的干扰会逐渐增加。无人机基站对 DU 的覆盖率随着 λ_u 的增加而减小，同样地，无人机基站数量增加后，无人机对 DU 的干扰会随着 λ_u 的增加而增加。因此无人机基站对 DU 的覆盖率随着 λ_u 的增加而减小。然而，我们关注的是无人机 Mesh 网络的容量。因此需要在无人机分布在高度为 h 的二维平面时，部署一个最优的无人机分布密度 λ_u，使无人机 Mesh 网络获得最大的网络容量。

根据定理 8-1 和定理 8-2，无人机分布在高度为 h 的二维平面，以 LoS/NLoS 信道建模无人机空地信道时，BSU 的覆盖率为式（8-8），DU 的覆盖率为式（8-21）。根据上述两式，无人机 Mesh 网络的传输容量的优化方程为

$$\max \quad \lambda_u P(\mathrm{SINR}_{\mathrm{DU}}) \log_2(1+\beta) \tag{8-59}$$

$$\text{s.t.} \quad P(\mathrm{SINR}_{\mathrm{BSU}} > \beta) \geqslant \alpha \tag{8-60}$$

其中

$$\begin{aligned} P(\mathrm{SINR}_{\mathrm{BSU}} > \beta) = {} & \exp\left(\frac{-2\pi\lambda_b \beta^{\frac{2}{\alpha_b}} d_0^2}{\alpha_b \sin\left(\dfrac{2\pi}{\alpha_b}\right)}\right) \exp(-2\pi\lambda_u H_1(\beta, d_0, h, \alpha_b, \alpha_u)) \\ & \cdot \exp(-2\pi\lambda_u H_2(\beta, d_0, h, \alpha_b, \alpha_u)) \exp\left(-\frac{\beta d_0^{\alpha_b} N}{P_b}\right) \end{aligned} \tag{8-61}$$

将上述无人机 Mesh 网络的传输容量的优化方程转换成拉格朗日优化方程为

$$\min \quad \lambda_{\mathrm{u}} P(\mathrm{SINR}_{\mathrm{DU}}) \log_2(1+\beta) \tag{8-62}$$

$$\begin{aligned}\text{s.t.}\quad & \alpha - \exp\left(\frac{-2\pi\lambda_{\mathrm{b}}\beta^{\frac{2}{\alpha_{\mathrm{b}}}} d_0^2}{\alpha_{\mathrm{b}}\sin\left(\dfrac{2\pi}{\alpha_{\mathrm{b}}}\right)}\right)\exp(-2\pi\lambda_{\mathrm{u}} H_1(\beta,d_0,h,\alpha_{\mathrm{b}},\alpha_{\mathrm{u}})) \\ & \cdot\exp(-2\pi\lambda_{\mathrm{u}} H_2(\beta,d_0,h,\alpha_{\mathrm{b}},\alpha_{\mathrm{u}}))\exp\left(-\frac{\beta d_0^{\alpha_{\mathrm{b}}} N}{P_{\mathrm{b}}}\right) \leqslant 0\end{aligned} \tag{8-63}$$

由拉格朗日乘子法可以得到优化方程的拉格朗日函数为

$$\begin{aligned}L(\lambda_{\mathrm{u}},u) = {} & \lambda_{\mathrm{u}} P(\mathrm{SINR}_{\mathrm{DU}})\log_2(1+\beta) + u\alpha - u\exp\left(\frac{-2\pi\lambda_{\mathrm{b}}\beta^{\frac{2}{\alpha_{\mathrm{b}}}} d_0^2}{\alpha_{\mathrm{b}}\sin\left(\dfrac{2\pi}{\alpha_{\mathrm{b}}}\right)}\right) \\ & \cdot\exp(-2\pi\lambda_{\mathrm{u}} H_1(\beta,d_0,h,\alpha_{\mathrm{b}},\alpha_{\mathrm{u}}))\exp(-2\pi\lambda_{\mathrm{u}} H_2(\beta,d_0,h,\alpha_{\mathrm{b}},\alpha_{\mathrm{u}}))\exp\left(-\frac{\beta d_0^{\alpha_{\mathrm{b}}} N}{P_{\mathrm{b}}}\right)\end{aligned} \tag{8-64}$$

其中，u 为拉格朗日乘子法中，将有约束的优化方程转换成无条件约束的优化方程的拉格朗日乘子。根据 8.3.1 节，可以得出 KKT 条件为

$$\begin{cases} u(\alpha - P(\mathrm{SINR}_{\mathrm{BSU}} > \beta)) = 0 \\ u \geqslant 0 \\ \alpha - P(\mathrm{SINR}_{\mathrm{BSU}} > \beta) \leqslant 0 \end{cases} \tag{8-65}$$

对上述的拉格朗日函数求导为

$$\begin{aligned}\frac{\partial L(\lambda_{\mathrm{u}},u)}{\partial\lambda_{\mathrm{u}}} &= -\frac{\partial T_{\mathrm{u}}}{\partial\lambda_{\mathrm{u}}} - \frac{\partial P(\mathrm{SINR}_{\mathrm{BSU}} > \beta)}{\partial\lambda_{\mathrm{u}}} \\ &= -\frac{\partial\lambda_{\mathrm{u}} P(\mathrm{SINR}_{\mathrm{DU}} > \beta)\log_2(1+\beta)}{\partial\lambda_{\mathrm{u}}} \\ &\quad + \exp\left(\frac{-2\pi\lambda_{\mathrm{b}}\beta^{\frac{2}{\alpha_{\mathrm{b}}}} d_0^2}{\alpha_{\mathrm{b}}\sin\left(\dfrac{2\pi}{\alpha_{\mathrm{b}}}\right)}\right)\exp\left(-\frac{\beta d_0^{\alpha_{\mathrm{b}}} N}{P_{\mathrm{b}}}\right) \\ &\quad \cdot\exp(-2\pi\lambda_{\mathrm{u}} H_1)\exp(-2\pi\lambda_{\mathrm{u}} H_2)(2\pi H_1 + 2\pi H_2)\end{aligned}$$

$$
\begin{aligned}
&= -P(\mathrm{SINR}_{\mathrm{DU}} > \beta)\log_2(1+\beta) + 2\pi\lambda_{\mathrm{u}}H_3 P_{\mathrm{LoS}}\exp(-2\pi\lambda_{\mathrm{u}}H_3) \\
&\quad + 2\pi\lambda_{\mathrm{u}}H_4(1-P_{\mathrm{LoS}})\exp(-2\pi\lambda_{\mathrm{u}}H_4) \\
&\quad + \exp\left(\frac{-2\pi\lambda_{\mathrm{b}}\beta^{\frac{2}{\alpha_{\mathrm{b}}}}d_0^2}{\alpha_{\mathrm{b}}\sin\left(\dfrac{2\pi}{\alpha_{\mathrm{b}}}\right)}\right)\exp\left(-\frac{\beta d_0^{\alpha_{\mathrm{b}}}N}{P_{\mathrm{b}}}\right) \\
&\quad \cdot \exp(-2\pi\lambda_{\mathrm{u}}H_1)\exp(-2\pi\lambda_{\mathrm{u}}H_2)(2\pi H_1 + 2\pi H_2)
\end{aligned} \tag{8-66}
$$

通过求解 $\dfrac{\partial L(\lambda_{\mathrm{u}},u)}{\partial\lambda_{\mathrm{u}}}=0$，并将解设为 λ_{u}^*，可以得到优化无人机 Mesh 网络容量方程的解。即 $\lambda_{\mathrm{u}}=\max(\lambda_{\mathrm{u}}^*,0)$ 时，无人机 Mesh 网络可以在不影响 BSU 的前提下，共享 BSU 与地面基站之间的频谱，并且 Mesh 网络的容量取得最大值。

从式（8-66）可以得知，使无人机 Mesh 网络容量最大的 λ_{u} 与 BSU 覆盖率等于门限值的 λ_{u}' 不相等。即 BSU 的覆盖率取得门限值时，无人机 Mesh 网络容量没有取得最大值。这是因为无人机 Mesh 网络的容量与无人机部署密度之间并不是单调递增的函数关系，而 BSU 的覆盖率与无人机部署密度之间呈现单调递减的函数关系式。因此，在满足 BSU 的覆盖率不小于门限的情况下，使无人机 Mesh 网络取得最大网络容量时的最优 λ_{u} 为 $\max(\lambda_{\mathrm{u}}^*,0)$。

2. 无人机分布在高度为 $[h,h+\Delta h]$ 的三维空间

无人机组成的 Mesh 网络在为地面 DU 用户提供网络覆盖时，无人机 Mesh 网络与地面蜂窝网络在空间上的隔离使 Mesh 网络与蜂窝网络具备了共享频谱的可能性。当无人机分布在三维空间时，高度分布为 $[h,h+\Delta h]$。频谱共享对蜂窝网络用户 BSU 的影响是接收到来自无人机的干扰，使蜂窝网络对 BSU 的覆盖率降低。为了减少 Mesh 网络共享频谱对 BSU 的干扰，同时提高无人机 Mesh 网络的容量，需要求解出无人机部署在三维空间中时的最优密度 λ_{u}。根据定理 8-3 和定理 8-4，无人机基站对 DU 的覆盖率和地面基站对 BSU 的覆盖率是无人机部署密度 λ_{u} 的函数关系式。地面基站对 BSU 的覆盖率是 λ_{u} 的减函数，这是因为随着无人机密度的增加，BSU 接收到来自无人机的干扰增加，导致 BSU 的覆盖率降低。同样，随着无人机密度的增加，DU 接收到来自无人机的干扰也会增加，导致 DU 的覆盖率降低。然而，我们关注的是无人机 Mesh 网络的容量。接下来将推导出无人机在三维空间中组成 Mesh 网络最佳的无人机部署密度。

根据定理 8-3 和定理 8-4，无人机分布在高度为 $[h,h+\Delta h]$ 的三维平面，以 LoS/NLoS 建模无人机空地信道时，BSU 的覆盖率为式（8-35），DU 的覆盖率为式（8-46），根据上述两式，无人机 Mesh 网络容量的优化方程为

$$\max \quad \lambda_{\mathrm{u}} P(\mathrm{SINR}_{\mathrm{DU}})\log_2(1+\beta) \tag{8-67}$$

$$\text{s.t.} \quad P(\mathrm{SINR}_{\mathrm{BSU}} > \beta) \geqslant \alpha \tag{8-68}$$

其中

$$P(\mathrm{SINR}_{\mathrm{BSU}} > \beta) = \exp\left(\frac{-2\pi\lambda_{\mathrm{b}}\beta^{\frac{2}{\alpha_{\mathrm{b}}}} d_0^2}{\alpha_{\mathrm{b}}\sin\left(\frac{2\pi}{\alpha_{\mathrm{b}}}\right)}\right) \cdot \exp\left(-\frac{\beta d_0^{\alpha_{\mathrm{b}}} N}{P_{\mathrm{b}}}\right)(\exp(-2\pi\lambda_{\mathrm{u}} H_5) + \exp(-2\pi\lambda_{\mathrm{u}} H_6)) \tag{8-69}$$

将上述的无人机 Mesh 网络的传输容量的优化方程转换成拉格朗日优化方程为

$$\min \quad \lambda_{\mathrm{u}} P(\mathrm{SINR}_{\mathrm{DU}})\log_2(1+\beta) \tag{8-70}$$

$$\text{s.t.} \quad \alpha - \exp\left(\frac{-2\pi\lambda_{\mathrm{b}}\beta^{\frac{2}{\alpha_{\mathrm{b}}}} d_0^2}{\alpha_{\mathrm{b}}\sin\left(\frac{2\pi}{\alpha_{\mathrm{b}}}\right)}\right)\exp(-2\pi\lambda_{\mathrm{u}} H_1(\beta, d_0, h, \alpha_{\mathrm{b}}, \alpha_{\mathrm{u}})) \cdot \exp(-2\pi\lambda_{\mathrm{u}} H_2(\beta, d_0, h, \alpha_{\mathrm{b}}, \alpha_{\mathrm{u}}))\exp\left(-\frac{\beta d_0^{\alpha_{\mathrm{b}}} N}{P_{\mathrm{b}}}\right) \leqslant 0 \tag{8-71}$$

由拉格朗日乘子法可以得到优化方程的拉格朗日函数为

$$L(\lambda_{\mathrm{u}}, u) = \lambda_{\mathrm{u}} P(\mathrm{SINR}_{\mathrm{DU}})\log_2(1+\beta) + u\alpha - u\exp\left(\frac{-2\pi\lambda_{\mathrm{b}}\beta^{\frac{2}{\alpha_{\mathrm{b}}}} d_0^2}{\alpha_{\mathrm{b}}\sin\left(\frac{2\pi}{\alpha_{\mathrm{b}}}\right)}\right) \cdot \exp(-2\pi\lambda_{\mathrm{u}} H_5)\exp(-2\pi\lambda_{\mathrm{u}} H_6)\exp\left(-\frac{\beta d_0^{\alpha_{\mathrm{b}}} N}{P_{\mathrm{b}}}\right) \tag{8-72}$$

其中，u 为拉格朗日乘子法中，将有约束的优化方程转换成无条件约束的优化方程的拉格朗日乘子。根据 8.3.1 节，可以得出 KKT 条件为

$$\begin{cases} u(\alpha - P(\mathrm{SINR}_{\mathrm{BSU}} > \beta)) = 0 \\ u \geqslant 0 \\ \alpha - P(\mathrm{SINR}_{\mathrm{BSU}} > \beta) \leqslant 0 \end{cases} \tag{8-73}$$

求解上述的拉格朗日函数的导数：

$$
\begin{aligned}
\frac{\partial L(\lambda_u,u)}{\partial \lambda_u} &= -\frac{\partial T_u}{\partial \lambda_u} - \frac{\partial P(\mathrm{SINR}_{\mathrm{BSU}} > \beta)}{\partial \lambda_u} \\
&= -\frac{\partial \lambda_u P(\mathrm{SINR}_{\mathrm{DU}} > \beta)\log_2(1+\beta)}{\partial \lambda_u} \\
&\quad + \exp\left(\frac{-2\pi\lambda_b \beta^{\frac{2}{\alpha_b}} d_0^2}{\alpha_b \sin\left(\frac{2\pi}{\alpha_b}\right)}\right)\exp\left(-\frac{\beta d_0^{\alpha_b} N}{P_b}\right) \\
&\quad \cdot \exp(-2\pi\lambda_u H_5)\exp(-2\pi\lambda_u H_6)(2\pi H_5 + 2\pi H_6) \\
&= -P(\mathrm{SINR}_{\mathrm{DU}} > \beta)\log_2(1+\beta) + 2\pi\lambda_u H_7 P_{\mathrm{LoS}} \exp(-2\pi\lambda_u H_7) \\
&\quad + 2\pi\lambda_u H_8 (1-P_{\mathrm{LoS}})\exp(-2\pi\lambda_u H_8) \\
&\quad + \exp\left(\frac{-2\pi\lambda_b \beta^{\frac{2}{\alpha_b}} d_0^2}{\alpha_b \sin\left(\frac{2\pi}{\alpha_b}\right)}\right)\exp\left(-\frac{\beta d_0^{\alpha_b} N}{P_b}\right) \\
&\quad \cdot \exp(-2\pi\lambda_u H_5)\exp(-2\pi\lambda_u H_6)(2\pi H_5 + 2\pi H_6)
\end{aligned} \tag{8-74}
$$

通过求解 $\frac{\partial L(\lambda_u,u)}{\partial \lambda_u}=0$，并将解设为 λ_u^*，可以得到无人机 Mesh 网络的容量优化方程的解。即 $\lambda_u=\max(\lambda_u^*,0)$ 时，无人机 Mesh 网络可以在不影响 BSU 的前提下，共享 BSU 与地面基站之间的频谱，并且 Mesh 网络的容量取得最大值。

从式（8-74）可以得知，使无人机 Mesh 网络容量最大的 λ_u 与 BSU 覆盖率等于门限值的 λ_u' 不相等。即 BSU 的覆盖率取得门限值时，无人机 Mesh 网络容量没有取得最大值。因此，在满足 BSU 的覆盖率不小于门限值的情况下，使无人机 Mesh 网络取得最大的网络容量时的无人机最优部署密度为 $\lambda_u=\max(\lambda_u^*,0)$。

8.3.3　仿真结果及分析

图 8-7 为以 LoS/NLoS 信道建模无人机空地信道时网络容量与无人机部署的关系图。从图中可以看出，在以网络容量为目标时，从网络容量与密度呈现的函数关系式的趋势已知，Mesh 网络的容量随着无人机的部署密度先增加后减小。这是因为随着无人机的部署密度增加，无人机 Mesh 网络带来了分流的增益，随着无人机的部署密度持续增加，无人机 Mesh 网络给蜂窝网络带来的干扰大于增益。

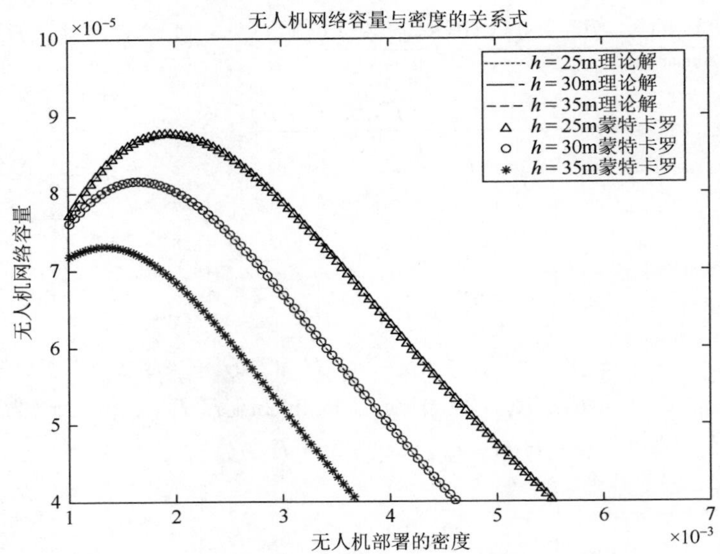

图 8-7　以 LoS/NLoS 信道建模无人机信道

8.4 总　　结

本章首先研究了利用 LoS/NLoS 信道建模无人机空地信道的可能性，并分别分析了无人机部署在二维平面和三维空间时，无人机 Mesh 网络用户和地面网络用户的覆盖率与无人机部署参数之间的函数关系。然后通过蒙特卡罗仿真交叉验证了无人机网络用户和地面蜂窝网络用户的覆盖率函数关系式。本章为无人机空地信道为 LoS/NLoS 信道的无人机最佳部署提供了理论基础。为接下来无人机最佳部署密度提供了约束条件和优化函数。

在上述分析的基础上，本章分析了固定无人机部署高度的情况下，无人机 Mesh 网络容量与无人机部署密度的函数关系，并通过拉格朗日乘子法分析无人机 Mesh 网络的最佳部署密度，为无人机部署在空旷区域和无人机部署在城市区域提供理论指导。

参 考 文 献

[1] Singh S, Dhillon H S, Andrews J G. Offloading in heterogeneous networks: Modeling, analysis, and design insights. IEEE Transactions on Wireless Communications，2013，12（5）：2484-2497.

[2] Košmerl J，Vilhar A. Base stations placement optimization in wireless networks for emergency communications// 2014 IEEE International Conference on Communications Workshops（ICC），Sydney，2014：200-205.

[3] Chand G，Lee M，Shin S Y. Drone based wireless mesh network for disaster/military environment. Journal of Computer and Communications，2018，6（4）：44-52.

[4] Gupta L，Jain R，Vaszkun G. Survey of important issues in UAV communication networks. IEEE Communications

Surveys & Tutorials，2016，18（2）：1123-1152.

[5] Gupta P，Kumar P R. The capacity of wireless networks. IEEE Transactions on Information Theory，2000，46（2）：388-404.

[6] Wang H C，Wang J L，Ding G R，et al. Robust spectrum sharing in air-ground integrated networks：Opportunities and challenges. IEEE Wireless Communications，2020，27（3）：148-155.

[7] Wang Y. Cognitive radio for aeronautical air-ground communication// AIAA 27th Digital Avionics Systems Conference，Paul，2008：2.B.4-1-2.B.4-8.

[8] Jacob P，Sirigina R P，Madhukumar A S，et al. Cognitive radio for aeronautical communications：A survey. IEEE Access，2017，4：3417-3443.

[9] Zhang C Y，Zhang W. Spectrum sharing for drone networks. IEEE Journal on Selected Areas in Communications，2017，35（1）：136-144.

[10] Guo J，Durrani S，Zhou X Y，et al. Outage probability of Ad Hoc networks with wireless information and power transfer. IEEE Wireless Communications Letters，2015，4（4）：409-412.

[11] Bai T Y，Heath R W. Coverage and rate analysis for millimeter-wave cellular networks. IEEE Transactions on Wireless Communications，2015，14（2）：1100-1114.

[12] van Genderen P. Recent advances in waveforms for radar，including those with communication capability// 2009 European Radar Conference（EuRAD），Rome，2009：318-325.

[13] Galiotto C，Pratas N K，Marchetti N，et al. A stochastic geometry framework for LoS/NLoS propagation in dense small cell networks// 2015 IEEE International Conference on Communications（ICC），London，2015：2851-2856.

[14] Wei Z Q，Guo Z J，Ma J T，et al. On the construction of neural networks via wireless Ad Hoc networks// 2018 IEEE 87th Vehicular Technology Conference（VTC Spring），Porto，2018：1-5.

[15] Bor-Yaliniz I，Yanikomeroglu H. The new frontier in RAN heterogeneity：Multi-tier drone-cells. IEEE Communications Magazine，2016，54（11）：48-55.

[16] Zhou Y，Cheng N，Lu N，et al. Multi-UAV-aided networks：Aerial-ground cooperative vehicular networking architecture. IEEE Vehicular Technology Magazine，2015，10（4）：36-44.

[17] Orfanus D，de Freitas E P，Eliassen F. Self-organization as a supporting paradigm for military UAV relay networks. IEEE Communications Letters，2016，20（4）：804-807.

[18] Gong Z H，Haenggi M. Interference and outage in mobile random networks：Expectation，distribution，and correlation. IEEE Transactions on Mobile Computing，2014，13（2）：337-349.

[19] Shobowale Y M，Hamdi K A. A unified model for interference analysis in unlicensed frequency bands. IEEE Transactions on Wireless Communications，2009，8（8）：4004-4013.

[20] Venkataraman J，Haenggi M，Collins O. Shot noise models for outage and throughput analyses in wireless Ad Hoc networks// Military Communications Conference，Washington DC，2006：1-7.

[21] Jiang F，Swindlehurst A L. Optimization of UAV heading for the ground-to-air uplink. IEEE Journal on Selected Areas in Communications，2012，30（5）：993-1005.

[22] Zhan P C，Yu K，Swindlehurst A L. Wireless relay communications with unmanned aerial vehicles：Performance and optimization. IEEE Transactions on Aerospace and Electronic Systems，2011，47（3）：2068-2085.

[23] Ding M，Wang P，López-Pérez D，et al. Performance impact of LoS and NLoS transmissions in dense cellular networks. IEEE Transactions on Wireless Communications，2016，15（3）：2365-2380.

[24] Feng Q X，Tameh E K，Nix A R，et al. WLCp2-06：Modelling the likelihood of line-of-sight for air-to-ground radio propagation in urban environments// IEEE Globecom 2006，San Francisco，2006：1-5.

第 9 章　旋翼无人机基站资源管理方法

9.1　引　　言

UBS 广泛部署于灾害救援等场景，用于为地面用户提供无线服务。本章对旋翼无人机基站的性能优化问题进行研究。UBS 通常使用无线回传链路接入地面核心网，需综合考虑前传与回传的无线资源分配。UBS 的部署位置将影响其前传和回传链路质量，影响无线资源分配。因此，在确定需要辅助的区域之后，还应该根据用户的实际分布对 UBS 的部署位置和无线资源分配进行联合优化，进一步提升系统性能。首先，针对带内及带外回传方案，分别研究考虑用户公平性的前传和回传联合资源分配方案。其次，设计负载均衡的多动态基站的用户分配方法，在用户分布不均匀场景中避免 UBS 的拥塞。最后，设计基于旋翼无人机的 UBS 位置优化算法，实现 UBS 位置与无线资源的联合优化，提升移动网络性能和用户体验。本章通过仿真验证了所提方法的有效性。本章所述 UBS 如无特别说明均指旋翼无人机基站。

得益于 UBS 的灵活性，有必要对 UBS 部署的确切位置进行优化，提升移动网络的性能。本章研究的旋翼无人机基站部署位置优化问题属于 UBS 的半静态部署研究。得益于较为稳定的基站位置，半静态的部署可以为地面用户提供持续稳定的无线服务。但不同于传统地面基站的静态部署，半静态部署的动态基站能够在运行过程中根据用户分布情况动态选择其部署位置。半静态部署的最优悬停位置受到用户分布、资源分配等众多因素影响，需要对 UBS 部署位置优化问题进行深入的研究[1]。

UBS 与地面基站（ground base station，GBS）之间一个显著的不同在于静态基站的回传链路可以依赖于光纤等更加可靠的有线链路，但 UBS 通常只能选择以无线回传的方式将用户数据回传到 GBS，再从 GBS 接入地面骨干网。根据回传资源分配方式不同，无线回传可分为带外回传和带内回传两种。在缺乏额外回传频谱资源的情况下，可以使用带内回传方案动态地将一部分前传频谱资源动态地划拨出来分配给回传链路。此时，前传和回传资源的划分方式将对系统性能造成极大的影响。与之相对，带外回传方案需要与前传链路相独立的频谱资源为回传链路提供支撑。其中，毫米波（millimeter-wave，mmWave）是实现 UBS 带外回传链路的一种有效手段。这是因为 mmWave 波段内大量的频谱资源可以提供较大的回传链路容量，且空对地信道不易受到遮掩的特性规避了 mmWave 穿透力弱的问题[2, 3]。但 mmWave 波段容易受到雨衰影响，在传播环境不理想的情况下，其有效传播距离将受到很大的限制[4]。

在带内及带外回传场景中都需要根据前传和回传链路状态制定相应的资源管理方案，并需要动态调整部署位置对回传链路的状态进行优化。而 UBS 的部署位置还将影响其与地面用户之间的前传链路质量，对其无线服务的质量和范围造成影响。在用户数量较大且分布不均匀的场景中，需要对多个 UBS 的部署位置进行联合优化，从而实现负载均衡。

本章将利用 UBS 的机动性，从联合的前传及回传链路优化入手，以用户公平性和负载的均衡性为考量，研究提高网络性能的多 UBS 联合部署技术。

在传统基站静态部署中也包括对基站部署位置优化的研究。但是，由于 UBS 的灵活性，直接套用传统基站静态部署方法将无法充分发挥动态基站的潜力[5]。其中最关键的不同在于传统基站的部署位置优化和网络运行是相互分离的两个阶段，而动态基站的部署位置优化是其运行过程中优化网络性能的重要手段。由于缺乏具体的用户分布信息及用户信道状态信息，静态基站的部署位置优化通常并不考虑实际用户资源分配，也就无法确定实际的用户服务质量。所以，传统的基站静态部署研究并不直接对用户服务质量进行优化，而是依赖于对覆盖率、负载能力的优化来间接优化服务质量[6, 7]。得益于 UBS 的灵活性，UBS 可以在运行过程中对其部署位置进行优化。基于具体的用户分布和用户信道信息，可以将 UBS 的部署位置优化与无线资源管理、用户分配相结合，进一步提升动态基站的性能[5, 8]。

无人机基站部署与传统地面基站部署还有很多不同，在给移动网络部署带来新机遇的同时也带来了新的挑战，吸引了很多研究者的关注。Lyu 等将 UBS 在地面的覆盖范围近似为以 UBS 在地面的投影为圆心的圆，并将 UBS 的部署问题转化为圆盘覆盖问题，以最小化 UBS 数量为目标对 UBS 的部署进行了研究[9]。Mozaffari 等利用最佳传输理论研究了最小化网络平均传输时延的 UBS 覆盖范围[10]。Dai 等研究了在一个未知区域内部署多个 UBS 的问题，该文献设计了一个基于博弈论的鲁棒优化算法对 UBS 的运动轨迹和发射功率进行优化，通过在移动过程中收集地面用户的信息，最终找到最优的部署位置[11]。

以上研究大多隐含了理想回传链路的假设，忽略了回传链路的优化。但由于无线链路容易受到传播环境的影响，理想回传链路假设并不总是合理的。部分研究考虑了在 UBS 上搭载缓存设备以减轻回传链路的压力[12]。但 UBS 机载设备的缓存空间有限，回传链路的传输速率依然可能成为前传速率的瓶颈。只有一小部分研究考虑了回传受限的 UBS 部署问题。其中，Shah 等在给定 UBS 部署位置的前提下研究了回传链路受限条件下的用户分配问题，并使用最大化谱效率的贪心算法来最大化系统整体的吞吐量[13]。Sun 和 Ansari 以前传和回传整体谱效率优化为目标研究了单个 UBS 的最优飞行高度[14]。Shi 等在保证回传链路质量的基础上使用逐个 UBS 迭代的粒子群算法设计了最大化用户覆盖的 UBS 部署方法[15]。Selim 等研究了在 GBS 失效后使用 UBS 进行辅助覆盖的场景，并在保证用户最低服务速率的基础上最小化系统的整体能耗[16]。但是，这些文献都没有考虑通过调整 UBS 部署位置对前传和回传链路进行联合优化。

9.2 带外回传场景下的 UBS 资源管理及部署

由于 mmWave 波段拥有较为丰富且尚未开发的频谱资源，mmWave 被认为是移动网络中实现无线回传的一个重要手段，但是其较大的雨衰使 UBS 需要在不同的天气条件下自适应地调整部署位置和资源分配。本节将着重讨论使用 mmWave 在 GBS 与 UBS 之间进行带外回传的 UBS 部署问题。为了避免 UBS 多跳网络的处理时延，本节假设 UBS 之间不直接进行通信。

9.2.1 问题建模

旋翼无人机基站辅助的移动网络模型如图 9-1 所示。考虑一个由 GBS、地面用户及多个 UBS 组成的无线网络系统。地面用户的无线接入由 UBS 提供，且各个 UBS 通过基于 GBS 的 mmWave 无线回传链路将用户与地面骨干网相连。本章将主要针对无线下行传输进行分析。$\mathcal{N}$ 和 $\mathcal{M}$ 分别表示 UBS 和地面用户的集合。地面用户的位置可表示为 $x^{\text{user}}=\{x_j^{\text{user}}\in\mathbb{R}^2\mid j\in\mathcal{M}\}$，UBS 在地面的投影为 $x^{\text{ubs}}=\{x_i^{\text{ubs}}\in\mathbb{R}^2\mid i\in\mathcal{N}\}$。从 UBS i 在地面的投影到地面用户 j 的距离为地面距离 $r_{i,j}=\|x_i^{\text{ubs}}-x_j^{\text{user}}\|_2$。假设 UBS 总是飞行在一个固定的高度 h，UBS i 与用户 j 之间的空间距离为 $d_{i,j}=\sqrt{r_{i,j}^2+h^2}$。另外，设 GBS 的位置为 $x^{\text{gbs}}\in\mathbb{R}^2$。由于 GBS 的天

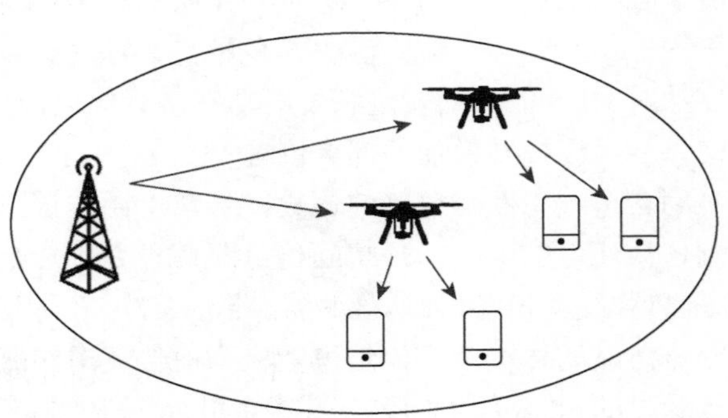

图 9-1 带外回传旋翼无人机基站部署场景

线高度相对于 UBS 的天线高度而言非常小，在此忽略 GBS 的天线高度。类似于地面用户，GBS 到 UBS i 的地面距离和空间距离分别为 $r_i^{\text{back}} = \| x_i^{\text{ubs}} - x^{\text{gbs}} \|_2$ 和 $d_i^{\text{back}} = \sqrt{|r_i^{\text{back}}|^2 + |h|^2}$。

9.2.2　路径损耗模型与频谱效率

对于前传链路，考虑到无人机的载荷能力有限，小型化基站的处理能力将难以支持 mmWave 自适应波束赋形技术所需的计算[17]，本章假设 UBS 使用 sub-6GHz（450MHz～5.9GHz）频段的单天线系统与地面用户通信。根据传播环境的不同，由 UBS 到用户的空对地传播信道可以被粗略地分为 LoS 路径和 NLoS 路径两种，本章使用两种不同的衰减系数 μ_{LoS} 和 μ_{NLoS} 来区别这两种传播路径。UBS i 与地面用户 j 之间的 LoS 和 NLoS 路径损耗可以分别写为

$$L_{i,j}^{\text{LoS}} = \left(\frac{4\pi f}{c}\right)^2 |d_{i,j}|^2 \mu_{\text{LoS}}$$

$$L_{i,j}^{\text{NLoS}} = \left(\frac{4\pi f}{c}\right)^2 |d_{i,j}|^2 \mu_{\text{NLoS}}$$

其中，f 是前传链路的载波频率；c 是光速，取其近似值为 $c = 3\times 10^8 \text{m/s}$。

实际场景中很难获取准确的阻碍与遮挡信息，本章采用概率 LoS 模型对期望信道损耗进行建模。其中 LoS 概率定义为没有建筑物阻挡在 GBS 和 UBS 之间的概率。根据文献[18]，LoS 信道的出现概率可以通过以下公式给出：

$$\text{Pr}_{i,j}^{\text{LoS}} = \frac{1}{1 + a\exp(-b(\theta_{i,j} - a))}$$

其中，a 和 b 是两个由单位区域内建筑物占地比例、建筑物数量和建筑物高度的分布决定的常数[18]；$\theta_{i,j} = \dfrac{180}{\pi}\arctan\left(\dfrac{h}{r_{i,j}}\right)$ 是地面用户 j 到 UBS i 之间的仰角。NLoS 信道的概率为 $\text{Pr}_{i,j}^{\text{NLoS}} = 1 - \text{Pr}_{i,j}^{\text{LoS}}$。由 UBS i 到地面用户 j 的接收信号强度期望为

$$S_{i,j} = \frac{P/(4\pi f/c)^2}{|d_{i,j}|^2 \mu_{i,j}} \tag{9-1}$$

其中，$\mu_{i,j} = \text{Pr}_{i,j}^{\text{LoS}}\mu_{\text{LoS}} + \text{Pr}_{i,j}^{\text{NLoS}}\mu_{\text{NLoS}}$；$P$ 是 UBS 的信号发射功率。

对于回传链路，不同于 UBS 对载荷和能耗的限制，可以在 GBS 上搭载更加复杂的硬件设备。假设 GBS 上搭载了尺寸为 A^{t} 的大规模天线系统，并采用迫零波束赋形技术来对天线单元的发射进行协调。根据文献[19]和[20]，假设天线阵列的规模足够大，迫零算法的波束赋形增益可以近似写为 $\dfrac{A^{\text{t}} - A^{\text{g}} + 1}{A^{\text{g}}}$，其中 A^{g} 是波

束赋形组的数量。由于 GBS 的天线具有一定的高度，可以假设 GBS 到 UBS 之间的链路由 LoS 信道主导。同时，考虑到 mmWave 容易受雨衰影响的特性[2]，GBS 到 UBS 的等价接收信号强度有如下的形式：

$$S_i^{\text{back}} = \frac{A^{\text{t}} - A^{\text{g}} + 1}{A^{\text{g}}} \frac{P^{\text{back}} / (4\pi f^{\text{back}} / c)^2}{|d_i^{\text{back}}|^2 \mu_{\text{LoS}} \cdot 10^{\gamma d_i^{\text{back}}/10}} \tag{9-2}$$

其中，P^{back} 是 GBS 的发射功率；f^{back} 是回传链路的载波频率；γ 是 mmWave 波段传输过程中的衰减系数。当 $\gamma = 0$ 时，该公式退化成传统的自由传播模型，而 $\gamma \geqslant 0$ 则表达了不可忽略的大气吸收和雨衰落。

9.2.3 优化问题

由于 $S_{i,j}$ 是在整个前传频带 F 上的接收功率，用户 j 的谱效率为

$$E_{i,j} = \log_2\left(\frac{\beta_{i,j} S_{i,j} / F}{\beta_{i,j} I_{i,j} / F + \beta_{i,j}\sigma} + 1\right) = \log_2\left(\frac{S_{i,j}}{I_{i,j} + F\sigma} + 1\right)$$

其中，F 是前传链路的频宽；σ 是噪声频谱密度；$I_{i,j} = \sum_{k \in \mathcal{N}, k \neq i} S_{k,j}$ 是用户 j 接收到的干扰信号，这些干扰来源于除了 UBS i 以外的所有其他 UBS。用户速率为 $R_{i,j} = \beta_{i,j} E_{i,j}$，其中 $\beta_{i,j}$ 是分配给用户 j 的时频资源总量。

应该注意到，UBS 部署问题建模中考虑用户公平性的效用函数至关重要。如果仅使用简单的线性加和来作为优化目标，那么最优资源分配就是简单地将所有资源都分配给接收功率最大的用户，UBS 的最优部署位置也就变成了接收功率最大用户的正上方。如果仅考虑系统的吞吐量，那么在用户不均匀的场景中则可能由单个 UBS 对用户密度较大的区域进行覆盖，从而造成 UBS 的拥塞以及用户服务质量的下降。这样一个极端不公平的优化结果显然不是一个理想的资源分配和无人机基站部署方案。为了在用户中保证一定的公平性，需要减少服务质量较好的用户对系统收益的贡献并在用户服务质量过差的时候对系统收益进行惩罚，从而使多个 UBS 对其负载进行均衡。为此，本章选择使用对数函数来计算实际的用户收益[21, 22]。当用户 j 由 UBS i 提供服务时，其效用函数可以写为 $\log_2(\beta_{i,j} E_{i,j})$。

由于在 GBS 上采用了大规模天线系统，天线阵列的尺寸将远远超过 UBS 的数量，可以给每个 UBS 分配一个独立的波束赋形组。另外，由于采用了迫零波束赋形，在此假设各个波束赋形组之间不存在干扰。同时，考虑到前传链路与回传链路的频谱分配相互独立，回传链路中的干扰可以忽略。回传链路的速率为

$$R_i^{\text{back}} = B \log_2\left(\frac{S_i^{\text{back}}}{\sigma B} + 1\right)$$

其中，B 是回传链路的带宽。

假设任意一个用户都只有一个 UBS 为其提供服务，引入一组指示变量 $z=\{z_{i,j}\mid i\in\mathcal{N},j\in\mathcal{M}\}$ 来表达 UBS 与用户之间的分配关系：

$$z_{i,j}=\begin{cases}1, & \text{用户}j\text{与UBS}i\text{相连}\\ 0, & \text{其他情况}\end{cases}$$

至此，整个优化问题可以写为如下形式：

$$\max_{z,x^{\text{ubs}},\beta,m}\quad \sum_{j\in\mathcal{M}}\sum_{i\in\mathcal{N}} z_{i,j}\log_2(\beta_{i,j}E_{i,j}) \tag{9-3a}$$

$$\text{s.t.}\quad \sum_{j\in\mathcal{M}} z_{i,j}\beta_{i,j}\leqslant F,\quad \forall i\in\mathcal{N} \tag{9-3b}$$

$$\sum_{j\in\mathcal{M}} z_{i,j}\beta_{i,j}E_{i,j}\leqslant R_i^{\text{back}},\quad \forall i\in\mathcal{N} \tag{9-3c}$$

$$\sum_{i\in\mathcal{N}} z_{i,j}=1,\quad \forall j\in\mathcal{M} \tag{9-3d}$$

$$z_{i,j}\in\{0,1\},\quad \forall i\in\mathcal{N},\forall j\in\mathcal{M} \tag{9-3e}$$

$$\sum_{j\in\mathcal{M}} z_{i,j}=m_i,\quad \forall i\in\mathcal{N} \tag{9-3f}$$

$$\sum_{i\in\mathcal{N}} m_i=M \tag{9-3g}$$

其中，$\beta=\{\beta_{i,j}\mid i\in\mathcal{N},j\in\mathcal{M}\}$。

在该优化问题中，式（9-3b）要求分配给各个用户的时频资源总量不能超过该 UBS 的前传资源总量 F。式（9-3c）要求各个 UBS 的前传总速率不能超过其回传链路的承载能力。式（9-3d）和式（9-3e）则要求每个用户只能被分配给一个 UBS。

应该注意到在式（9-3）中定义的优化问题是一个非凸的混合整数非线性规划（mixed integer nonlinear programming，MINLP）问题。求解这一类问题的最优解较为困难，本节提出一个高效的优化算法来求解该问题的近似解，并基于实验证明近似解的有效性。

下面将首先在已知用户分配和 UBS 部署位置的条件下对无线资源的最优分配问题进行讨论。然后，将最优的资源分配代入式（9-3）中并消除资源分配约束式（9-3b）和式（9-3c），从而简化该问题，为高效求解提供基础。

9.2.4　最优资源分配

在给定用户分配和 UBS 位置的条件下，用户的接收信号强度已知，而各个 UBS 的前传资源分配也不影响其他无人机基站用户的干扰强度，所以各个用户的谱效率已知。基于已知的谱效率可以相互独立地求解各个无人机基站的资源分配问题。对于 UBSi，其资源管理问题可以写为

$$\max_{\beta_i} \quad \sum_{j\in\mathcal{M}_i} \log_2(\beta_{i,j}E_{i,j}) \tag{9-4a}$$

$$\text{s.t.} \quad \sum_{j\in\mathcal{M}_i} \beta_{i,j} \leqslant F \tag{9-4b}$$

$$\sum_{j\in\mathcal{M}_i} \beta_{i,j}E_{i,j} \leqslant R_i^{\text{back}} \tag{9-4c}$$

其中，$\beta_i = \{\beta_{i,j} \mid j\in\mathcal{M}_i\}$；$\mathcal{M}_i = \{j \mid z_{i,j}=1\}$是分配给 UBS i 的用户集合。式（9-4）是一个凸问题，可以使用 KKT 条件对该问题进行求解[23]。而该问题的 KKT 条件可以写为

$$\begin{cases}\displaystyle\sum_{j\in\mathcal{M}_i}\beta_{i,j}^* - F \leqslant 0 & \text{(9-5a)}\\ \displaystyle\sum_{j\in\mathcal{M}_i}\beta_{i,j}^*E_{i,j} - R_i^{\text{back}} \leqslant 0 & \text{(9-5b)}\\ \lambda_1^*\left(\displaystyle\sum_{j\in\mathcal{M}_i}\beta_{i,j}^* - F\right)=0 & \text{(9-5c)}\\ \lambda_2^*\left(\displaystyle\sum_{j\in\mathcal{M}_i}\beta_{i,j}^*E_{i,j} - R_i^{\text{back}}\right)=0 & \text{(9-5d)}\\ -\dfrac{1}{\beta_{i,j}^*}+\lambda_1^*+\lambda_2^*E_{i,j}=0, \quad \forall j\in\mathcal{M}_i & \text{(9-5e)}\\ \lambda_1^*\geqslant 0, \lambda_2^*\geqslant 0 & \text{(9-5f)}\end{cases}$$

其中，$\beta_{i,j}^*$、λ_1^*和λ_2^*分别是式（9-4）与其对偶问题的最优解。

通过求解式（9-5），根据式（9-4）中参数取值的不同，该问题的解可能出现三种情况。

（1）前传链路受限：在这种情况下，式（9-5a）的等式成立，但式（9-5b）中的等式不成立。于是有$\lambda_1^* > 0$以及$\lambda_2^* = 0$，可以推导出这种情况下的最优资源分配为

$$\beta_{i,j}^* = \frac{F}{m_i} \tag{9-6}$$

其中，m_i是分配给 UBS i 的用户数量。分配方法可以称为前传资源平均分配。

（2）回传链路受限：在这种情况下，式（9-5a）中的等式不成立，而式（9-5b）中的等式成立，即$\lambda_1^* = 0$以及$\lambda_2^* > 0$，相应的最优用户资源分配为

$$\beta_{i,j}^* = \frac{R_i^{\text{back}}}{E_{i,j}m_i} \tag{9-7}$$

可以进一步推导出相应的最优用户速率为$R_{i,j} = \dfrac{R_i^{\text{back}}}{m_i}$。由于各个用户的速率均匀分配，这种分配方法称为回传速率平均分配。

（3）前传、回传同时受限：在最后一种情况下，式（9-5a）和式（9-5b）中的等式同时成立，即 $\lambda_1^* > 0$ 且 $\lambda_2^* > 0$。在这种情况下，相应的最优资源分配为以下方程组的解：

$$\begin{cases} \sum_{j \in \mathcal{M}_i} \beta_{i,j}^* = F \\ \sum_{j \in \mathcal{M}_i} \beta_{i,j}^* E_{i,j} = R_i^{\text{back}} \\ \beta_{i,j}^* (\lambda_1^* + \lambda_2^* E_{i,j}) = 1, \quad \forall j \in \mathcal{M}_i \end{cases} \tag{9-8}$$

虽然式（9-8）是一个多元二次方程组，其闭式解存在，但由于该方程组的变量较多，其闭式解的形式将非常复杂。由于分配给 UBS 的用户数量不定，针对不同用户数量 m_i 分别推导相应的闭式解也有些不切实际。另外，求解多元二次方程组的数值方法较为成熟[24]，采用数值方法求解式（9-8）是一个较为可行的方案。

至此，本节已经推导出了在给定用户分配及 UBS 位置时的最优资源分配。通过套用最优资源分配方案，式（9-3）得到了简化，为后续高效的求解方法设计提供基础。

9.2.5　UBS 位置优化

基于前面推导出的最优资源分配，本节将讨论给定用户分配时多个 UBS 的最优部署位置优化问题。导数信息是高效求解优化问题的关键，但数值方法求解的结果并不能提供相应的导数信息，因此在需要数值求解式（9-8）的情况下设计一个高效的算法存在一定的困难。而通过实验可以观察到，前传、回传同时受限的情况只在一个非常小的区域内出现，所以即便忽略前传、回传同时受限的情况也可以获得一个足够精确的近似解。于是，式（9-4）的最优目标函数值可以近似写为

$$U_i = \min\{U_i^{\text{front}}, U_i^{\text{back}}\} \tag{9-9}$$

其中

$$U_i^{\text{front}} = \sum_{j \in \mathcal{M}_i} \log_2 \left(\frac{F \cdot E_{i,j}}{m_i} \right) \tag{9-10}$$

$$U_i^{\text{back}} = \sum_{j \in \mathcal{M}_i} \log_2 \left(\frac{R_i^{\text{back}}}{m_i} \right) \tag{9-11}$$

式（9-10）和式（9-11）通过分别将式（9-6）和式（9-7）代入式（9-4）的目标函数中得到。而由于 U_i 的值取自 U_i^{front} 和 U_i^{back} 中较小的值，除了前传、回传同时受限的一个较小区域以外，可以保证式（9-4）中的约束条件成立。同时，后面的数值仿真中也可以看到 U_i 是式（9-4）的一个良好估计，即便处于前传、回传同时受限的区域，两者的差异也较小。

于是，多个 UBS 的最优部署问题可以简化为

$$\max_{x^{\text{ubs}}} \quad \sum_{i\in\mathcal{N}} U_i \tag{9-12}$$

通过使用前面推导出的最优资源分配，给定用户分配的 UBS 部署问题可以简化成一个易于求解的无约束优化问题。本节选用梯度上升方法来求解式（9-12）的次优解。由于式（9-12）的非光滑的结构违反了二次优化算法中的常规假设，在此不对二次优化算法进行讨论。

具体而言，设 $x^{\text{ubs}}=[(x_1^{\text{ubs}})^{\text{T}},(x_2^{\text{ubs}})^{\text{T}},\cdots,(x_N^{\text{ubs}})^{\text{T}}]^{\text{T}}$ 是一个由地面用户的位置向量 $x_i^{\text{ubs}}\in x^{\text{ubs}}$ 串联起来组成的向量，其中 $(\cdot)^{\text{T}}$ 表示转置操作，则 $\sum\limits_{i\in\mathcal{N}} U_i$ 相对于 x^{ubs} 的导数可以写成

$$\nabla_{x^{\text{ubs}}}\left(\sum_{i\in\mathcal{N}} U_i\right)=\begin{bmatrix}\nabla_{x_1^{\text{ubs}}}\sum\limits_{i\in\mathcal{N}} U_i\\ \nabla_{x_2^{\text{ubs}}}\sum\limits_{i\in\mathcal{N}} U_i\\ \vdots\\ \nabla_{x_N^{\text{ubs}}}\sum\limits_{i\in\mathcal{N}} U_i\end{bmatrix}=\begin{bmatrix}\sum\limits_{i\in\mathcal{N}}\nabla_{x_1^{\text{ubs}}} U_i\\ \sum\limits_{i\in\mathcal{N}}\nabla_{x_2^{\text{ubs}}} U_i\\ \vdots\\ \sum\limits_{i\in\mathcal{N}}\nabla_{x_N^{\text{ubs}}} U_i\end{bmatrix}$$

其中

$$\nabla_{x_i^{\text{ubs}}} U_i=\begin{cases}\nabla_{x_i^{\text{ubs}}} U_i^{\text{front}}, & U_i^{\text{front}}\leqslant U_i^{\text{back}}\\ \nabla_{x_i^{\text{ubs}}} U_i^{\text{back}}, & \text{其他情况}\end{cases}$$

虽然可以求得 $\nabla_{x_i^{\text{ubs}}} U_i^{\text{front}}$ 和 $\nabla_{x_i^{\text{ubs}}} U_i^{\text{back}}$ 的闭式表达式，但由于其表达式非常繁复，为了保持简洁，在此不给出其具体形式。

梯度上升的更新过程可以写成

$$x^{\text{ubs},(t+1)}=x^{\text{ubs},(t)}+\delta\nabla_{x^{\text{ubs},(t)}}\left(\sum_{i\in\mathcal{N}} U_i\right) \tag{9-13}$$

其中，δ 是更新步长；上标 t 是迭代的步数；$x^{\text{ubs},(t)}$ 是第 t 次迭代的结果。

通过反复使用式（9-13）来更新 $x^{\text{ubs},(t)}$，可以最终获得 x^{ubs} 的优化结果，至此完成了对式（9-12）的求解。

9.2.6 回传受限的用户分配问题

下面将对给定 UBS 位置时的用户分配问题进行讨论。由于没有求解式（9-8）的闭式解，在此再次使用前面使用过的近似表达式即式（9-12）来求解用户分配问题。用户分配问题可以写为

$$\max_{z} \quad \sum_{i\in\mathcal{N}} \min\left\{\sum_{j\in\mathcal{M}} z_{i,j}\log_2\left(\frac{F\cdot E_{i,j}}{m_i}\right), \sum_{j\in\mathcal{M}} z_{i,j}\log_2\left(\frac{R_i^{\text{back}}}{m_i}\right)\right\} \tag{9-14}$$

s.t.　　式(9-3d)、式(9-3e)、式(9-3f)、式(9-3g)

在此基础上，可以利用对数恒等式对式（9-14）进行整理。同时，为了避免使用非光滑的目标函数，引入一组辅助变量$u=\{u_i \mid i\in\mathcal{N}\}$，得到

$$\max_{z,m,u} \quad \sum_{i\in\mathcal{N}} u_i - \sum_{i\in\mathcal{N}} m_i \log_2 m_i \tag{9-15a}$$

$$\text{s.t.} \quad \sum_{j\in\mathcal{M}} z_{i,j} f_{i,j} \geqslant u_i, \quad \forall i\in\mathcal{N} \tag{9-15b}$$

$$\sum_{j\in\mathcal{M}} z_{i,j} b_i \geqslant u_i, \quad \forall i\in\mathcal{N} \tag{9-15c}$$

$$z_{i,j} \geqslant 0, \quad \forall i\in\mathcal{N}, \forall j\in\mathcal{M} \tag{9-15d}$$

式(9-3d)、式(9-3f)和式(9-3g)

其中，$f_{i,j}=\log_2(F\cdot E_{i,j})$；$b_i=\log_2(R_i^{\text{back}})$。由于式（9-3e）是二元变量约束，可以在式（9-15）中暂时把这个约束松弛为连续变量约束即式（9-15d）。由于$z_{i,j}$的上界约束$z_{i,j}\leqslant 1, \forall i\in\mathcal{N}, \forall j\in\mathcal{M}$可以由式（9-3d）和式（9-15d）组合起来表达，在此忽略该约束。在使用连续变量约束之后式（9-15）成为可以被高效求解的凸优化问题[23]。

为了求解这一回传受限情况下的用户分配问题，本节结合对偶域下降和二分图匹配算法提出一种高效的求解算法。

首先写出式（9-15）关于式（9-3f）、式（9-3g）、式（9-15b）、式（9-15c）的拉格朗日函数[23]：

$$\begin{aligned} & L(z,m,u,\nu,\tau,\xi,\zeta) \\ & = \sum_{i\in\mathcal{N}} u_i - \sum_{i\in\mathcal{N}} m_i\log_2 m_i + \sum_{i\in\mathcal{N}} \xi_i\left(\sum_{j\in\mathcal{M}} z_{i,j}f_{i,j} - u_i\right) + \sum_{i\in\mathcal{N}} \tau_i\left(\sum_{j\in\mathcal{M}} z_{i,j}b_i - u_i\right) \\ & \quad - \sum_{i\in\mathcal{N}} \nu_i\left(\sum_{j\in\mathcal{M}} z_{i,j} - m_i\right) - \zeta\left(\sum_{i\in\mathcal{N}} m_i - M\right) \end{aligned} \tag{9-16a}$$

$$\begin{aligned} & = \sum_{i\in\mathcal{N}} u_i(1-\xi_i-\tau_i) + \sum_{i\in\mathcal{N}}\sum_{j\in\mathcal{M}} z_{i,j}(\xi_i f_{i,j} + \tau_i b_i - \nu_i) \\ & \quad + \sum_{i\in\mathcal{N}} m_i(\nu_i - \zeta - \log_2 m_i) + \zeta M \end{aligned} \tag{9-16b}$$

其中，$\nu=\{\nu_i \mid \forall i\in\mathcal{N}\}$；$\tau=\{\tau_i \mid \forall i\in\mathcal{N}\}$；$\xi=\{\xi_i \mid \forall i\in\mathcal{N}\}$和$\zeta$是拉格朗日乘子。由于$L(\cdot)$是$u$的一个线性函数，$L(\cdot)$只有在式（9-16b）的第一项为零的时候才有界，所以其对应的对偶函数$g(\nu,\ \tau,\ \xi,\zeta)=\sup\limits_{z,m,u} L(\cdot)$只有当$1-\xi_i-\tau_i=0, \forall i\in\mathcal{N}$时才可行。通过显式地写出这些约束，可以将对偶问题写为

$$\max_{\nu,\tau,\xi,\zeta} \quad g(\nu,\tau,\xi,\zeta) \tag{9-17a}$$

$$\text{s.t.} \quad \xi_i + \tau_i = 1, \quad \forall i \in \mathcal{N} \tag{9-17b}$$

$$\xi_i \geqslant 0, \quad \forall i \in \mathcal{N} \tag{9-17c}$$

$$\tau_i \geqslant 0, \quad \forall i \in \mathcal{N} \tag{9-17d}$$

注意到τ和ξ耦合在等式约束式（9-17b）中，可以进一步将对偶问题简化成以下形式：

$$\max_{\nu,\xi,\zeta} \quad \hat{g}(\nu,\xi,\zeta) \tag{9-18a}$$

$$\text{s.t.} \quad 0 \leqslant \xi_i \leqslant 1, \quad \forall i \in \mathcal{N} \tag{9-18b}$$

其中，对偶函数$\hat{g}(\nu,\xi,\zeta)$可以写成

$$\hat{g}(\nu,\xi,\zeta) = \begin{cases} \max\limits_{z,m} & \sum\limits_{i\in\mathcal{N}}\sum\limits_{j\in\mathcal{M}} z_{i,j} y_{i,j} + \sum\limits_{i\in\mathcal{N}} m_i(\nu_i - \zeta - \log_2 m_i) + \zeta M \\ \text{s.t.} & z_{i,j} \geqslant 0, \quad \forall j \in \mathcal{M}, \forall i \in \mathcal{N} \end{cases} \tag{9-19}$$

其中，$y_{i,j} = \xi_i f_{i,j} + (1-\xi_i) b_i - \nu_i$。在给定拉格朗日乘子的条件下，可以得出对应变量$z_{i,j}$和$m_i$的解如下：

$$z_{i,j}^{*} = \begin{cases} 1, & i = \arg\max_{i'} y_{i',j} \\ 0, & \text{其他情况} \end{cases} \tag{9-20}$$

$$m_i^{*} = \exp(\nu_i - \zeta - 1) \tag{9-21}$$

值得注意的是，如果式（9-20）中下标i的取值不唯一，则可以将数值 1 分配给任意一个拥有最大$y_{i,j}$的 UBS 而不影响$\hat{g}(\cdot)$的值。

将式（9-20）和式（9-21）代入式（9-19），可以得到这个对偶函数的闭式表达式如下：

$$\hat{g}(\nu,\ \xi,\zeta) = \sum_{j\in\mathcal{M}} \max{}_i y_{i,j} + \sum_{i\in\mathcal{N}} \exp(\nu_i - \zeta - 1) + \zeta M$$

基于对偶函数的闭式表达式，可以使用块下降算法来求解对偶问题。块下降算法即是在固定其他变量的情况下逐次优化各个变量的方法。对于ζ，其关于$\hat{g}(\cdot)$的一阶导数为

$$\frac{\partial \hat{g}}{\partial \zeta} = M - \sum_{i\in\mathcal{N}} \exp(\nu_i - \zeta - 1)$$

求解其一阶最优条件$\dfrac{\partial \hat{g}}{\partial \zeta} = 0$可得

$$\zeta^{(t+1)} = \log_2 \left(\frac{\sum\limits_{i\in\mathcal{N}} \exp(\nu_i^{(t)} - 1)}{M} \right) \tag{9-22}$$

其中，上标t为迭代的步数。但由于$\hat{g}(\cdot)$的第一项是一个分片线性函数，标准的一

阶最优条件并不适用于ν和ξ。在此使用$\hat{g}(\cdot)$的左导数小于等于零的上确界作为极值。$\hat{g}(\cdot)$对于ν_i的左导数为

$$\frac{\partial \hat{g}}{\partial \nu_i^-} = \exp(\nu_i - 1) - \sum_{j\in\mathcal{M}} \mathbf{1}_{\{i=\arg\max_{i'} y_{i',j}\}}$$

其中，$\mathbf{1}_{\{\cdot\}}$是指示函数。则当前最小化$\hat{g}(\cdot)$的ν_i为

$$\nu_i^{(t+1)} = \sup\left\{\nu_i \left| \frac{\partial \hat{g}^{(t)}}{\partial \nu_i^-} \leqslant 0 \right.\right\} \tag{9-23}$$

类似地，$\hat{g}(\cdot)$对于ξ_i的左导数为

$$\frac{\partial \hat{g}}{\partial \xi_i^-} = \sum_{j\in\mathcal{M}} (f_{i,j} - b_i)\mathbf{1}_{\{i=\arg\max_{i'} y_{i',j}\}}$$

考虑到ξ_i的取值范围，其更新方程为

$$\xi_i^{(t+1)} = \begin{cases} 1, & \left(\dfrac{\partial \hat{g}(t)}{\partial \xi_i}\right)^-_{\xi_i=1} \leqslant 0 \\ 0, & \left(\dfrac{\partial \hat{g}(t)}{\partial \xi_i}\right)^-_{\xi_i=0} \geqslant 0 \\ \sup\left\{\xi_i \left| \left(\dfrac{\partial \hat{g}(t)}{\partial \xi_i}\right)^- \leqslant 0 \right.\right\}, & \text{其他情况} \end{cases} \tag{9-24}$$

通过使用式（9-23）和式（9-24）来迭代更新$\hat{g}(\cdot)$的各个变量便可以求得该对偶问题的最优解。另外，由于更新过程中这个对偶问题的目标函数总是非减的，可以保证整个迭代过程收敛。

命题 9-1　当式（9-15）取得最优解且有多个 UBS 处于回传受限的状态时，该问题可能存在多个等价的最优解。

证明：命题 9-1 可以使用构造法进行证明。考虑如图 9-2 中实线所示的一个最优用户分配，其中用户j_1和j_2分别被分配给 UBS i_1和i_2。将这一最优解记为z^*，且有

$$z^*_{i_1,j_1} = 1, \quad z^*_{i_1,j_2} = 0, \quad z^*_{i_2,j_1} = 1, \quad z^*_{i_2,j_2} = 0$$

同时，将 UBS i_1和i_2的用户数记为

$$m^*_{i_1} = \sum_{j\in\mathcal{M}} z^*_{i_1,j}, \quad m^*_{i_2} = \sum_{j\in\mathcal{M}} z^*_{i_2,j}$$

假设 UBS i_1和i_2都处于回传受限的状态，即式（9-15c）等号成立，有

$$u^*_{i_1} = m^*_{i_1,j} b_{i_1,j}, \quad u^*_{i_2} = m^*_{i_2,j} b_{i_2,j}$$

接下来通过交换用户j_1和j_2的分配来构造另一个用户分配的解$\hat{z}^*$，即

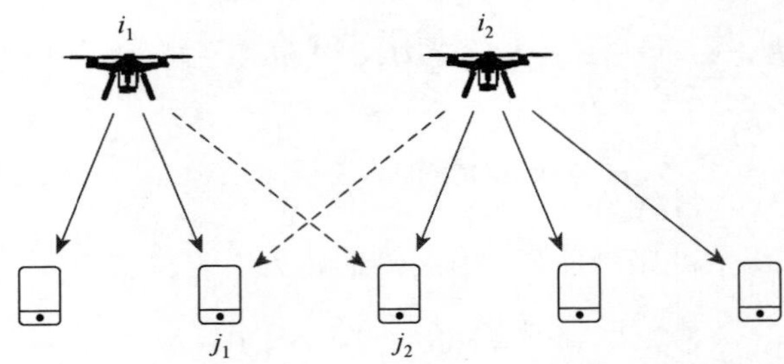

图 9-2　不唯一的用户分配

$$\hat{z}^*_{i_1,j_1}=0,\quad \hat{z}^*_{i_1,j_2}=1,\quad \hat{z}^*_{i_2,j_1}=0,\quad \hat{z}^*_{i_2,j_2}=1$$

关于解为 $\hat{z}^*$ 时的用户数，有

$$\hat{m}^*_{i_1}=\sum_{j\in\mathcal{M}}\hat{z}^*_{i_1,j}=\sum_{j\in\mathcal{M}}z^*_{i_1,j}=m^*_{i_1},\quad \hat{m}^*_{i_2}=\sum_{j\in\mathcal{M}}\hat{z}^*_{i_2,j}=\sum_{j\in\mathcal{M}}z^*_{i_2,j}=m^*_{i_2}$$

进一步假设当解为 $\hat{z}^*$ 时 UBS i_1 和 i_2 也都处于回传受限的状态，则

$$\hat{u}^*_{i_1}=\hat{m}^*_{i_1,j}b_{i_1,j}=m^*_{i_1,j}b_{i_1,j}=u^*_{i_1},\quad \hat{u}^*_{i_2}=\hat{m}^*_{i_2,j}b_{i_2,j}=m^*_{i_2,j}b_{i_2,j}=u^*_{i_2}$$

至此，可以证明解 $\hat{z}^*$ 和解 z^* 所取得的目标函数值相同。同时，由于 z^* 是式（9-15）的一个最优解，所以 $\hat{z}^*$ 也是式（9-15）的一个最优解。至此，两个不同但是等价的用户分配方案 z^* 和 $\hat{z}^*$ 被构造了出来。

以上的证明只考虑了一个交换分配的用户对，而实际上可能存在很多对可交换分配的用户对，由此所生成的等价最优解的数量将更加庞大。不同的用户分配结果又会对 UBS 的位置更新带来不同的影响，也就对迭代更新部署位置和用户分配的收敛性造成了影响。对此，本节将提出一种基于二分图匹配的子过程来保证唯一的用户分配结果。

首先，注意到每个 UBS 的用户数必须是整数，而利用式（9-21）得到的 m_i^* 并不能满足这个要求。而对偶问题的解是原问题的一个上界[23]，可以将函数值最大化问题转换为对偶间隙最小化问题。对偶间隙的闭式表达式推导如下。

定理 9-1　对偶问题式（9-17）的下确界与其原问题式（9-15）目标函数值之间的距离为

$$\sum_{i\in\mathcal{N}}m_i\log_2\left(\frac{m_i}{\exp(\nu_i-\zeta-1)}\right)\tag{9-25}$$

证明：设 (z,m,u) 为一组由 (ξ,ν,ζ) 推导出的原问题的解，可得

$$U(z,m,u)=\sum_{i\in\mathcal{N}}u_i-\sum_{i\in\mathcal{N}}m_i\log_2 m_i\tag{9-26a}$$

$$=\sum_{i\in\mathcal{N}}u_i-\sum_{i\in\mathcal{N}}m_i\log_2(\exp(\nu_i-\zeta-1))-\sum_{i\in\mathcal{N}}m_i\log_2\left(\frac{m_i}{\exp(\nu_i-\zeta-1)}\right)\tag{9-26b}$$

$$= \sum_{i \in \mathcal{N}} u_i - \sum_{i \in \mathcal{N}} \sum_{j \in \mathcal{M}} z_{i,j} \nu_i + M + \zeta M - \sum_{i \in \mathcal{N}} m_i \log_2 \left(\frac{m_i}{\exp(\nu_i - \zeta - 1)} \right) \tag{9-26c}$$

$$= \sum_{i \in \mathcal{N}} u_i - \sum_{i \in \mathcal{N}} \sum_{j \in \mathcal{M}} z_{i,j} \nu_i + \sum_{i \in \mathcal{N}} \exp(\nu_i - \zeta - 1) + \zeta M - \sum_{i \in \mathcal{N}} m_i \log_2 \left(\frac{m_i}{\exp(\nu_i - \zeta - 1)} \right) \tag{9-26d}$$

$$\begin{aligned} &= \sum_{i \in \mathcal{N}} \min \left\{ \sum_{j \in \mathcal{M}} z_{i,j} f_{i,j}, \sum_{j \in \mathcal{M}} z_{i,j} b_i \right\} - \sum_{i \in \mathcal{N}} \sum_{j \in \mathcal{M}} z_{i,j} \nu_i \\ &\quad + \sum_{i \in \mathcal{N}} \exp(\nu_i - \zeta - 1) + \zeta M - \sum_{i \in \mathcal{N}} m_i \log_2 \left(\frac{m_i}{\exp(\nu_i - \zeta - 1)} \right) \end{aligned} \tag{9-26e}$$

$$\begin{aligned} &= \sum_{i \in \mathcal{N}} \left(\xi_i \sum_{j \in \mathcal{M}} z_{i,j} f_{i,j} + (1 - \xi_i) \sum_{j \in \mathcal{M}} z_{i,j} b_i \right) - \sum_{i \in \mathcal{N}} \sum_{j \in \mathcal{M}} z_{i,j} \nu_i \\ &\quad + \sum_{i \in \mathcal{N}} \exp(\nu_i - \zeta - 1) + \zeta M - \sum_{i \in \mathcal{N}} m_i \log_2 \left(\frac{m_i}{\exp(\nu_i - \zeta - 1)} \right) \end{aligned} \tag{9-26f}$$

$$\begin{aligned} &= \sum_{j \in \mathcal{M}} \max_i (\xi_i f_{i,j} + (1 - \xi_i) b_i - \nu_i) \\ &\quad + \sum_{i \in \mathcal{N}} \exp(\nu_i - \zeta - 1) + \zeta M - \sum_{i \in \mathcal{N}} m_i \log_2 \left(\frac{m_i}{\exp(\nu_i - \zeta - 1)} \right) \end{aligned} \tag{9-26g}$$

$$= \hat{g}(\nu, \xi, \zeta) - \sum_{i \in \mathcal{N}} m_i \log_2 \left(\frac{m_i}{\exp(\nu_i - \zeta - 1)} \right) \tag{9-26h}$$

其中，式（9-26d）来自 ζ 的最优条件式（9-22），式（9-26e）来自 u_i 的最优条件。而由于 ξ_i 本质上是 $\sum_{j \in \mathcal{M}} z_{i,j} f_{i,j}$ 和 $\sum_{j \in \mathcal{M}} z_{i,j} b_i$ 之间的一个选择器，可以在式（9-26f）中使用 ξ_i 代替最小值函数。另外，利用 $z_{i,j}$ 的最优条件可以推导出式（9-26g）。最终得出对偶间隙的闭式表达式 $\sum_{i \in \mathcal{N}} m_i \log_2 \left(\frac{m_i}{\exp(\nu_i - \zeta - 1)} \right)$。

如式（9-25）所示，用户分配指示变量 $z_{i,j}$ 并不直接出现在对偶间隙的表达式中。实际上，只要保证数值 1 被分配给值 $y_{i,j}$ 最大的 UBS，则对偶间隙仅由 m_i 决定。可以进一步证明当 $m_i = \exp(\nu_i - \zeta - 1)$ 时对偶间隙为零，达到最小值。这与利用强对偶性得出的结论不谋而合。但由于 m_i 的取值必须为整数，还需要进一步设计相关的算法。

本章选用分支定界（branch and bound，B&B）算法来求解 m_i 的最优整数解[25]。B&B 算法在本质上可以被分类为一种基于搜索树的搜索算法。图 9-3 中展示了一个搜索树的局部结构。在搜索树中的每个节点都通过对未知变量提出一个猜测并扩展其父节点得到。同时，分支定界算法在初始化的时候还需要使用经验算法来生成近似最优解，并初始化对全局最优值的估计。这一估计会在每次找到一个更优解的时候进行更新。如果能够明确地判定某个分支所能达到的最优值无法达到当前对全局最优值的估计，那么便可以尽早避免一些不必要的分支扩展。

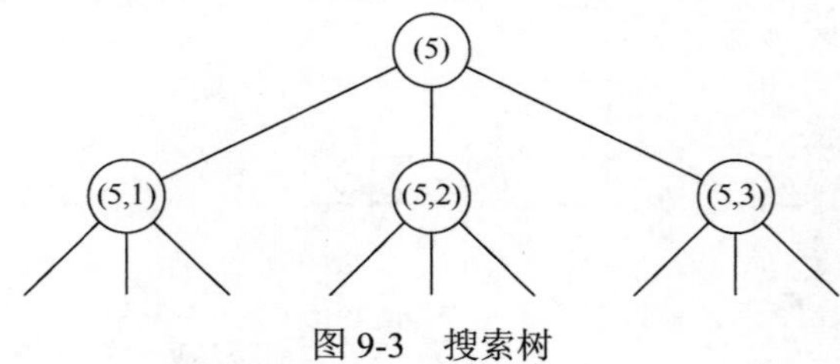

图 9-3　搜索树

推论 9-1　设 $\mathcal{N}_k^{\mathrm{a}}$ 是在节点 k 上已经被赋值的变量集合，而 $\mathcal{N}_k^{\mathrm{u}}$ 是此时尚未被赋值的变量集合。通过扩展节点 k 所能获得最优解的下界为

$$\sum_{i\in\mathcal{N}_k^{\mathrm{a}}} m_i^k \log_2\left(\frac{m_i^k}{\exp(\nu_i-\zeta-1)}\right)+M_k^{\mathrm{u}}\log_2\left(\frac{M_k^{\mathrm{u}}}{\sum_{i\in\mathcal{N}_k^{\mathrm{u}}}\exp(\nu_i-\zeta-1)}\right) \tag{9-27}$$

其中，$M_k^{\mathrm{u}}=M-\sum_{i\in\mathcal{N}_k^{\mathrm{a}}} m_i^k$，而 $m_i^k\,(\forall i\in\mathcal{N}_k^{\mathrm{a}})$ 是节点 k 被赋值变量的值。

证明：由于 $m_i^k\in\mathcal{N}_k^{\mathrm{a}}$ 的值是固定的，式（9-27）的第一项给定，在此着重分析式（9-27）的第二项，即

$$\sum_{i\in\mathcal{N}_k^{\mathrm{u}}} m_i\log_2\left(\frac{m_i}{\exp(\nu_i-\zeta-1)}\right)$$

$$=-M_k^{\mathrm{u}}\sum_{i\in\mathcal{N}_k^{\mathrm{u}}}\frac{m_i}{M_k^{\mathrm{u}}}\log_2\left(\frac{\exp(\nu_i-\zeta-1)}{m_i}\right) \tag{9-28a}$$

$$\geqslant -M_k^{\mathrm{u}}\log_2\left(\sum_{i\in\mathcal{N}_k^{\mathrm{u}}}\frac{m_i}{M_k^{\mathrm{u}}}\frac{\exp(\nu_i-\zeta-1)}{m_i}\right) \tag{9-28b}$$

$$=M_k^{\mathrm{u}}\log_2\left(\frac{M_k^{\mathrm{u}}}{\sum_{i\in\mathcal{N}_k^{\mathrm{u}}}\exp(\nu_i-\zeta-1)}\right) \tag{9-28c}$$

由于 $\sum_{i\in\mathcal{N}_k^{\mathrm{u}}}\frac{m_i}{M_k^{\mathrm{u}}}=1$ 且 $\log_2(\cdot)$ 是一个严格凹函数，可以使用詹森不等式得到式（9-28b）。利用詹森不等式的性质可知式（9-28b）的等号在 $m_i=\alpha\exp(\nu_i-\zeta-1),\forall i\in\mathcal{N}_k^{\mathrm{u}}$ 时取得，其中 $\alpha=\frac{M_k^{\mathrm{u}}}{\sum_{i\in\mathcal{N}_k^{\mathrm{u}}}\exp(\nu_i-\zeta-1)}$。

在最小化对偶间隙的问题中可以将 $\exp(\nu_i-\zeta-1)$ 的值四舍五入转换为整数来获取一个对最优解的近似。这一近似的结果常常非常接近实际最优值，可以有效地避免不必要的搜索枝，使 B&B 算法能够高效地求解。

接下来，考虑如图 9-4（a）所示的二分图 $\mathcal{G}=(\mathcal{M},\mathcal{N},\mathcal{E})$，其中 $\mathcal{M}$ 和 $\mathcal{N}$ 分别代表用户和 UBS 的顶点集合，而 $\mathcal{E}$ 是连接 $\mathcal{M}$ 和 $\mathcal{N}$ 的边集。为了保证匹配结果的最优性，将边集定义为 $\mathcal{E}=\{(i,j)\mid y_{i,j}=\max_{i'} y_{i',j}\}$。根据定理 9-1 简单可知，二分图 $\mathcal{G}$ 中任何符合 $\deg(i)=\hat{m}_i^*,\forall i\in\mathcal{N}$ 及 $\deg(j)=1,\forall j\in\mathcal{M}$ 的子图所代表的用户分配都是式（9-15）的一个最优解，其中 $\deg(\cdot)$ 表示相应顶点的度数。为了区分 $\mathcal{G}$ 的各个子图，可以将权重 $W(i,j)$ 赋值给 $\mathcal{E}$ 中的各条边，从而将 $\mathcal{G}$ 转化为一个带权图。而考虑到用户通常会喜好较短的传输距离，可以将权重 $W(i,j)$ 定义为 $d_{i,j}$ 的减函数，从而通过选取权值较大的边来表达用户对距离较近 UBS 的倾向性。选取唯一用户分配结果的子过程可以转化成如下的二分图匹配问题：

$$\max_{z} \quad \sum_{(i,j)\in\mathcal{E}} z_{i,j}W(i,j) \tag{9-29a}$$

$$\text{s.t.} \quad \sum_{j\in\mathcal{M}} z_{i,j}=\hat{m}_i^*, \quad \forall i\in\mathcal{N} \tag{9-29b}$$

$$\sum_{i\in\mathcal{N}} z_{i,j}=1, \quad \forall j\in\mathcal{M} \tag{9-29c}$$

$$z_{i,j}\in\{0,1\}, \quad \forall i\in\mathcal{N},\forall j\in\mathcal{M} \tag{9-29d}$$

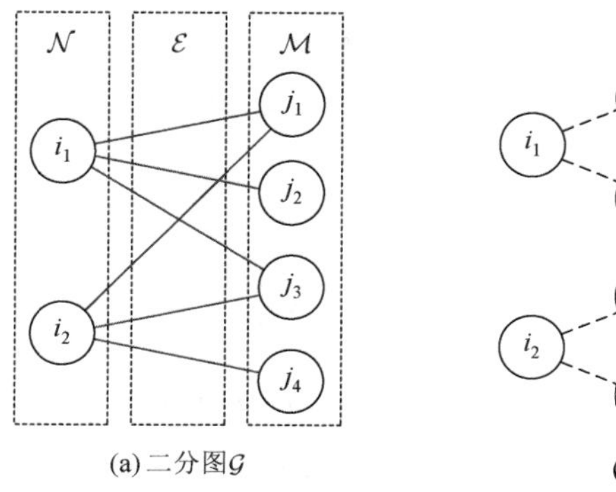

(a) 二分图 $\mathcal{G}$

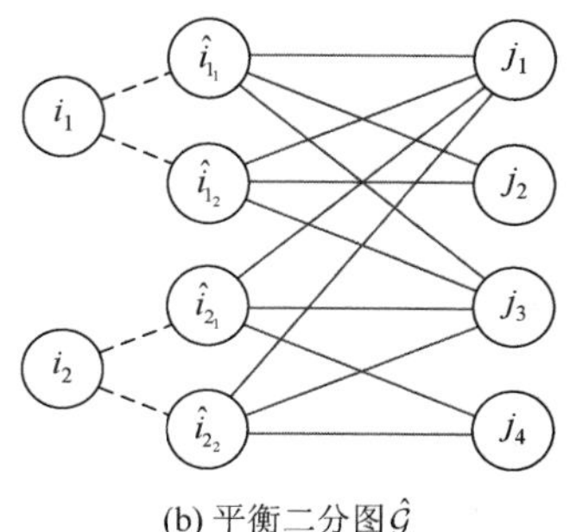

(b) 平衡二分图 $\hat{\mathcal{G}}$

图 9-4　二分图匹配

为了求解这个匹配问题，可以进一步将 $\mathcal{N}$ 中的各个节点分别分裂成 $\hat{m}_i^*$ 个新的节点，这些新的节点会继承其原节点的所有边及边的权值。这样一来，$\mathcal{G}$ 就被转换成如图 9-4（b）所示的平衡二分图 $\hat{\mathcal{G}}$。式（9-29）中的多对一匹配问题就被转换成可以通过匈牙利算法求解的一对一匹配问题[26]。

算法 9-1 式（9-3）的联合优化算法

要求：用户位置 x^{user}，初始 UBS 位置 $x^{\text{ubs},(0)}$ 。

1. 初始化迭代步数 $r \leftarrow 0$ 。
2. 重复以下步骤：

 3. 给定 $x^{\text{ubs},(t)}$，迭代使用式（9-22）、式（9-23）和式（9-24）来计算对偶变量 $\zeta^{(t)}$ 、 $\nu^{(t)}$ 、 $\xi^{(t)}$ 的最优解。

 4. 给定最优对偶变量，计算使对偶间隙式（9-25）最小的 $m^{(t)}$ 。

 5. 对于给定的 $\nu^{(t)}$ 、$\xi^{(t)}$ 、$\zeta^{(t)}$ 、$m^{(t)}$，通过求解二分图匹配问题式（9-29）来获取一个唯一的二元用户分配 $z^{(t)}$ 。

 6. 基于给定的用户分配 $z^{(t)}$，使用梯度上升方法求解位置优化问题式（9-12）并将新的 UBS 位置记为 $x^{\text{ubs},(t+1)}$ 。

 7. 更新迭代步数 $r \leftarrow r+1$ 。

8. 直到效用函数值收敛。

至此，本节完整地设计了式（9-3）的一个优化算法。算法 9-1 中总结了整个优化过程。该算法首先会根据 UBS 的初始位置将用户分配给各个 UBS。这一步使用在步骤 3、4 和 5 中描述的“对偶域块下降-二分图匹配”算法。接下来，各个 UBS 会根据其服务用户的分布来更新位置。根据新的 UBS 位置，用户分配又会重新调整。这一过程将会反复进行，直到找到最优的位置。由于每次迭代之后所得的效用函数值都非减，所以这个迭代算法保证收敛。而由于用户的移动性，用户分布可能随着时间的变化而变化。为此，这一更新过程将被周期性地触发以不断优化网络的性能。

9.2.7 复杂度分析

本节将对所提的算法复杂度进行简单的分析。由于本节使用 B&B 算法时给出了可达效用值的闭式表达式且可以依靠四舍五入的方式获取一个较好的近似解，在此假设 B&B 算法步骤的复杂度可以忽略。

在对偶域块下降中更新一个变量的复杂度为 $O(\log_2 M)$，那么对 ν 和 ξ 进行完整的一次更新所需的复杂度为 $O(N\log_2 M)$ 。由于对偶问题总是凸的，且块下降算法中每次更新都是精确的，则对偶问题收敛的迭代复杂度（迭代次数）为 $O(k_1N)$，其中 k_1 是由数值精确度确定的一个常数[27]。所以，对偶域块下降的总体复杂度为 $O(k_1N^2\log_2 M)$ 。对于二分图匹配问题部分，由于采用了匈牙利算法，其复杂度为 $O(M^3)$ [28]。对于位置更新部分，梯度下降的迭代复杂度为 $O(k_2N)$ ，

这里的 k_2 同样是一个由数值精度决定的常数。整个位置优化过程的复杂度为 $O(k_2N^2)$。

综合以上讨论的结果，设 K 为整个算法的迭代复杂度，本节所提算法的复杂度为 $O(K(k_1N^2\log_2 M + M^3 + k_2N^2))$。

9.2.8　性能仿真与结果分析

本节将提供前述算法的数值仿真结果，以此证明本章提出算法的有效性，同时对仿真结果进行讨论。

在仿真中有 $M=100$ 个用户分布在尺寸为 $1\text{km}\times 1\text{km}$ 的方形区域中，使用 $N=4$ 个 UBS 给用户提供无线服务，并设 GBS 的位置为 $(0,0)$。在仿真中将二分图匹配的权值 $W(i,j)$ 定义为 $\log_2(F\cdot E_{i,j})$。其余仿真参数在表 9-1 中给出，其中传播环境参数 a、b 和衰减系数 μ_{LoS}、μ_{NLoS} 取自文献[18]中的“高密度城区”环境。

图 9-5 和图 9-6 展示了在不同信号衰减速率 γ 取值下的 UBS 部署优化结果，其中红点代表 UBS 的部署位置，蓝点代表用户位置，蓝色线段指示的是用户与 UBS 之间的分配关系。

表 9-1　带外回传无人机部署仿真参数

参数	取值	描述
h	300m	UBS 飞行高度
F	20MHz	前传资源总量
f	2GHz	前传载波频率
B	800MHz	回传资源总量
f^{back}	73GHz	回传载波频率
A^{t}	64	GBS 天线阵列尺寸
A^{g}	4	波束赋形组数量
P	24dBm	UBS 下行发射功率
P^{back}	14dBm	GBS 下行发射功率
σ	−174dBm/Hz	噪声谱密度
a	12.081	传输环境参数 a
b	0.11395	传输环境参数 b
μ_{LoS}	1.44544	LoS 衰减系数
μ_{NLoS}	199.526	NLoS 衰减系数

图 9-5 中的用户在目标区域内均匀分布。其中，图 9-5（a）中的信号衰减速率为 0dB / km，对应了无雨环境中的自由传播。在这种情况下，UBS 被部署在其服务用户中心的位置，这样 UBS 能够利用较短的前传距离来提高传输速率，从而提高系统收益。图 9-5（b）中，在降雨量为 50mm / h 的环境下，12dB / km 的衰落速率会降低 GBS 的有效传输距离。这使 UBS 的最优部署位置不再是其服务用户的中心，而是一个距离 GBS 较近的位置，从而对衰落带来的影响进行补偿。本章所提算法对回传链路具有自适应能力，较好地解决了 mmWave 波段容易受到雨衰影响的问题[2]。

图 9-6 中有一个位于 (700m,500m) 附近的热点区域，有较多的用户集中在这个热点区域附近。图 9-6（a）和图 9-6（b）中的 UBS 部署不像图 9-5 中那样较为分散。这是因为对数效用函数具有负载均衡的作用。在单个 UBS 无法为热点地区的用户提供足够接入资源的时候会将部分用户分流到相邻的 UBS，从而“吸引”其他 UBS 到热点地区提供服务。类似于图 9-5（a）和图 9-5（b）中的对比，图 9-6（b）中的 UBS 也被部署到一个更加接近 GBS 的位置以补偿回传链路的传输损耗。

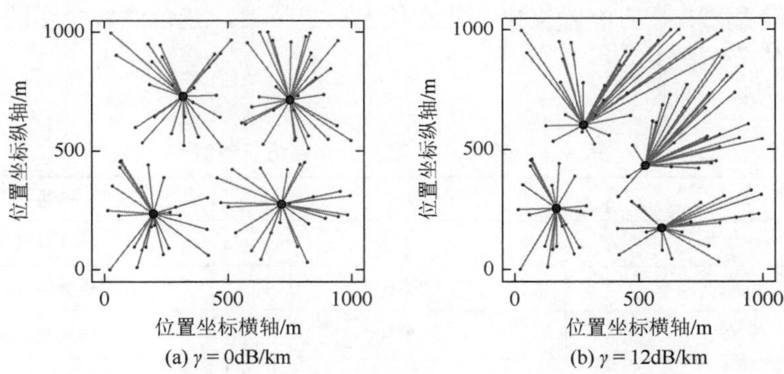

图 9-5　用户均匀分布时的 UBS 部署位置及用户分配结果（见彩图）

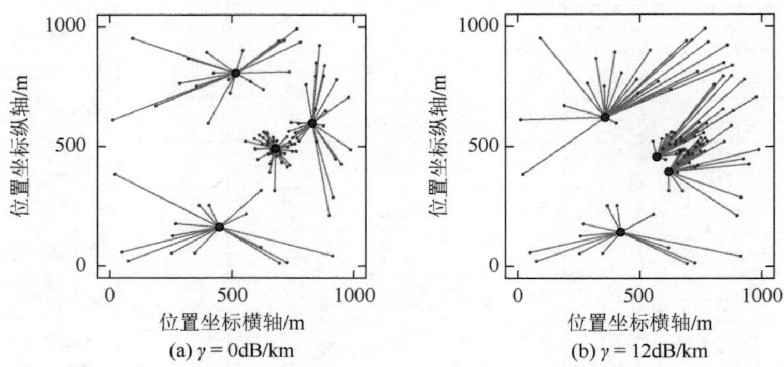

图 9-6　存在热点地区时的 UBS 部署位置及用户分配结果（见彩图）

图 9-7 中展示了将其他 UBS 部署在图 9-5（b）中给出的位置时，图 9-5（b）右上角 UBS 部署在不同位置的近似效用函数与实际效用函数的对比。其中，实际函数值通过对式（9-4）进行数值优化得到，而近似效用函数值是直接计算式（9-9）的结果。图 9-7 中的曲线是将 UBS 放置在纵轴坐标不同位置，沿着横轴坐标方向计算得到的，其中纵轴的位置由放大窗口上方的数值标明。如图 9-7 所示，除了前传、回传同时受限的一个很小的区域以外，这两种效用函数的值重合在一起。可以看出前传和回传均受约束的区域非常小，这与前面的假设相符。

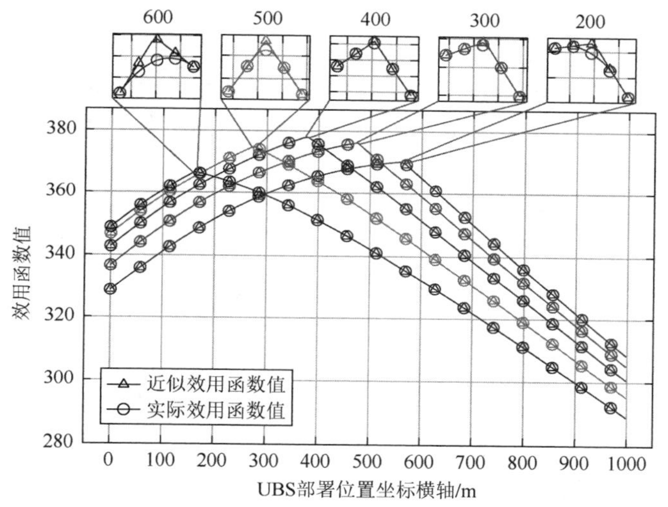

图 9-7　在不同部署位置时 UBS 的效用函数值

图 9-8 中展示了算法 9-1 的收敛曲线。图中的每一步迭代都包含对 x^{ubs} 和 z 两个变量的更新。作为对比，使用模拟退火算法得出的最优目标函数值也在图 9-8

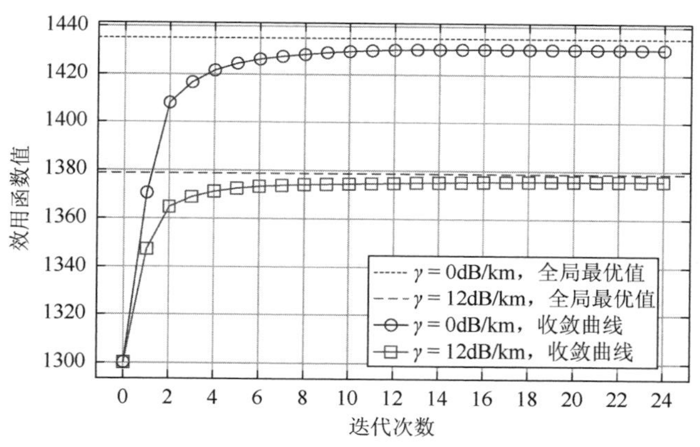

图 9-8　算法 9-1 的收敛曲线

中用水平的虚线标记出来[29]。可以看到在γ较大的时候，由于有效回传的距离受限，其可达到的效用函数值较小。虽然γ取值不同的时候其优化结果不同，但算法 9-1 的收敛速度很快，基本可以在 20 步之内收敛到最优值。另外，由于原问题式（9-3）非凸的特性，要想高效地获取其全局最优解非常困难。但如图 9-8 所示，本节提出的算法得到的近似解非常贴近全局最优解。

为了展示前传、回传联合优化的重要性，图 9-9 中展示了由多个不同 UBS 部署策略所得到用户速率的 CDF 曲线。作为对比，图中还画出了以下两种对比方法的用户速率 CDF 曲线。

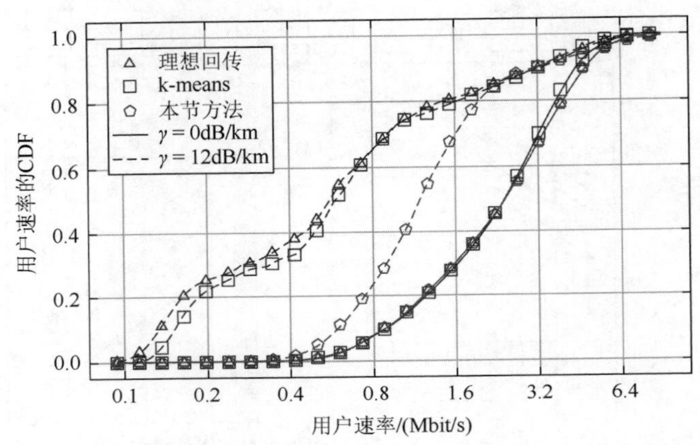

图 9-9　不同 UBS 部署策略的用户速率 CDF 曲线

（1）理想回传：在这个对比方案中，UBS 位置的优化过程中仅考虑前传资源约束式（9-3b），忽略回传速率约束式（9-3c）。

（2）k-means：这是机器学习方法中常见的一种聚类算法，其优化目标为最小化簇内的平方欧拉距离[30]。

从图 9-9 可以看出，在信号衰减率较低即$\gamma = 0\text{dB} / \text{km}$的场景中，理想回传方案可以取得与本节所提方案几乎相同的性能。这是因为在传播环境较为理想时，mmWave 频段大量的频谱资源足以承载用户数据，回传速率约束不起作用。k-means 算法中得到的 UBS 部署位置为其服务用户的几何中心，这一位置在信号衰减较低的场景中可以作为最优 UBS 部署位置的一个估计。所以，k-means 算法在此场景中可以取得近似于本节所提方法的性能。但 k-means 和理想回传方案都只考虑了前传性能，这使得在回传受限条件下 UBS 的部署位置距离 GBS 过于遥远，从而导致回传链路质量较差，无法充分利用前传链路的性能。通过调整 UBS 部署的位置以联合优化前传链路和回传链路性能，本节提出的方法可以给用户提供更高的传输速率。

在信号衰减率较高即 $\gamma = 12\text{dB/km}$ 的场景中，本节提出的方法可以使将近80%的用户获得超过0.8Mbit/s的服务速率，而k-means或理想回传方案仅能使不到40%的用户达到0.8Mbit/s的速率。

图9-10中展示了不同信号衰减率下的平均用户速率。平均用户速率的计算公式为

$$\mathcal{A}(D) = \frac{\sum_{j\in\mathcal{M}} D_j}{M}$$

其中，$D = \{D_j, \forall j \in \mathcal{M}\}$ 是各个用户的速率。类似于前面获得的结论，在信号衰减率较大的场景中本节提出的方法可以有效地提升系统的吞吐量。在部署4个UBS的场景中，本节方法的平均用户速率比理想回传方法提升了49%。同时，可以看到平均用户速率也随着UBS数量的增加而提升。这是由于前传链路和回传链路的总体性能都随着UBS数量的增加而提升。前传链路的平均传输距离降低了，而回传链路总体性能随着GBS大规模天线空分复用增益的增加而提升。

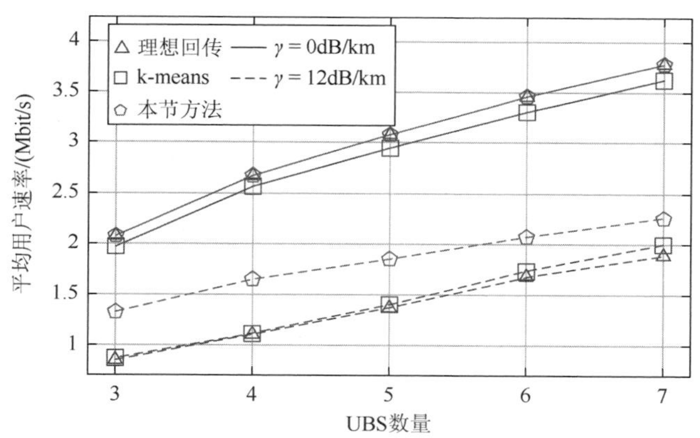

图9-10　不同UBS部署策略下的平均用户速率

图9-11展示了不同信号衰减率下用户速率的Jain公平指数。其中Jain公平指数是对服务公平程度的一个度量，其定义为

$$\mathcal{J}(D) = \frac{\left(\sum_{j\in\mathcal{M}} D_j\right)^2}{M\sum_{j\in\mathcal{M}} D_j^2}$$

由于受限的回传链路主要影响的对象是需要长距离传输的用户，本节所提的前传、回传联合优化方法的主要受益者也是这些离GBS较远的用户。所以，通过使用本节提出的方法，传输距离不同的用户之间的传输速率差异降低，从而使用户之间

的公平性得到提升。在部署 4 个 UBS 的场景中，通过采用本节提出的方法，Jain 公平指数从理想回传场景的0.358提升到了0.533。同时，可以看到无线服务的公平性随着 UBS 数量的提升而整体上呈现下降的趋势。这是因为，在衰减率较低的场景中，增加 UBS 所增加的干扰对邻近 UBS 的那些用户影响较大，使这些用户的信息速率较低，从而造成了公平性的下降。而对于衰减速率较高的场景，接近 GBS 的用户的信息速率受回传链路的影响较小，增加 UBS 数量能够显著提升这一部分用户的信息速率。距离 GBS 较远的用户则受限于回传链路的容量，增加 UBS 的数量对其带来的增益较少。

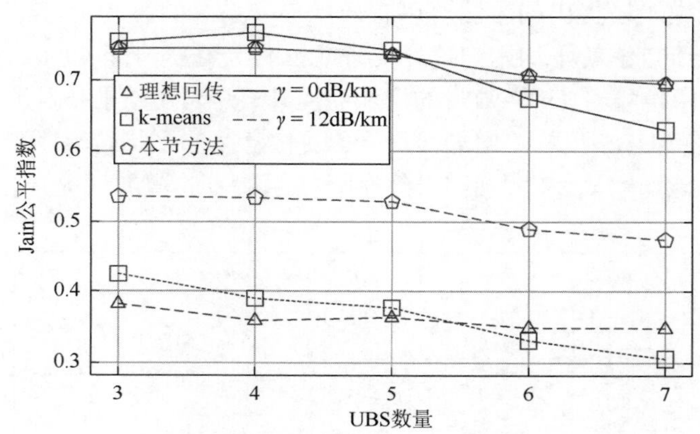

图 9-11　不同 UBS 部署策略下用户速率的 Jain 公平指数

9.3　带内回传场景下的 UBS 资源管理及部署

带内回传场景下旋翼无人机基站部署场景如图 9-12 所示。由于在带内回传系统中前传和回传的工作频段相同，用户设备的接收机也能够接收 GBS 发射的无线

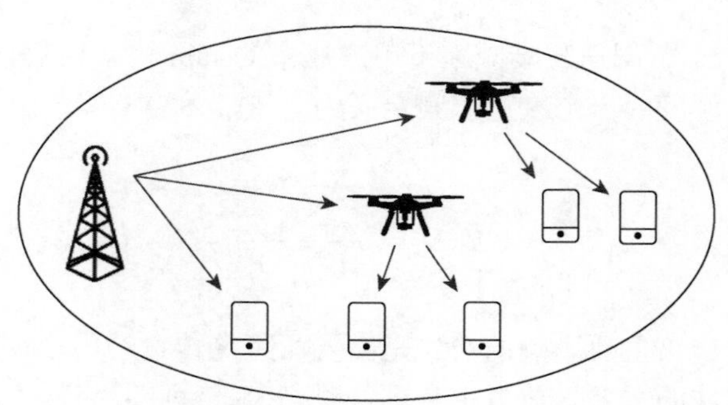

图 9-12　带内回传旋翼无人机基站部署场景

信号，在此场景中允许 GBS 直接为地面用户提供服务。同样，在此场景中也不存在 UBS 之间直接通信的链路。与带外回传场景不同，在带内回传的场景中，前传和回传资源不再是两个固定的参数，而是根据 UBS 的具体位置进行调整的两个变量。该系统中的设计变量为系统的总带宽 C，本节中设系统的总带宽为单位带宽，即 $C=1$。由于 GBS 到用户的信道为传统的地对地信道，在此假设与 GBS 到 UBS 的信道相比，用户到 GBS 之间存在较大的穿透损耗。

9.3.1　问题建模

类似于带外回传场景，前传谱效率可以定义为

$$E_{i,j}=\log_2\left(\frac{S_{i,j}}{I_{i,j}+\sigma_{\mathrm{n}}}+1\right)$$

其中，σ_{n} 是噪声功率；$I_{i,j}=\sum_{k\in\mathcal{N},k\neq i}S_{k,j}$ 是用户 j 接收到的干扰，其干扰源为除其服务基站之外的所有基站。

本节假设系统运行于 sub-6GHz 频段。考虑到 GBS 对无线发射设备的限制较为宽松，可以依然假设 GBS 上使用了大规模天线阵列，且该系统同样采用了迫零波束赋形算法。考虑到地面用户的上行功率远小于 GBS 的发射功率，在此忽略地面用户对 UBS 的上行干扰。UBS 回传链路的谱效率可以写为

$$E_i^{\mathrm{back}}=\log_2\left(\frac{S_i^{\mathrm{back}}}{\sigma_{\mathrm{n}}}+1\right)$$

由于允许 GBS 直接为用户提供服务，需要给出地面用户到 GBS 的谱效率。GBS 可以看作一个特殊的 UBS，为其分配一个特殊的下标 0。设用户到 GBS 的穿透损耗为 μ_{gbs}，则用户到 GBS 的谱效率为

$$E_{0,j}=\log_2\left(\frac{S_{0,j}}{\sigma_{\mathrm{n}}}+1\right)$$

其中

$$S_{0,j}=\frac{A^{\mathrm{t}}-A^{\mathrm{g}}+1}{A^{\mathrm{g}}}\frac{P^{\mathrm{gbs}}/(4\pi f/c)^2}{|d_{0,j}|^2\mu_{\mathrm{gbs}}}$$

同样使用对数效用函数，带内回传的优化问题可以写为

$$\max_{z,\beta,x,B,F}\quad\sum_{i\in\mathcal{N}^0}\sum_{j\in\mathcal{M}}z_{i,j}\log_2(\beta_{i,j}E_{i,j})\tag{9-30a}$$

$$\text{s.t.}\quad\sum_{j\in\mathcal{M}}\beta_{i,j}\leqslant F_i,\quad\forall i\in\mathcal{N}^0\tag{9-30b}$$

$$\sum_{j\in\mathcal{M}}\beta_{i,j}E_{i,j}\leqslant B_iE_i^{\text{back}},\quad \forall i\in\mathcal{N} \tag{9-30c}$$

$$F_i+B_i\leqslant 1,\quad \forall i\in\mathcal{N} \tag{9-30d}$$

$$F_0\leqslant 1 \tag{9-30e}$$

$$\sum_{i\in\mathcal{N}^0} z_{i,j}=1,\quad \forall j\in\mathcal{M} \tag{9-30f}$$

$$z_{i,j}\in\{0,1\},\quad \forall i\in\mathcal{N}^0, j\in\mathcal{M} \tag{9-30g}$$

其中，$\mathcal{N}^0=\mathcal{N}\cup 0$ 是包含 GBS 在内的所有基站的集合；$B=\{B_i\mid i\in\mathcal{N}\}$ 和 $F=\{F_i\mid i\in\mathcal{N}\}$ 则分别是分配给 UBS 前传和回传链路资源的比例。在该问题中，式(9-30b)表示分配给各个用户的前传资源总量不能超过分配给前传的总资源量；式（9-30c）要求 UBS i 的回传链路速率大于其用户的前传速率；式（9-30d）将各个 UBS 的总资源需求限制在一个单位带宽的范围内；式（9-30e）限制 GBS 直接服务地面用户时所需的资源不超过一个单位带宽；最后，式（9-30f）、式（9-30g）要求每个用户只能由一个基站提供服务。

式（9-30）中的问题是一个非凸的 MINLP 问题，这一类问题的求解往往非常困难。本节提出一种高效的迭代算法来求解该问题的近似解。

9.3.2 优化算法

首先，求解在给定用户分配和无人机位置时的最优资源分配，从而简化这个优化问题。对于分配给 GBS 的用户，仅需考虑其前传资源分配。对此，可以直接采用文献[22]中的结论，GBS 的最优资源分配为平均资源分配，即 $\beta_{0,j}=\dfrac{1}{m_{0,j}}$，其中 $m_{0,j}$ 是分配给 GBS 的用户的数量。而对于分配给 UBS i 的用户，其资源分配问题可以写为

$$\max_{\beta_i,F_i,B_i}\quad \sum_{j\in\mathcal{M}_i}\log_2(\beta_{i,j}E_{i,j}) \tag{9-31a}$$

$$\text{s. t.}\quad \sum_{j\in\mathcal{M}_i}\beta_{i,j}\leqslant F_i \tag{9-31b}$$

$$\sum_{j\in\mathcal{M}_i}\beta_{i,j}E_{i,j}\leqslant B_iE_i^{\text{back}} \tag{9-31c}$$

$$F_i+B_i\leqslant 1 \tag{9-31d}$$

其中，$\beta_i=\{\beta_{i,j}\mid j\in\mathcal{M}_i\}$，$\mathcal{M}_i=\{j\mid z_{i,j}=1\}$ 是分配给 UBS i 的用户的集合。由于式（9-31）是一个凸问题，可以使用标准的 KKT 条件来求解[23]。

通过求解 KKT 条件，得到式（9-31）的闭式解：

$$\beta_{i,j}^{*}=\frac{1}{m_i}\frac{E_i^{\text{back}}}{E_i^{\text{back}}+E_{i,j}} \tag{9-32}$$

其中，m_i 是分配给 UBS i 的用户数量。

基于最优资源分配，用户 j 的可达速率为

$$R_{i,j}^* = \beta_{i,j}^* E_{i,j} = \frac{1}{m_i} \frac{E_{i,j} E_i^{\text{back}}}{E_{i,j} + E_i^{\text{back}}} \tag{9-33}$$

假设回传链路中的资源也可以做出明确的线性划分，在回传链路中分配给用户 j 的资源可以写为

$$\beta_{i,j}^{\text{back}} = \frac{R_{i,j}^*}{E_i^{\text{back}}} = \frac{1}{m_i} \frac{E_{i,j}}{E_{i,j} + E_i^{\text{back}}} \tag{9-34}$$

此时通过计算 UBS i 为用户 j 提供服务所需的资源总量以及最终达成的用户速率，可以将用户 j 的等效谱效率定义为

$$\hat{E}_{i,j} = \frac{R_{i,j}^*}{\beta_{i,j}^{\text{back}} + \beta_{i,j}^*} = \frac{E_{i,j} E_i^{\text{back}}}{E_{i,j} + E_i^{\text{back}}} \tag{9-35}$$

而对于 GBS 而言，其分配给用户的前传资源就是用户传输所需的总资源，所以 GBS 用户的等效谱效率为 $\hat{E}_{0,j} = E_{0,j}$。值得注意的是，假设 GBS 也存在回传且其回传谱效率为 E_0^{back}，有

$$\hat{E}_{0,j} = \lim_{E_0^{\text{back}} \to \infty} \frac{E_{0,j} E_0^{\text{back}}}{E_{0,j} + E_0^{\text{back}}} = E_{0,j}$$

即 GBS 用户的等效谱效率其实是 UBS 用户等效谱效率在回传谱效率趋于无穷时的一个特例。而基于等效谱效率的概念，可以将用户分配问题写为如下形式：

$$\max_{z} \quad \sum_{i \in \mathcal{N}^0} \sum_{j \in \mathcal{M}} z_{i,j} \log_2 \hat{E}_{i,j} - \sum_{i \in \mathcal{N}^0} m_i \log_2 m_i \tag{9-36a}$$

$$\text{s.t.} \quad m_i = \sum_{j \in \mathcal{M}} z_{i,j}, \quad \forall i \in \mathcal{N}^0 \tag{9-36b}$$

式(9-30f)和式(9-30g)

式（9-36）中唯一的非凸结构为二元约束式（9-30g）。可以将式（9-30g）松弛为 $z_{i,j} \geqslant 0, \forall i \in \mathcal{N}, \forall j \in \mathcal{M}$，从而使式（9-36）转化为一个可以被高效求解的凸优化问题[23]。根据文献[22]中的结论，对此问题进行松弛得到的用户分配结果依然可以直接四舍五入为整数解。

在得到用户分配之后应该进一步对 UBS 部署位置进行更新。UBS 的位置更新问题可以写为

$$\max_{x} \quad \sum_{i \in \mathcal{N}} \sum_{j \in \mathcal{M}_i} \log_2 \hat{E}_{i,j} \tag{9-37}$$

在给定用户分配的基础上，基于最优资源分配的位置更新问题被简化为无约束优化问题。虽然式（9-37）依然不是凸问题，但求解一个无约束优化问题的局

部最优解是相对简单的[31]。具体而言，设 $x=[x_0^{\mathrm{T}},x_1^{\mathrm{T}},\cdots,x_N^{\mathrm{T}}]^{\mathrm{T}}$ 是通过将 $x_i \in x$ 串联起来得到的向量，式（9-37）的目标函数关于 x 的梯度可以写为

$$\nabla_x U=[(\nabla_{x_1}U)^{\mathrm{T}},(\nabla_{x_2}U)^{\mathrm{T}},\cdots,(\nabla_{x_N}U)^{\mathrm{T}}]^{\mathrm{T}} \tag{9-38}$$

其中，$U=\sum_{i\in\mathcal{N}}\sum_{j\in\mathcal{M}_i}\log_2\hat{E}_{i,j}$。

虽然可以写出 $\nabla_{x_i}U,\forall i\in\mathcal{N}$ 的闭式表达式，但出于简洁考虑，不在此给出其具体形式。而由于梯度 $\nabla_x U$ 总是存在，可以采用以 BFGS（Broyden-Fletcher-Goldfarb-Shanno）算法为代表的拟牛顿法来寻找最大化 U 的 x，进而求解式（9-37）。而根据实验结果，使用拟牛顿法得到的局部最优解往往非常接近全局最优解。

总结而言，为了寻找最优的带内回传 UBS 部署位置，可以首先通过求解式（9-36）来对用户进行分配。接下来则通过求解式（9-37）来更新 UBS 的位置。通过反复以上两步操作，可以最终获得最优 UBS 部署位置。而由于用户的移动性，用户分布可能随着时间的变化而变化。为此，这一更新过程将被周期性地触发以不断优化网络的性能。

9.3.3 复杂度分析

相对于带外回传场景，带内回传场景的位置优化算法相对简单。在此可以直接借用带外回传场景中的复杂度分析结果给出带内回传的复杂度为 $O(K(k_1N^2\log_2 M+k_2N^2))$，同样 k_1 和 k_2 是由数值精确度决定的常数，K 是迭代次数。

9.3.4 性能仿真与结果分析

本节将对前面提出的算法进行数值仿真并展示其有效性。在仿真中 $M=100$ 个用户被均匀地分布在一个半径为 500m 的圆形区域内，其圆心位置为 $(500\text{m},500\text{m})$。在这个区域内部署了 $N=4$ 个 UBS 和一个位于 $(0,0)$ 位置的 GBS 来服务用户。其余的仿真参数在表 9-2 中给出。另外，在仿真中使用的空对地传播模型取自文献[18]中的“高密度城区”场景。

表 9-2 带内回传无人机部署仿真参数

参数	取值	描述
h	300m	UBS 飞行高度
f	2GHz	前传载波频率
p	24dBm	UBS 下行发射功率

续表

参数	取值	描述
p^{gbs}	24dBm	GBS 下行发射功率
μ_{gbs}	40dB	GBS 与用户之间的穿透损耗
σ_{n}	−100dBm	噪声功率
A^{t}	64	GBS 天线阵列尺寸
A^{g}	5	波束赋形组数量
a	12.081	传输环境参数 a
b	0.11395	传输环境参数 b
μ_{LoS}	1.44544	LoS 衰减系数
μ_{NLoS}	199.526	NLoS 衰减系数

图 9-13 中展示了用户速率的 CDF 曲线，并采用常见的 k-means 算法作为比较算法。为了进一步说明本节所提算法的有效性，使用模拟退火算法获取了全局最优的 UBS 位置，并在图 9-13 中展示了相应的用户速率 CDF 曲线[29, 32]。从图中可以看出，由于通过 UBS 进行的空对地传输避免了地对地传输的损耗，UBS 的使用可以显著提高网络的性能。其次，如图 9-13 所示，尽管与随机 UBS 放置相比，使用 k-means 算法部署 UBS 使用户速率得到了提高，但其结果仍然与本节中提出的算法有一些差距。这样的差距主要是由于 k-means 算法仅优化了 UBS 和用户之间的平均距离而忽略了基站回传链路的质量。此外，尽管本节提出的算法只能保证局部最优解，但优化结果所达到的性能非常接近全局最优解。而相对于模拟退火算法较高的复杂度，本节提出的算法更加高效。

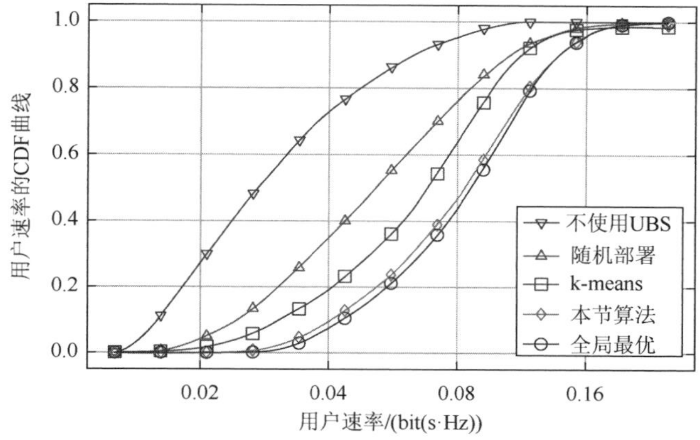

图 9-13　在不同的 UBS 放置方法中的用户速率 CDF 曲线

正如前面提到的，位置更新优化问题非凸，而本节所提算法采用了拟牛顿法来寻找次优的部署位置。从图 9-14（a）可以看出，拟牛顿法的优化结果通常非常接近全局最优解。此外，为了证明迭代算法的效率，图 9-14（b）中展示了本节提出的算法的收敛速度。结果表明，本节算法的收敛速度较快，基本可在 20 个迭代内收敛。

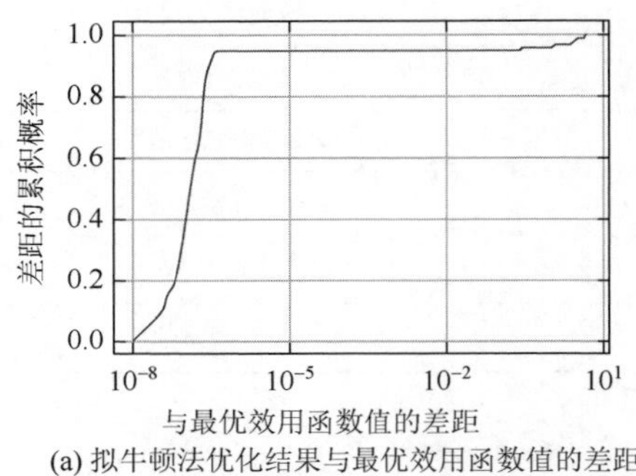

(a) 拟牛顿法优化结果与最优效用函数值的差距

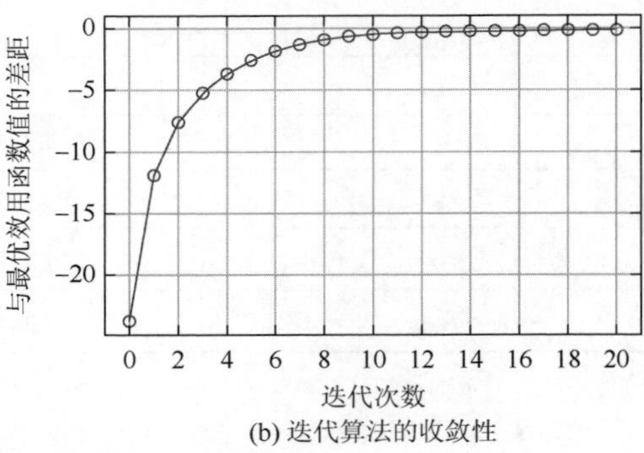

(b) 迭代算法的收敛性

图 9-14　算法的有效性

9.4　总　　结

本章研究了在给定区域内基于旋翼无人机的多 UBS 联合部署位置优化问题，并基于公平性和负载均衡的考量分别对带外和带内回传场景中 UBS 的部署位置、资源管理、用户分配进行了联合优化。在带外回传场景中，本章推导了前传和回传联合的最优无线资源分配方案。基于对最优效用函数的近似，为用户分配和部署位置优化构建了相应的子问题，并设计了高效的求解算法。而在带内回传场景中，本章推导了前传和回传联合的无线资源分配方案。基于最优无线资源分配的结果，定义了等效谱效率的概念，实现了包括 GBS 和 UBS 的异构用户分配。最后，仿真实验结果证明了本章所提算法的有效性。其中带外回传场景中，前传和回传联合的优化方法能够将用户速率的平均值提升 49%。本章主要包括以下内容。

（1）基于用户公平性考量，研究了前传和回传联合的资源分配。基于 KKT 条件，针对带外及带内无线回传策略分别推导了最优的资源分配方案。在带内回传场景中，由于前回传资源可以动态调整，其最优资源分配可写为闭式表达式。

（2）设计了负载均衡的用户分配方法。在带外回传场景中，为了求解回传受限情况下的用户分配问题，本章提出了基于对偶域下降和二分图匹配的用户分配算法，在保证最优性的前提下将用户分配给距离较近的 UBS。在带内回传场景中，本章基于最优资源分配方案提出了等效谱效率的概念，统一了 GBS 用户和 UBS

用户谱效率的表达，从而设计了包含 UBS 和 GBS 的异构网络用户分配算法。仿真实验证明，负载均衡的用户分配方法使 UBS 的部署位置能够适应用户分布不均匀的情况，从而避免 UBS 的拥塞。

（3）设计了高效的 UBS 位置更新算法，进一步优化了网络性能。在带外回传场景中，本章提出了最优效用值的近似，简化了问题的求解。在带内回传场景中则通过对等效谱效率的优化实现了 UBS 位置的更新。虽然 UBS 位置更新问题非凸，但实验证明使用梯度下降或拟牛顿法能够获得较好的解。

参 考 文 献

[1] Zeng Y，Zhang R，Lim T J. Wireless communications with unmanned aerial vehicles：Opportunities and challenges. IEEE Communications Magazine，2016，54（5）：36-42.

[2] Feng W，Li Y，Jin D，et al. Millimetre-wave backhaul for 5G networks：Challenges and solutions. Sensors，2016，16（6）：892.

[3] Gao Z，Dai L L，Mi D，et al. MmWave massive-MIMO-based wireless backhaul for the 5G ultra-dense network. IEEE Wireless Communications，2015，22（5）：13-21.

[4] Zhao Q L，Jin L. Rain attenuation in millimeter wave ranges// Proceedings of the 2006 7th International Symposium on Antennas，Propagation EM Theory，Guilin，2006：1-4.

[5] Zeng Y，Lyu J B，Zhang R. Cellular-connected UAV：Potential，challenges，and promising technologies. IEEE Wireless Communications，2019，26（1）：120-127.

[6] Ghazzai H，Yaacoub E，Alouini M S，et al. Optimized LTE cell planning with varying spatial and temporal user densities. IEEE Transactions on Vehicular Technology，2016，65（3）：1575-1589.

[7] Amaldi E，Capone A，Malucelli F. Planning UMTS base station location：Optimization models with power control and algorithms. IEEE Transactions on Wireless Communications，2003，2（5）：939-952.

[8] Mozaffari M，Saad W，Bennis M，et al. A tutorial on UAVs for wireless networks：Applications，challenges，and open problems. IEEE Communications Surveys & Tutorials，2019，21（3）：2334-2360.

[9] Lyu J B，Zeng Y，Zhang R，et al. Placement optimization of UAV-mounted mobile base stations. IEEE Communications Letters，2017，21（3）：604-607.

[10] Mozaffari M，Saad W，Bennis M，et al. Optimal transport theory for cell association in UAV-enabled cellular networks. IEEE Communications Letters，2017，21（9）：2053-2056.

[11] Dai H B，Zhang H Y，Hua M，et al. How to deploy multiple UAVs for providing communication service in an unknown region. IEEE Wireless Communications Letters，2019，8（4）：1276-1279.

[12] Wu H C，Tao X F，Zhang N，et al. Cooperative UAV cluster-assisted terrestrial cellular networks for ubiquitous coverage. IEEE Journal on Selected Areas in Communications，2018，36（9）：2045-2058.

[13] Shah S A W，Khattab T，Shakir M Z，et al. A distributed approach for networked flying platform association with small cells in 5G + networks// Proceedings of the 2017 IEEE Global Communications Conference，Singapore，2017：1-7.

[14] Sun X，Ansari N. Jointly optimizing drone-mounted base station placement and user association in heterogeneous networks// Proceedings of the 2018 IEEE International Conference on Communications，Kansas City，2018：1-6.

[15] Shi W S，Li J L，Xu W C，et al. Multiple drone-cell deployment analyses and optimization in drone assisted radio

access networks. IEEE Access，2018，6：12518-12529.

[16] Selim M Y，Alsharoa A，Kamal A E. Hybrid cell outage compensation in 5G networks：Sky-ground approach// Proceedings of the 2018 IEEE International Conference on Communications，Kansas City，2018：1-6.

[17] Roh W，Seol J Y，Park J，et al. Millimeter-wave beamforming as an enabling technology for 5G cellular communications：Theoretical feasibility and prototype results. IEEE Communications Magazine，2014，52（2）：106-113.

[18] Al-Hourani A，Kandeepan S，Lardner S. Optimal LAP altitude for maximum coverage. IEEE Wireless Communications Letters，2014，3（6）：569-572.

[19] Wang N，Hossain E，Bhargava V K. Joint downlink cell association and bandwidth allocation for wireless backhauling in two-tier hetnets with large-scale antenna arrays. IEEE Transactions on Wireless Communications，2016，15（5）：3251-3268.

[20] Bethanabhotla D，Bursalioglu O Y，Papadopoulos H C，et al. User association and load balancing for cellular massive MIMO// Proceedings of the 2014 Information Theory and Applications Workshop，San Diego，2014：1-10.

[21] Wang L S，Kuo G S. Mathematical modeling for network selection in heterogeneous wireless networks—a tutorial. IEEE Communications Surveys & Tutorials，2013，15（1）：271-292.

[22] Ye Q Y，Rong B Y，Chen Y D，et al. User association for load balancing in heterogeneous cellular networks. IEEE Transactions on Wireless Communications，2013，12（6）：2706-2716.

[23] Boyd S，Vandenberghe L. Convex Optimization. Cambridge：Cambridge University Press，2004.

[24] Kelley C. Iterative methods for linear and nonlinear equations. Frontiers in Applied Mathematics，1995，16（4）：206-207.

[25] Lawler E L，Wood D E. Branch-and-bound methods：A survey. Operations Research，1966，14（4）：699-719.

[26] Munkres J. Algorithms for the assignment and transportation problems. Journal of the Society for Industrial and Applied Mathematics，1957，5（1）：32-38.

[27] Sun R，Hong M. Improved iteration complexity bounds of cyclic block coordinate descent for convex problems// Proceedings of the 28th International Conference on Neural Information Processing Systems. Curran Associates，Inc.，2015：1306-1314.

[28] Crouse D F. On implementing 2D rectangular assignment algorithms. IEEE Transactions on Aerospace and Electronic Systems，2016，52（4）：1679-1696.

[29] Xiang Y，Gong X G. Efficiency of generalized simulated annealing. Physical Review E，2000，62：4473-4476.

[30] Arthur D，Vassilvitskii S. K-Means + +：The advantages of careful seeding// Proceedings of the Eighteenth Annual ACM-SIAM Symposium on Discrete Algorithms，SODA 2007，New Orleans，2007：1027-1035.

[31] Nocedal J，Wright S. Numerical Optimization. New York：Springer，2006.

[32] Press W H，Teukolsky S A，Vetterling W T，et al. Numerical Recipes：The Art of Scientific computing. 3rd ed. New York：Cambridge University Press，2007：1248.

第 10 章　固定翼无人机基站联合资源管理与路径规划方法

10.1　引　　言

固定翼无人机在续航及载荷能力方面具有较大优势，固定翼无人机基站适合时间相对较长、保证服务速率的场景。但却因为无法悬停的问题而难以用于需要持续可用无线服务的蜂窝网场景。本章研究应用于移动网络的保证用户速率的固定翼无人机基站无线覆盖方法，通过研究动态的无线资源分配方案，确定保证用户最低服务速率的固定翼无人机基站可行飞行范围。该方案通过动态的资源分配在动态部署的无人机基站持续移动的过程中对无线信道质量的变化进行补偿，从而保证了较为稳定的无线覆盖。在此基础上，以降低固定翼无人机基站能耗为目标设计固定翼无人机在可行飞行范围内的运动轨迹优化算法。通过仿真证明本章所提方法的有效性。

为了解决移动网络业务动态变化与移动基站静态部署的矛盾，本章研究了无人机辅助移动网络的基站动态部署和网络性能优化，并针对固定翼无人机基站运动轨迹优化问题展开了研究。

不同类型固定翼无人机基站的不同特点在很大程度上决定了其应用场景[1]。例如，旋翼无人机配备的螺旋桨有助于其在固定位置悬停，使其可用于需要保证无线服务速率的蜂窝通信系统，如人员聚集区域的覆盖增强场景[2]等。但是使用螺旋桨的旋翼无人机能量消耗较大，作为一个需要自身供能的设备，旋翼无人机的续航时间及载荷能力有限，限制了其能够持续提供服务的时间。

与旋翼无人机相比，固定翼无人机具有更长的续航时间以及更好的载荷能力[3]。但是固定翼无人机不能在固定位置悬停，因此其应用场景通常仅限于传感器数据收集等对时延容忍度较高的通信系统[4]。固定翼无人机的这一限制使我们面临着没有合适的方法可以长时间为地面用户提供持续可用无线服务的困境。

综合以上讨论，可以发现在需要相对较长时间为地面用户提供保证用户速率的无线服务的场景中，不管采用旋翼无人机还是固定翼无人机，现有研究都没有给出一个可行的方案。由于固定翼无人机基站同样需要通过地面基站提供的无线回传链路将用户与地面主干网相连，因此在设计固定翼无人机基站运动轨迹的过程中需要对其前传和回传链路进行综合考虑。本章提出保证用户速率的固定翼无人机基站无线覆盖方法，针对带内及带外无线回传方案分别研究动态的无线资源分配方案，确定保证用户速率的可行飞行范围，以降低能耗为目标设计固定翼无人机基站的轨迹优化算法。由于前传和回传在相互独立的频带上运行，使用带外回传可以将回传和前传的无线资源分开进行管理。

为了简化分析，现有研究中通常考虑带外无线回传。

但是，带外回传可能面临频谱利用效率较低的问题，而带外回传系统允许在回传链路与前传链路之间进行动态的资源分配，提高了频谱利用效率。所以，需要对带内无线回传方案进行相应的研究。基于带外和带内无线回传方案，本章对相应的联合轨迹和资源分配问题进行了讨论和分析。

无人机的运动轨迹规划问题已有大量的研究[5-9]，在目标探测和图像感知领域，主要以覆盖特定区域的最短飞行路径为优化目标，研究无人机飞行轨迹规划。Tisdale 等以最大化目标检测概率为目标研究了使用相机进行搜索及定位的无人机路径规划问题[8]。

Dogancay 研究了多架无人机对某信号发射点进行定位的最优路径规划问题，并用到达方向和到达时间差等信息得出了最小化定位误差的关键路径点[5]。Franco 和 Buttazzo 给出了一种在给定区域内进行图像感知的路径规划算法，在保证覆盖整个区域的基础上最小化总能量损耗[9]，设计了最佳的航路点集并研究了无人机在点集之间飞行的最佳速度。

在无人机通信中，可以依靠无人机基站的移动为分布较广的用户提供信息收集或广播服务，实现广域的无线覆盖。Zhan 等在传感器网络中以最小化传感器能耗为目标研究了在给定时隙内保证数据传输量的无人机基站轨迹设计问题[10]。Zeng 等研究了在给地面用户分发数据包的场景中，保证数据正确接收条件下，最小化飞行时间的无人机基站轨迹规划[11]。Xu 等在无线传能场景中以最大飞行速度为约束研究了最大化能量接收的轨迹优化问题[12]。Wu 等研究了最大化最小用户平均速率的固定翼无人机基站轨迹、用户调度和功率分配联合优化问题[13]。

从以上研究可以看出，无人机的轨迹优化和通信系统的传输优化相结合将是提升通信性能的一个重要手段。但现有研究中通常以最大化平均速率为目标，按照无人机基站的位置变化对用户进行调度，引入了较大的调度时延。

针对这一问题，Wu 和 Zhang 研究了使用固定翼无人机基站为具有不同时延需求用户提供服务的方法[14]，并以时延需求为约束研究了最大化最小吞吐量的通信及运动轨迹联合优化算法。然而，该文献中使用的是旋翼无人机，在时延约束较强时其飞行轨迹退化为一个固定点。由于固定翼无人机无法在固定的位置悬停，Wu 和 Zhang 提出的方法无法应用于固定翼无人机基站。

虽然旋翼无人机可以在空中悬停以提供稳定的无线服务，但有限的续航时间使其在需要长时间提供服务的场景下的使用受到限制。与之相对，固定翼无人机在续航及承载能力上有着较大的优势。但现有固定翼无人机基站的无线资源管理大多遵从传输速率最大化的原则，根据固定翼无人机基站当前所在的位置，有选择地为部分距离较近的用户提供服务。较大的调度延迟使固定翼无人机的应用被限制在不需要持续服务的信息收集场景中，且使其难以应用于移动通信系统。本章研究基于固定翼无人机基站的保证用户速率的无线服务覆盖方案，在充分利用固定翼无人机巡航及载荷能力优势的同时使其可以应用于移动通信网络。

10.2　系 统 模 型

10.2.1　网络结构

固定翼无人机基站辅助移动网络的场景如图 10-1 所示。考虑部署固定翼无人机基站向一组未服务的地面用户提供无线服务的场景，固定翼无人机的回传链路由一个地面基站提供。

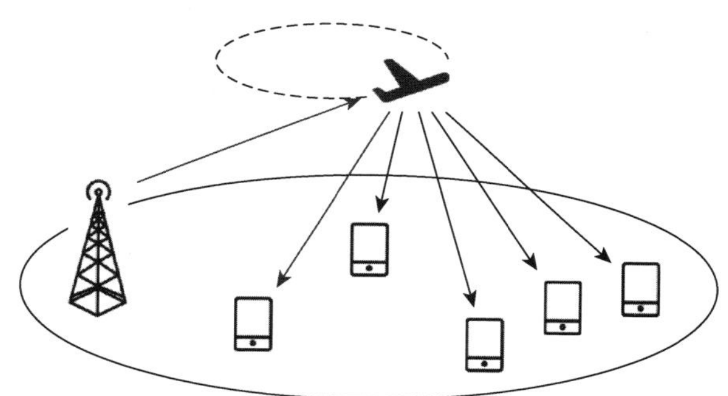

图 10-1　固定翼无人机基站部署场景示意图

设地面用户的集合为$\mathcal{M}$，各个地面用户的位置为$x^{\text{user}}=\{x_j^{\text{user}} \mid \forall j\in\mathcal{M}\}$。地面基站的位置标记为$x^{\text{gbs}}$。本章将在保证所有用户都能获得一个最低服务速率$R_{\min}$的基础上研究降低飞行能耗的最优飞行轨迹，从而最大限度地提高固定翼无人机基站使用时长或为未来的任务保留能量。

假设计划中需要无人机提供服务的时间长度为T。将时长T均匀地划分为N个足够小的时隙。设在时隙$n\in\mathcal{N}$，固定翼无人机基站投影在地面的位置为x_n，其中$\mathcal{N}=\{0,1,\cdots,N-1\}$。另外，将固定翼无人机基站飞行结束的位置记为$x_N$，无人机飞行的轨迹可以记为一组离散的点：

$$x=\{x_n \mid \forall n\in\mathcal{N}^+\}，\quad \mathcal{N}^+=\mathcal{N}\cup\{N\}$$

在时隙 n 时，用户 j 和无人机基站之间的距离为 $d_{n,j}=\sqrt{\|x_n-x_j^{\text{user}}\|_2^2+h^2}$ ，其中 $\|\cdot\|_2$ 是 2-范数，h 是固定翼无人机基站的飞行高度。采用类似的定义，时隙 n 时固定翼无人机基站与地面基站之间的距离为

$$d_n^{\text{back}}=\sqrt{\|x^{\text{gbs}}-x_{n,j}\|_2^2+h^2}$$

根据 3GPP 的建议[15]，在乡村宏基站（rural macro，RMa）场景下固定翼无人机基站飞行高度达到 40m 时就可以达到 100%的 LoS 信道概率。在城区宏基站（urban macro，UMa）场景下，达到 100% LoS 信道概率的高度也仅为 100m。

本章假设空对地链路由直射径主导[16]，并假设由固定翼无人机基站持续移动造成的多普勒效应已经通过技术手段得到有效的补偿。在此可以用自由空间模型来对传播损耗进行建模。设 P 为固定翼无人机基站的传输功率，在时隙 n 时用户 j 的接收功率可以表示为

$$S_{n,j}=\frac{P/(4\pi f/c)^2}{d_{n,j}^2}$$

其中，f 是前传的载波频率；c 是光速。

假设外界的干扰都可以表示为噪声，则谱效率为

$$E_{n,j}=\log_2\left(\frac{S_{n,j}}{\sigma_{\text{n}}}+1\right)$$

其中，σ_{n} 是噪声功率。

类似地，时隙 n 时固定翼无人机基站接收到地面基站的信号功率可以写为

$$S_n^{\text{back}}=\frac{P^{\text{back}}/(4\pi f^{\text{back}}/c)^2}{|d_n^{\text{back}}|^2}$$

其中，P^{back} 是地面基站的传输功率；f^{back} 是回传链路的载波频率。

其相应的谱效率为 $E_n^{\text{back}}=\log_2\left(\frac{S_n^{\text{back}}}{\sigma_{\text{n}}}+1\right)$。

10.2.2　前传、回传资源共享策略

由于固定翼无人机基站通常需要采用无线回传，因此在系统设计中也应考虑回传资源分配以避免前传和回传链路之间的干扰。

本章考虑了两种不同的回传和前传资源分配方案。

带外回传方案是通过为前传和回传链路分配不同频带来避免干扰的。带外回传：本章假设前传和回传链路都采用时分双工（time-division duplex，TDD）方式，其中时隙是预先确定的并且均等地分配给上行链路和下行链路。由于前

传和回传的频带相互分离，因此对于带外回传方案，前传和回传之间不需要准确同步。

带内回传：受到固定前传和回传链路带宽分配的限制，带外回传方案的频谱资源利用效率较低。对此可以使用带内回传在前传和回传之间共享公共频带并动态调整前传和回传的资源分配，以提高频谱利用率。

但是，在频段共用的过程中需要精心设计资源分配以避免干扰。在此可以假设前传和回传都采用相等上下行时隙分配的 TDD 系统，同时假设前传和回传时隙同步。另外，为了防止自干扰，应该避免固定翼无人机基站同时进行发送和接收。

本章采用反向 TDD 时隙配置方案[17]。顾名思义，在反向 TDD 配置中，上行链路和下行链路的时隙相反。图 10-2 中展示了反向 TDD 时隙配置的一个例子。在第一个时隙，固定翼无人机基站会从地面基站和用户接收数据。而在下一个时隙，则将接收到的用户数据转发给地面基站并将从地面基站接收的数据发送给用户。通过重复该过程，便在避免自干扰的前提下完成了上下行数据交换。

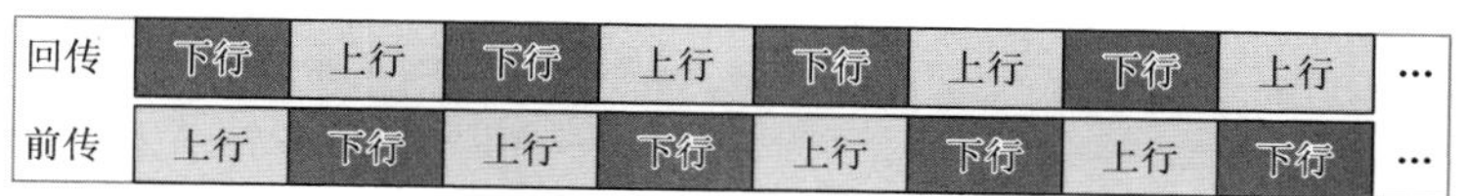

图 10-2　反向 TDD 的时隙配置

10.2.3　能量损耗模型

在实际应用中，固定翼无人机基站通信相关的能量消耗通常远远小于其飞行所需的能量损耗[9, 12, 14, 17, 18]。根据实际测量结果，固定翼无人机基站的飞行能耗可达数百瓦，而通信系统能耗仅为数瓦[19]。

本章将主要研究固定翼无人机基站飞行能耗优化，并采用文献[20]中提出的推进能量损耗模型计算固定翼无人机基站移动过程中的能耗。

假设固定翼无人机基站在一个时隙内的速度和加速度变化可以近似为一个常数，固定翼无人机基站在 N 个时隙内的总能量消耗可以写为

$$P=\delta\sum_{n\in\mathcal{N}}\left(c_1\|v_n\|_2^3+\frac{c_2}{v_{n2}}\left(1+\frac{\|a_n\|_2^2-\dfrac{(a_n^{\mathrm{T}}v_n)^2}{\|v_n\|_2^2}}{g^2}\right)\right)+\Delta\kappa \tag{10-1}$$

其中，$\delta=\dfrac{T}{N}$ 是各个时隙的时长；$a_n\in\mathbb{R}^2$ 和 $v_n\in\mathbb{R}^2$ 是固定翼无人机基站在时隙 n

的加速度和线速度；c_1和c_2是两个关于固定翼无人机基站重量、翼展、空气密度等环境参数的常数；g是重力加速度；$\Delta\kappa=\frac{1}{2}m(\|v_N\|_2^2-\|v_0\|_2^2)$是固定翼无人机基站动能的变化，$v_N\in\mathbb{R}^2$是飞行轨迹结束时固定翼无人机基站的速度，$m$是固定翼无人机基站的质量。

10.2.4 无人机飞行轨迹的约束

前面提到的$v=\{v_n\mid\forall n\in\mathcal{N}^+\}$和$a=\{a_n\mid\forall n\in\mathcal{N}\}$分别是与轨迹$x$相关的线速度和加速度。轨迹、线速度和加速度之间的关系如下：

$$v_{n+1}=v_n+\delta a_n,\quad \forall n\in\mathcal{N} \tag{10-2}$$

$$x_{n+1}=x_n+\delta v_n+\frac{\delta^2}{2}a_n,\quad \forall n\in\mathcal{N} \tag{10-3}$$

本章假设固定翼无人机基站在一个固定的高度飞行，以上对速度、加速度和轨迹的讨论都在一个二维平面上进行。

固定翼无人机基站的轨迹还应该符合如下的约束：

$$\|v_n\|_2\leqslant v_{\max},\quad \forall n\in\mathcal{N} \tag{10-4}$$

$$\|a_n\|_2\leqslant a_{\max},\quad \forall n\in\mathcal{N} \tag{10-5}$$

$$\|v_0\|_2^2\leqslant\|v_N\|_2^2 \tag{10-6}$$

其中，$v_{\max}$和$a_{\max}$是固定翼无人机基站的最大线速度和最大加速度。式（10-4）、式（10-5）中的约束表达了固定翼无人机基站飞行的物理极限。而式（10-6）要求固定翼无人机基站在完成飞行轨迹时的动能不低于开始轨迹时的动能。这一约束是为了防止固定翼无人机基站滥用动能变化来降低其在目标时段内的能量损耗。如果没有这一约束，固定翼无人机基站便能够以一个较高的速度携带较大的动能进入预定的轨迹，并在运动的过程中释放动能，最后以一个较低的速度结束预定轨迹，从而使动能变化$\Delta\kappa$为负数，减小在目标时间段内的能耗。显然，这样的轨迹并不理想。虽然本节只针对一个固定的目标时间段进行优化，但依然希望固定翼无人机基站在整个飞行过程中能保持一个相对稳定的速度。

实际应用中可能需要在给定固定翼无人机基站运动轨迹起始或结束位置的条件下设计飞行轨迹。例如，若地面用户的位置与初始位置相比发生了较大的变化，那么便需要将当前的固定翼无人机基站速度和位置作为新的起始点来更新运动轨迹。但是，起始点或结束点的约束是线性约束，且线性约束在凸优化中比较容易处理[21]。不失一般性，在此忽略这一类约束。

10.3　带外回传固定翼无人机基站的资源分配及轨迹设计

在带外回传场景中，前传带宽 F 和回传带宽 B 是两个固定的参数。对于一个给定的最低速率需求 $R_{\min}$，相应的优化问题为

$$\min_{x,v,\alpha,\beta} P \tag{10-7a}$$

$$\text{s.t.}\quad R_{\min} \leqslant \beta_{n,j} E_{n,j},\quad \forall j \in \mathcal{M}, \forall n \in \mathcal{N}^{+} \tag{10-7b}$$

$$\sum_{j \in \mathcal{M}} \beta_{n,j} \leqslant F,\quad \forall n \in \mathcal{N}^{+} \tag{10-7c}$$

$$\sum_{j \in \mathcal{M}} \beta_{n,j} E_{n,j} \leqslant E_n^{\text{back}} B,\quad \forall n \in \mathcal{N}^{+} \tag{10-7d}$$

式(10-2)～式(10-6)

其中，$\beta = \{\beta_{n,j} \mid \forall j \in \mathcal{M}, \forall n \in \mathcal{N}^{+}\}$ 是各个用户在各个时隙的资源分配。在这个优化问题中，式（10-7b）中的约束保证所有用户在任意时刻的最低速率需求 $R_{\min}$ 都能得到满足。式（10-7c）保证了分配给各个用户的资源总量不超过可用前传资源总量。式（10-7d）表达了回传链路需要能够承载总前传速率的需求。

由于以上问题的目标函数 P 及式（10-6）、式（10-7b）、式（10-7c）非凸，式（10-7）是一个非凸优化问题。求解该问题的最优解通常较为困难。为了寻找一些规律，本章将首先考虑一个特殊的圆形轨迹设计。基于这个特殊的轨迹设计，可以使用迭代优化算法进一步提升固定翼无人机基站的能效。

10.3.1　带外回传固定翼无人机基站的圆形轨迹

本节假设固定翼无人机基站飞行轨迹为圆形，其飞行速度正交于向心加速度且飞行速度的模为一个常数，即 $v_{n2} = v_{\text{cir}}$，$a_n^{\mathrm{T}} v_n = 0$。基于向心加速度公式，固定翼无人机基站维持圆形轨迹所需的加速度为 $a_{\text{cir}} = a_{n2} = \dfrac{v_{\text{cir}}^2}{r}$，其中 r 是该圆形轨迹的半径。

将圆形轨迹的速度和加速度代入式（10-1）中，得到圆形轨迹的能量损耗公式：

$$P_{\text{cir}} = \delta N\left(\left(c_1 + \frac{c_2}{g^2 r^2}\right) v_{\text{cir}}^3 + \frac{c_2}{v_{\text{cir}}}\right) \tag{10-8}$$

动能变化 $\Delta\kappa = 0$，在式（10-8）中忽略。

P_{cir} 是关于速度 $v_{\text{cir}} \geqslant 0$ 的凸函数，通过求解其一阶最优性条件 $P_{\text{cir}} v_{\text{cir}} = 0$ 获取的能耗最优运动速度为

$$v_{\text{cir}}^* = \sqrt[4]{\frac{c_2}{3\left(c_1 + \frac{c_2}{g^2 r^2}\right)}} \tag{10-9}$$

将式（10-9）代入式（10-8）中，得到最优能量损耗为

$$P_{\text{cir}}^* = \frac{4}{3}\delta N \sqrt[4]{3c_2^3\left(c_1 + \frac{c_2}{g^2 r^2}\right)} \tag{10-10}$$

P_{cir}^* 是 r 的一个单调减函数，即最小化圆形轨迹的能量消耗等同于最大化这个运动轨迹的半径。

为此，可以首先对式（10-7b）、式（10-7c）、式（10-7d）进行化简。由于前传和回传链路的谱效率都是固定翼无人机基站位置的函数，给定固定翼无人机基站在时隙 n 的位置即确定了前传谱效率 $E_{n,j},\forall j \in \mathcal{M}$ 和回传谱效率 E_n^{back} 。

可以将固定翼无人机基站在位置 x_n 时的最大最小速率定义为如下函数：

$$R^{\text{out}}(x_n) = \begin{cases} \max\limits_{\beta_n} \ \gamma_n \\ \text{s.t.} \ \gamma_n \leqslant \beta_{n,j} E_{n,j}, \forall j \in \mathcal{M} \\ \quad \sum\limits_{j \in \mathcal{M}} \beta_{n,j} \leqslant F \\ \quad \sum\limits_{j \in \mathcal{M}} \beta_{n,j} \leqslant E_{n,j} \leqslant E_n^{\text{back}} B \end{cases} \tag{10-11}$$

其中，$\beta_n = \{\beta_{n,j} \mid \forall j \in \mathcal{M}\}$ 是时隙 n 时各个用户的资源分配；γ_n 是一个辅助变量。

利用这一函数，可以将式（10-7b）、式（10-7c）、式（10-7d）简化为

$$R^{\text{out}}(x_n) \geqslant R_{\min}, \quad \forall n \in \mathcal{N}^+ \tag{10-12}$$

式（10-11）中的优化问题是一个线性优化问题，其闭式解为

$$R^{\text{out}}(x_n) = \min\left\{\frac{E_n^{\text{back}} B}{M}, \frac{F}{\sum\limits_{j \in \mathcal{M}} \frac{1}{E_{n,j}}}\right\} \tag{10-13}$$

其中，M 是由固定翼无人机基站提供无线服务的用户数量。$R^{\text{out}}(x_n)$ 是一个非平滑的函数，可将式（10-12）扩展为如下两个约束：

$$\frac{E_n^{\text{back}} B}{M} \geqslant R_{\min}, \quad \forall n \in \mathcal{N}^+ \tag{10-14}$$

$$\frac{F}{\sum\limits_{j \in \mathcal{M}} \frac{1}{E_{n,j}}} \geqslant R_{\min}, \quad \forall n \in \mathcal{N}^+ \tag{10-15}$$

注意到式（10-14）的不等式左侧是关于 x_n 的拟凸函数，其上水平集是一个凸集[21]。式（10-14）可以被等价写为如下的凸约束：

$$\| x^{\rm gbs}-x_{n2}^{2} \| \leqslant \frac{\hat{K}^{\rm back}}{\exp\left(\frac{R_{\min}M}{B}\right)-1}-h^{2},\quad \forall n\in\mathcal{N} \tag{10-16}$$

其中，$\hat{K}^{\rm back}=\frac{K^{\rm back}/(4\pi f/c)^{2}}{\sigma_{\rm n}}$。由式（10-14）所表达的可行域是一个圆心在地面基站处的圆。

为了进一步简化分析，基于对仿真结果的观察，可以经验性地假设由式(10-15)所表达的可行域是一个圆心在用户几何中心的圆，其中用户的几何中心为 $\bar{x}^{\rm user}=\frac{\sum_{j\in\mathcal{M}}x_{j}^{\rm user}}{M}$。

其半径可通过在直线 $\mathcal{L}=\{\rho r+\bar{x}^{\rm user}\mid\rho\in\mathbb{R}\}$ 上寻找式（10-15）的数值根来获得[22]，其中 $r=\frac{x^{\rm gbs}-\bar{x}^{\rm user}}{\|x^{\rm gbs}-\bar{x}^{\rm user}\|_{2}}$。

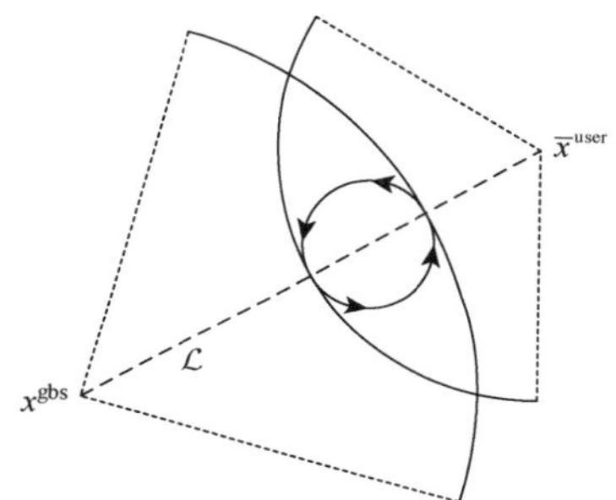

图 10-3　带内回传的圆形轨迹（一）

如图 10-3 所示，通过将式(10-14)和式(10-15)表示为相应的两个圆，其交集的内切圆就是最优的圆形轨迹。另外，可以将这个内切圆的半径代入式（10-9）中来获取轨迹的最优速度。

10.3.2　带外回传运动轨迹的迭代凸优化方法

如图 10-3 所示，由式（10-14）和式（10-15）所表达的可行域并不是一个圆形。

为了充分利用可行飞行范围中富余的空间设计运动轨迹、减少能量消耗，本章提出一个连续凸优化方法来求解式（10-7）。具体而言，可以通过迭代求解并更新原问题的局部近似来逼近原问题的最优解。

首先，给出一个飞行能量损耗的上界：

$$P\leqslant\delta\sum_{n\in\mathcal{N}}\left(c_{1}\|v_{n}\|_{2}^{3}+\frac{c_{2}}{\|v_{n}\|_{2}}\left(1+\frac{\|a_{n}\|_{2}^{2}}{g^{2}}\right)\right)+\Delta\tilde{k} \tag{10-17a}$$

$$\leqslant\delta\sum_{n\in\mathcal{N}}\left(c_{1}\|v_{n}\|_{2}^{3}+\frac{c_{2}}{\|v_{n}\|_{2}}+\frac{c_{2}\|a_{n}\|_{2}^{2}}{g^{2}\|v_{n}\|_{2}}\right)+\Delta\hat{k} \tag{10-17b}$$

其中，$\Delta\hat{k}=\frac{m}{2}\|v_{n}\|_{2}^{2}-\frac{m}{2}(\|v_{0}^{(t)}\|_{2}^{2}+2(v_{0}^{(t)})^{\rm T}(v_{0}-v_{0}^{(t)}))$，而 $v_{0}^{(t)}$ 是迭代 t 步时的局部解。由于总有 $\frac{(a_{n}^{\rm T}v_{n})^{2}}{\|v_{n}\|_{2}^{2}}\geqslant 0$，可以直接得出式（10-17a）。当加速度方向与线速度方向相互正交的时候，$a_{n}^{\rm T}v_{n}=0$ 时，式（10-17a）是紧的。

通过求$\Delta\kappa$关于v_0的一阶泰勒展开可以得到式（10-17b）。由于泰勒展开是凹函数的一个全局上界，式（10-17b）总是成立。

用式（10-17b）来替代能量消耗P，式（10-7）被转化成最小化能量消耗上界的问题。将式（10-7b）、式（10-7c）、式（10-7d）替换为式（10-14）和式（10-15），式（10-7）被转化为如下的形式：

$$\min_{x,\beta,v,a,\tau,\varepsilon} \quad \delta\sum_{n\in\mathcal{N}}\left(c_1\|v_n\|_2^3+\frac{c_2}{\tau_n}+\frac{c_2\|a_n\|_2^2}{g^2\tau_n}\right)+\Delta\hat{k} \tag{10-18a}$$

$$\text{s.t.}\quad 0\leqslant\tau_n,\quad n\in\mathcal{N} \tag{10-18b}$$

$$\tau_n^2\leqslant\|v_n\|_2^2,\quad \forall n\in\mathcal{N} \tag{10-18c}$$

$$\sum_{j\in\mathcal{M}}\frac{1}{\varepsilon_{n,j}}\leqslant\frac{F}{R_{\min}},\quad \forall n\in\mathcal{N}^+ \tag{10-18d}$$

$$0\leqslant\varepsilon_{n,j},\quad \forall j\in\mathcal{M},\forall n\in\mathcal{N}^+ \tag{10-18e}$$

$$\epsilon_{n,j}\leqslant E_{n,j},\quad \forall j\in\mathcal{M},\forall n\in\mathcal{N}^+ \tag{10-18f}$$

式（10-2）～式（10-6）和式（10-16）

其中，$\tau=\{\tau_n\,|\,\forall n\in\mathcal{N}\}$和$\epsilon=\{\epsilon_{n,j}\,|\,\forall j\in\mathcal{M},\forall n\in\mathcal{N}^+\}$是为了简化问题而引入的辅助变量。可以证明当式（10-18）取得最优解时，有$\tau_n=\|v_n\|_2,\forall n\in\mathcal{N}$。

这是因为如果该等式不成立，总是可以通过增大τ_n的值来获取一个更好的目标函数值。使用类似的方法可以证明式（10-15）等价于式（10-18d）、式（10-18e）、式（10-18f）的组合。

在经过转化之后，该问题的目标函数式（10-18a）变成了凸函数。式（10-18）中非凸的部分只剩下式（10-6）、式（10-18c）和式（10-18f）。

接下来，为了进一步转化非凸结构，需要推导这些约束的局部近似。通过计算$\|v_{n2}^2\|$关于v_n的一阶泰勒展开可以得到近似于式（10-18c）的凸约束如下：

$$\tau_n^2\leqslant\|v_n^{(t)}\|_2^2+2(v_n^{(t)})^{\mathrm{T}}(v_n-v_n^{(t)}),\quad \forall n\in\mathcal{N} \tag{10-19}$$

其中，$v_n^{(t)},n\in\mathcal{N}$为迭代$t$步时的局部点。

类似地，式（10-6）可以近似为

$$\|v_0\|_2^2\leqslant\|v_N^{(t)}\|_2^2+2(v_N^{(t)})^{\mathrm{T}}(v_N-v_N^{(t)}),\quad \forall n\in\mathcal{N} \tag{10-20}$$

其中，$v_N^{(t)}$为迭代t步时的局部点。

对于式（10-18），虽然$E_{n,j}$是关于$x_{n,j}$的非凸函数，但却是关于$d_{n,j}^2$的凸函数。通过计算（10-18f）关于$d_{n,j}^2$的一阶泰勒展开可以得到其近似：

$$\varepsilon_{n,j}\leqslant\log_2\left(\frac{\hat{K}}{|d_{n,j}^{(t)}|^2}+1\right)-\frac{\hat{K}(d_{n,j}^2-|d_{n,j}^{(t)}|^2)}{|d_{n,j}^{(t)}|^2\,(|d_{n,j}^{(t)}|^2+\hat{K})},\quad \forall j\in\mathcal{M},\forall n\in\mathcal{N}^+ \tag{10-21}$$

其中，$d_{n,j}^{(t)}$ 是一个局部点，且 $\hat{K}=\dfrac{K/(4\pi f/c)^2}{\sigma}$。由于 $d_{n,j}^2$ 是关于 x_n 的凸函数，式（10-21）是凸的。

基于以上推导，可以得到一个近似于式（10-7）的凸问题如下：

$$\min_{x,v,\alpha,\tau,\varepsilon} \quad \delta\sum_{n\in\mathcal{N}}\left(c_1\|v_n\|_2^3+\frac{c_2}{\tau_n}+\frac{c_2\|a_n\|_2^2}{g^2\tau_n}\right)+\Delta\hat{k} \tag{10-22}$$

s.t.　式(10-2)～式(10-5)、式(10-16)、式(10-18b)、式(10-18d)、式(10-18c)、式(10-19)～式(10-21)

可以通过迭代求解式（10-22）并在迭代过程中更新局部点 $v_n^{(t)},\forall n\in\mathcal{N}^+$ 和 $d_{n,j}^{(t)},\forall j\in\mathcal{M},\forall n\in\mathcal{N}^+$ 来求解式（10-7）。而前面推导的圆形轨迹可以用作迭代求解过程的起始点。

10.4　带内回传固定翼无人机基站的资源分配及轨迹优化

带内回传是在频谱资源受限条件下提供无线服务的有效手段。该场景下的问题建模中，前传和回传带宽分配不再是固定的参数，而是可以动态调整的变量。设 $F=\{F_n\mid\forall n\in\mathcal{N}\}$ 和 $B=\{B_n\mid\forall n\in\mathcal{N}\}$ 是在各个时隙分别分配给前传和回传的资源量。给定频谱资源总量 C，带内回传的优化问题如下：

$$\min_{F,B,\beta,x,v,\alpha} \quad P \tag{10-23a}$$

$$\text{s.t.}\quad R_{\min}\leqslant\beta_{n,j}E_{n,j},\quad \forall j\in\mathcal{M},\forall n\in\mathcal{N}^+ \tag{10-23b}$$

$$\sum_{j\in\mathcal{M}}\beta_{n,j}\leqslant F_n,\quad \forall n\in\mathcal{N}^+ \tag{10-23c}$$

$$\sum_{j\in\mathcal{M}}\beta_{n,j}E_{n,j}\leqslant E_n^{\text{back}}B_n,\quad \forall n\in\mathcal{N}^+ \tag{10-23d}$$

$$F_n+B_n\leqslant C,\quad \forall n\in\mathcal{N}^+ \tag{10-23e}$$

式（10-2）～式（10-6）

其中最低用户速率由式（10-23b）保证，前传的资源约束和回传的速率约束分别由式（10-23c）和式（10-23d）保证。另外，式（10-23e）约束了前传和回传使用的资源量不能超过总的可用资源量。

10.4.1　带内回传的圆形轨迹

类似于对带外回传圆形轨迹的讨论，本节也将首先寻找半径最大的圆形轨迹。设 $R^{\text{in}}(x_n)$ 为使用带内回传时给定固定翼无人机基站位置时所能达到的最大最小用户速率，则 $R^{\text{in}}(x_n)$ 可以写为

$$R^{\text{in}}(x_n)=\begin{cases}\max\limits_{\beta_n} & \gamma_n \\ \text{s.t.} & \gamma_n \leqslant \beta_{n,j}E_{n,j}, \quad \forall j\in\mathcal{M} \\ & \sum\limits_{j\in\mathcal{M}}\beta_{n,j}\leqslant F_n \\ & \sum\limits_{j\in\mathcal{M}}\beta_{n,j}E_{n,j}\leqslant E_n^{\text{back}}B_n \\ & F_n+B_n\leqslant C\end{cases} \tag{10-24}$$

基于 $R^{\text{in}}(x_n)$，式（10-23b）、式（10-23c）、式（10-23d）、式（10-23e）可以被替换为

$$R_{\min}\leqslant R^{\text{in}}(x_n),\quad \forall n\in\mathcal{N}^+ \tag{10-25}$$

由于式（10-24）是一个线性规划问题，可以求解出 $R^{\text{in}}(x_n)$ 的闭式表达式为

$$R^{\text{in}}(x_n)=\frac{C}{\dfrac{M}{E_n^{\text{back}}}+\sum\limits_{j\in\mathcal{M}}\dfrac{1}{E_{n,j}}} \tag{10-26}$$

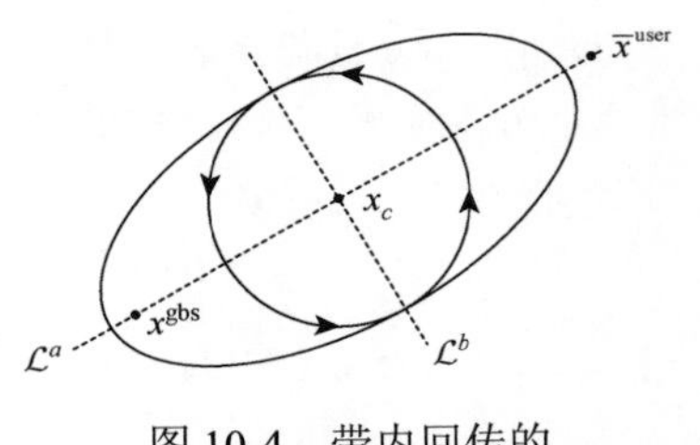

图 10-4　带内回传的圆形轨迹（二）

可以在仿真中看到式（10-25）所表达的可行域近似于一个椭圆。如图 10-4 所示，在此经验性地将连接地面基站和用户几何中心的直线 $\mathcal{L}^a=\{\rho r_a+x^{\text{gbs}}\mid\rho\in\mathbb{R}\}$ 作为椭圆的长轴，其中 $r_a=\dfrac{x^{\text{gbs}}-\bar{x}^{\text{user}}}{\|x^{\text{gbs}}-\bar{x}^{\text{user}}\|_2}$。这个长轴的两个顶点则通过在 $\mathcal{L}^a$ 上寻找式（10-25）的两个根来获得。与此同时，两个长轴顶点的中点便是这个椭圆的中心 x_c。而椭圆的短轴方向可以通过将长轴旋转 90°来获得，即 $r_b=\begin{bmatrix}0 & -1\\ 1 & 0\end{bmatrix}r_a$。短轴顶点则通过在直线 $\mathcal{L}^b=\{\rho r_b+x_c\mid\rho\in\mathbb{R}\}$ 上寻找式（10-25）的两个根来获得。这个椭圆的内接圆便是最优的圆形轨迹。相应的固定翼无人机基站飞行速度可以由式（10-9）得出。

10.4.2　带内回传的迭代优化方法

同样，由于式（10-23）不是一个凸优化问题，可以通过迭代优化方法来求解该问题。

采用式（10-17b）中给出的能量损耗上界以及 $R^{\text{in}}(x_n)$ 的闭式表达式，式（10-23）被转化为

$$\min_{\substack{x,v,\alpha,\tau\\ \epsilon,\epsilon^{\text{back}}}} \quad \delta\sum_{n\in\mathcal{N}}\left(c_1\|v_n\|_2^3+\frac{c_2}{\tau_n}+\frac{c_2\|a_n\|_2^2}{g^2\tau_n}\right)+\Delta\hat{\kappa} \tag{10-27a}$$

$$\text{s.t.}\quad 0\leqslant\epsilon_n^{\text{back}},\quad \forall n\in\mathcal{N}^+ \tag{10-27b}$$

$$\epsilon_n^{\text{back}}\leqslant E_n^{\text{back}},\quad \forall n\in\mathcal{N}^+ \tag{10-27c}$$

$$\frac{M}{\epsilon_n^{\text{back}}}+\sum_{j\in\mathcal{M}}\frac{1}{\epsilon_{n,j}}\leqslant\frac{C}{R_{\min}},\quad \forall n\in\mathcal{N}^+ \tag{10-27d}$$

式(10-2)～式(10-6)、式(10-18b)、式(10-18c)、式(10-18e)和式(10-18f)

其中，$\epsilon^{\text{back}}=\{\epsilon_n^{\text{back}}\mid\forall n\in\mathcal{N}^+\}$ 是一组辅助变量，式（10-27d）是基于式（10-25）变化而来的。此时式（10-27）中的非凸部分就剩下式（10-6）、式（10-18c）、式（10-18f）和式（10-27c）。

类似于对式（10-18）的讨论，这些非凸部分可以通过局部逼近的方式进行转化。除了之前推导出的近似式（10-19）～式（10-21），式（10-27c）可以使用以下的凸约束进行逼近：

$$\epsilon_n^{\text{back}}\leqslant\log_2\left(\frac{\hat{K}^{\text{back}}}{|d_n^{\text{back},(t)}|^2}+1\right)-\frac{\hat{K}^{\text{back}}(|d_n^{\text{back}}|^2-|d_n^{\text{back},(t)}|^2)}{|d_n^{\text{back},(t)}|^2(|d_n^{\text{back},(t)}|^2+\hat{K})},\quad \forall n\in\mathcal{N}^+ \tag{10-28}$$

式（10-28）不等式右侧通过求 E_n^{back} 关于 $|d_n^{\text{back}}|^2$ 的泰勒展开得到，而 $d_n^{\text{back},(t)},n\in\mathcal{N}^+$ 是在迭代 t 时的局部点。

最后，可以获得一个对式（10-23）的逼近：

$$\min_{x,v,\alpha,\tau,\epsilon,\epsilon^{\text{back}}} \quad \delta\sum_{n\in\mathcal{N}}\left(c_1\|v_n\|_2^3+\frac{c_2}{\tau_n}+\frac{c_2\|a_n\|_2^2}{g^2\tau_n}\right)+\Delta\hat{K}$$

s.t.　式(10-2)～式(10-5)、式(10-18b)、式(10-18e)、式(10-19)、式(10-21)、式(10-27b)、式(10-27d)和式(10-28)

式（10-23）的求解可以转化为对式（10-29）的迭代求解。同样，可以采用前面推导的圆形轨迹作为初始的局部点。

10.5　复杂度分析

由于带内及带外回传的算法结构类似，在此统一对飞行轨迹优化的复杂度进行分析。使用椭圆法对迭代过程中的凸问题进行求解以获取复杂度的上界[23]。椭圆法在每次迭代过程中将搜索范围缩小一半，可以将其看作二分搜索在高维问题上的扩展。对于本章涉及的算法，每次迭代过程中需要 $O(MN)$ 的复杂度以决定在高维空间中切割搜索空间的超平面的位置的问题。椭圆法需要 $O(M^2N^2)$ 的迭代复杂度（迭代次数）以达到收敛。假设总体的迭代次数为 K，本章所提算法的复杂度为 $O(KM^3N^3)$。

10.6 仿真结果

本节将展示本章所提算法的数值仿真结果。在仿真中，$M=50$ 个用户均匀地分布在一个尺寸为 $1\text{km}\times1\text{km}$ 的方形区域中。设地面基站所在的坐标为 $(0,0)$，一个固定翼无人机被用来给地面用户提供服务。详细的仿真参数由表 10-1 给出。本节中采用的速率单位为 nat/s（1nat = 1.44bit，是自信息量的以 e 为底的单位），即使用自然对数的信息量。

表 10-1　无人机轨迹优化仿真参数

符号	数值	描述
h	100m	固定翼无人机基站飞行高度
g	9.8m/s^2	重力加速度
f	2GHz	前传载波频率
f^{back}	2GHz	回传载波频率
K	30dBm	固定翼无人机基站传输功率
K^{back}	30dBm	地面基站传输功率
σ_{n}	−100dBm	噪声功率
m	10kg	固定翼无人机基站的质量
c_1	9.26×10^{-4}kg/m	能量损耗参数
c_2	2250kg·m^3/s^4	能量损耗参数
C	20MHz	带内场景下传输总带宽
F	10MHz	带外场景下前传带宽
B	10MHz	带外场景下回传带宽
T	100s	飞行时间
N	100	时隙个数
δ	1s	时隙时长

首先给出一个直观的例子，图 10-5 中展示了当最低用户速率 $R_{\min}$ 为 1.75Mnat/s 时的带外及带内回传轨迹优化结果。为了方便对比，其相对应的初始圆形轨迹也在图中用虚线进行了标记。图 10-6 中展示了固定翼无人机基站处于不同位置所能达到的最大最小速率 $R^{\text{in}}(\cdot)$ 和 $R^{\text{out}}(\cdot)$，其中较为明亮的颜色表示较高的值而暗色则表示较低的值，同时图中也画出了等高线作为辅助。

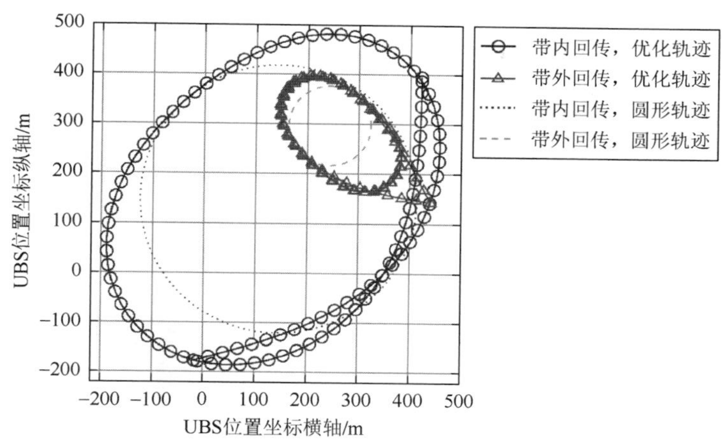

图 10-5　带内及带外回传的飞行轨迹对比

如图 10-5 所示，通过优化方法得出的最优轨迹并不是原始的圆形轨迹。通过将优化的轨迹与图 10-6 中的等高线进行对比，可以看到优化后的轨迹充分利用了可行飞行范围的形状来减少不必要的转向，从而减少了能量消耗。值得注意的是，在带外回传场景中，轨迹优化的结果并没有一直紧靠着可行飞行范围的边沿，而是在角度过大的转折处选择了较为圆滑的轨迹。

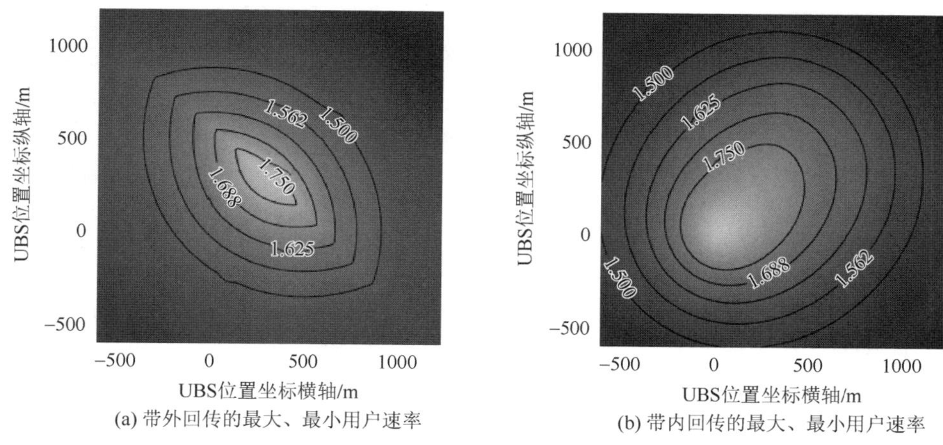

图 10-6　固定翼无人机基站处于不同位置时的最大、最小用户速率（Mnat/s）

图 10-7 中展示了固定翼无人机基站不同运动轨迹的能量消耗曲线。可以观察到，与圆形轨迹相比，优化后的轨迹显著改善了能量消耗。同时还可以看到，能量消耗随着最小速率的增加而增加。

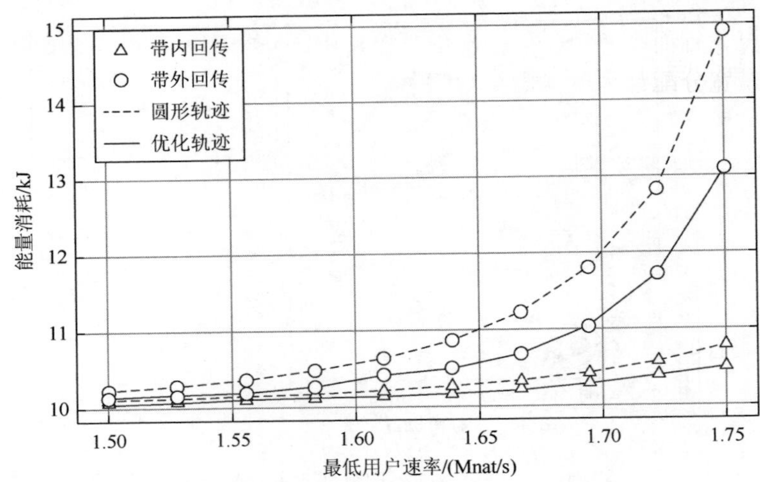

图 10-7　不同最低速率需求时的能量消耗

通过与图 10-6 中保证用户速率的可行飞行范围进行比较可以看出，加大最小速率需求将导致保证用户速率的可行区域缩小，进而导致额外的能量消耗以操纵固定翼无人机基站不离开可行区域。

在图 10-7 中得到的另一个重要结论是带内回传方案与带外回传方案相比可以实现更低的能耗。具体而言，当固定翼无人机基站飞离用户时，无线资源被更多地分配给前传以补偿长距离传输，反之则会将资源分配给回传。通过动态的前传和回传资源分配，固定翼无人机基站得以在一个更大的范围内保证用户的最低速率需求。这也是带内回传方案中保证用户速率的可行区域明显大于带外回传方案中具有相同的最低速率要求的可行区域的原因。

为了进一步证明动态资源分配的有效性，图 10-8 展示了将带外回传方案中 20MHz 的总带宽按照不同比例分配给前传和回传链路时的轨迹优化结果。使用 20MHz 总带宽的带内回传的优化结果也作为参考在图中给出。由于在曲线的边界处所对应的可行飞行范围已经非常小，如果分配给前传的资源被进一步放大或缩小，优化问题将变得不可行。

如图 10-8 所示，合适的前传及回传资源分配可以显著降低能耗。另外，通过动态的前传和回传资源分配，带内回传方案的能效仍然优于带外回传方案中的最佳资源分配。

前传和回传资源动态分配是带内回传方案能够获得更大可行飞行范围的关键。图 10-9 展示了带内回传方案中最低用户速率为 $R_{\min}=1.75\text{Mnat}/\text{s}$ 时，不同无人机基站运动轨迹对回传链路带宽动态分配的影响。为了更加直观地展示回传链路带宽与回传链路传输距离之间的关系，图 10-9（b）中画出了回传链路传输距离随着无人机飞行而动态变化的情况。可以看出，不管圆形轨迹还是优化轨迹，回传链路的带宽分配都呈现周期性变化的特征。

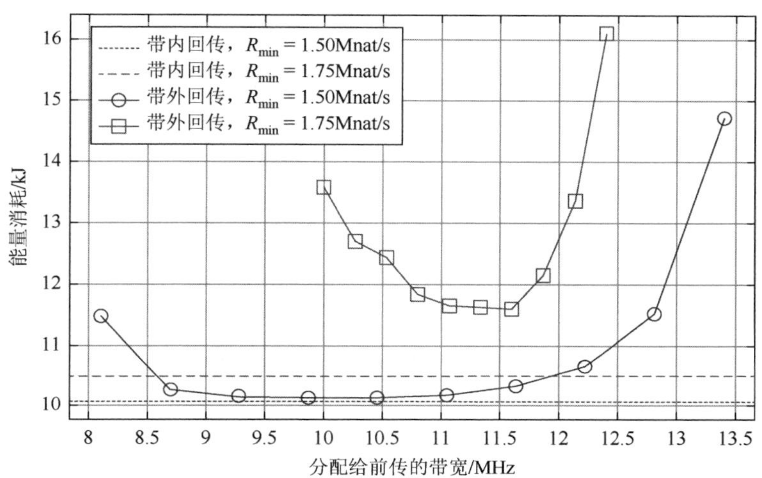

图 10-8　带外回传在不同资源分配比例下的能量消耗曲线

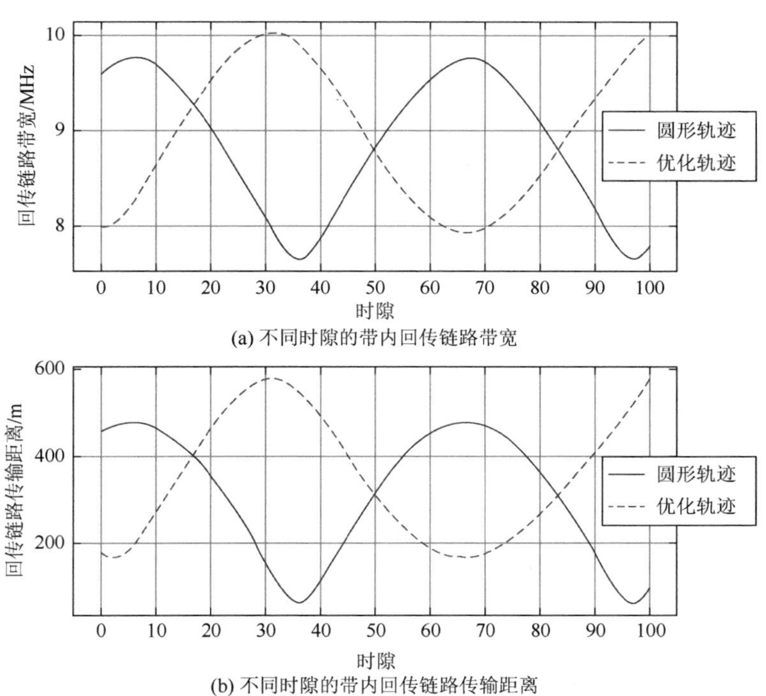

图 10-9　带内回传链路带宽及回传链路传输距离随运动轨迹的变化

同时，对比图 10-5 可以看到，由于优化的飞行轨迹可以充分利用可行区域的形状，其回传链路的传输距离整体上比圆形轨迹的距离要长，所以优化轨迹中给回传链路分配的资源量也整体多于圆形轨迹的回传资源分配。另外，可以看到随着固定翼无人机基站的运动，回传链路的带宽分配在 9MHz 左右变化，这一观察与图 10-8 中的最优带外回传的前传资源分配在 11MHz 左右的观察相吻合。

10.7 总　　结

固定翼无人机的载荷能力和续航能力都较强，但由于其无法悬停于固定的位置，现有研究通常考虑信息收集等对时延不敏感的应用，相关无线覆盖方法难以应用于移动网络。本章提出可应用于移动网络的保证用户速率的固定翼无人机无线覆盖方法，针对带内和带外两种回传策略分别设计了相应的资源分配方案，确定保证用户速率的可行飞行范围，提出了连续凸优化算法来解决固定翼无人机基站的运动轨迹能效优化问题[24]。最后，仿真结果证明了本章所提方法的有效性。其中，使用本章方法设计的飞行轨迹相对于圆形飞行轨迹可使能耗降低 12%。另外，仿真结果也证明使用带内回传方案可以获得更低的能耗。本章主要包括以下内容。

本章针对带内及带外回传场景分别设计了相应的动态资源分配方案以对由固定翼无人机基站持续移动造成的信道质量动态变化进行补偿。这些方案将无线资源补偿给信道质量较差的用户，从而在固定翼无人机基站持续移动的过程中提供保证用户速率的无线服务覆盖。动态的资源分配方案使得用固定翼无人机为地面用户提供服务成为可能。为了进一步降低固定翼无人机基站的能耗，提升固定翼无人机基站的续航时间，本章以动态资源分配为基础，确定了保证用户最低服务速率的无人机基站可行飞行范围，设计了高效的固定翼无人机基站运动轨迹优化算法。本章首先对特殊的圆形运动轨迹进行了讨论，并推导了在加速度恒定情况下的最优飞行速度。以圆形轨迹为基础，本章基于连续凸优化设计了迭代轨迹优化算法，有效降低了固定翼无人机基站的能量消耗。

参 考 文 献

[1] Bor-Yaliniz I，Yanikomeroglu H. The new frontier in RAN heterogeneity：Multi-tier drone-cells. IEEE Communications Magazine，2016，54（11）：48-55.

[2] Yang P，Cao X，Yin C，et al. Proactive drone-cell deployment：Overload relief for a cellular network under flash crowdtraffic. IEEE Transactions on Intelligent Transportation Systems，2017，18（10）：2877-2892.

[3] Chandrasekharan S，Gomez K，Al-Hourani A，et al. Designing and implementing future aerial communication networks. IEEE Communications Magazine，2016，54（5）：26-34.

[4] Li K，Ni W，Wang X，et al. Energy-efficient cooperative relaying for unmanned aerial vehicles. IEEE Transactions on Mobile Computing，2016，15（6）：1377-1386.

[5] Dogancay K. UAV path planning for passive emitter localization. IEEE Transactions on Aerospace and Electronic Systems，2012，48（2）：1150-1166.

[6] Rucco A，Aguiar A P，Hauser J. Trajectory optimization for constrained UAVs：A virtual target vehicle approach// Proceedings of the 2015 International Conference on Unmanned Aircraft Systems，Denver，2015：236-245.

[7] Bellingham J S，Tillerson M，Alighanbari M，et al. Cooperative path planning for multiple UAVs in dynamic and uncertain environments// Proceedings of the 41st IEEE Conference on Decision and Control，Las Vegas，2002：2816-2822.

[8] Tisdale J，Kim Z，Hedrick J K. Autonomous UAV path planning and estimation. IEEE Robotics Automation Magazine，2009，16（2）：35-42.

[9] Franco C D，Buttazzo G. Energy-Aware coverage path planning of UAVs// Proceedings of the 2015 IEEE International Conference on Autonomous Robot Systems and Competitions，Vila Real，2015：111-117.

[10] Zhan C，Zeng Y，Zhang R. Energy-efficient data collection in UAV enabled wireless sensor network. IEEE Wireless Communications Letters，2018，7（3）：328-331.

[11] Zeng Y，Xu X，Zhang R. Trajectory design for completion time minimization in UAV-Enabled multicasting. IEEE Transactions on Wireless Communications，2018，17（4）：2233-2246.

[12] Xu J，Zeng Y，Zhang R.UAV-Enabled wireless power transfer：Trajectory design and energy optimization. IEEE Transactions on Wireless Communications，2018，17（8）：5092-5106.

[13] Wu Q，Zeng Y，Zhang R. Joint trajectory and communication design for multi-UAV enabled wireless networks. IEEE Transactions on Wireless Communications，2018，17（3）：2109-2121.

[14] Wu Q，Zhang R. Common throughput maximization in UAV-enabled OFDMA systems with delay consideration. IEEE Transactions on Communications，2018，66（12）：6614-6627.

[15] 3GPP. Enhanced LTE support for aerial vehicles. TR 36.777. 3rd Generation Partnership Project，2017.

[16] Zeng Y，Zhang R，Lim T J. Wireless communications with unmanned aerial vehicles：Opportunities and challenges. IEEE Communications Magazine，2016，54（5）：36-42.

[17] Hoydis J，Hosseini K，Brink S T，et al. Making smart use of excess antennas：Massive MIMO，small cells，and TDD. Bell Labs Technical Journal，2013，18（2）：5-21.

[18] Desset C，Debaillie B，Giannini V，et al. Flexible power modeling of LTE base stations// Proceedings of the 2012 IEEE Wireless Communications and Networking Conference（WCNC），Shanghai，2012：2858-2862.

[19] Abeywickrama H V，Jayawickrama B A，He Y，et al. Comprehensive energy consumption model for unmanned aerial vehicles，based on empirical studies of battery performance. IEEE Access，2018，6：58383-58394.

[20] Zeng Y，Zhang R. Energy-efficient UAV communication with trajectory optimization. IEEE Transactions on Wireless Communications，2017，16（6）：3747-3760.

[21] Boyd S，Vandenberghe L. Convex Optimization. New York：Cambridge University Press，2004.

[22] Press W H，Teukolsky S A，Vetterling W T，et al. Numerical Recipes：The Art of Scientific Computing. 3rd ed. New York：Cambridge University Press，2007.

[23] Ben-Tal A，Nemirovskiaei A S. Lectures on Modern Convex Optimization：Analysis，Algorithms，and Engineering Applications. Philadelphia：Society for Industrial，2001.

[24] Qiu C，Wei Z，Feng Z，et al. Backhaul-aware trajectory optimization of fixed-wing UAV-Mounted base station for continuous available wireless service. IEEE Access，2020，8：60940-60950.

附　录　A

1. C_{erg1} 关于距离 l 凹凸性的证明过程

为了简化证明过程，我们定义 $\xi_1=\dfrac{P}{\sigma^2}$ 和 $\xi_2=\dfrac{2K+1}{2(1+K)^2}$，其中，$\xi_1>0$ 和 $\dfrac{21}{242}<\xi_2<\dfrac{3}{8}$。$C_{\text{erg1}}$ 可以改写如下：

$$C_{\text{erg1}}=\frac{1}{\ln 2}\left(\ln(1+\xi_1 l^{-\alpha})-\frac{\xi_2}{\left(1+\dfrac{l^{\alpha}}{\xi_1}\right)^2}\right) \tag{A-1}$$

进一步，可以得到 C_{erg1} 关于 l 的一阶导为

$$\frac{\mathrm{d}C_{\text{erg1}}(l)}{\mathrm{d}l}=\frac{1}{\ln 2}\left(\frac{-\xi_1\alpha l^{-\alpha-1}}{1+\xi_1 l^{-\alpha}}-\frac{\xi_2}{\xi_1}\cdot\frac{2\alpha l^{\alpha-1}}{\left(1+\dfrac{l^{\alpha}}{\xi_1}\right)^3}\right)\leqslant 0 \tag{A-2}$$

C_{erg1} 关于 l 的二阶导为

$$\begin{aligned}\frac{\mathrm{d}^2C_{\text{erg1}}(l)}{\mathrm{d}l^2}&=\frac{1}{\ln 2}\left(\frac{\xi_1(\alpha^2+\alpha)l^{-\alpha-2}+\xi_1^2\alpha l^{-2\alpha-2}}{(1+\xi_1 l^{-\alpha})^2}+\frac{\xi_2}{\xi_1^2}\cdot\frac{2\alpha(2\alpha-1)l^{2\alpha-2}-2\xi_1\alpha(\alpha-1)l^{\alpha-2}}{\left(1+\dfrac{l^{\alpha}}{\xi_1}\right)^4}\right)\\&=\frac{1}{\ln 2}\left(\underbrace{\left(\frac{\xi_1(\alpha^2+\alpha)}{(\xi_1+l^{\alpha})^2}-\frac{2\xi_2(2\alpha^2-\alpha)}{\xi_1\left(1+\dfrac{l^{\alpha}}{\xi_1}\right)^4}\right)}_{a(1)}l^{\alpha-2}\underbrace{\left(\frac{\xi_1^2\alpha}{(1+\xi_1 l^{-\alpha})^2}l^{-2\alpha-2}+\frac{\xi_2 2\alpha(2\alpha-1)}{\xi_1^2\left(1+\dfrac{l^{\alpha}}{\xi_1}\right)^4}l^{2\alpha-2}\right)}_{a(2)\geqslant 0}\right)\end{aligned} \tag{A-3}$$

其中

$$a(1)=\frac{\xi_1(\alpha^2+\alpha)}{(\xi_1+l^\alpha)^2}-\frac{2\xi_2\xi_1^3(2\alpha^2-\alpha)}{(\xi_1+l^\alpha)^4} \\ =\frac{\xi_1((\alpha^2+\alpha)(\xi_1+l^\alpha)^2+(2\xi_1^2\xi_2\alpha-4\xi_1^2\xi_2\alpha^2))}{(\xi_1+l^\alpha)^4} \tag{A-4}$$

为了得到$a(1)\geqslant 0$，$(\alpha^2+\alpha-4\xi_2\alpha^2)\xi_1^2$必须大于等于 0；换句话说，$\alpha$必须满足如下条件：$\alpha\leqslant\frac{1}{2}$或者$\alpha\geqslant\frac{121}{79}$。在实际的无线通信系统中$\alpha\geqslant 2$，因此，我们可以得到$C_{\mathrm{erg1}}$的二阶导大于等于 0，即$\frac{\mathrm{d}^2C_{\mathrm{erg1}}(l)}{\mathrm{d}l^2}\geqslant 0$。最终可以得到$C_{\mathrm{erg1}}$关于$l$是凸的。

2. 关于定理 3-1 的证明过程

首先，我们证明式（3-11）。为了证明式（3-11），令L_1表示无人机之间的欧氏距离，$f_{L_1}(l)$表示L_1的概率密度函数。令$\mathcal{P}$表示无人机之间距离为l的概率，$\mathcal{P}_1$表示其中一架无人机位于球体表面的情况下的概率，如图 3-2 所示。根据 Crofton 固定点定理（见引理 3-1），可以得到如下公式：

$$\mathrm{d}\mathcal{P}=2(\mathcal{P}_1-\mathcal{P})|V|^{-1}\,\mathrm{d}|V| \tag{A-5}$$

其中，$|V|$表示 3D 球体的体积，即$|V|=\frac{4}{3}\pi r_{\mathrm{s}}^3$和$\mathrm{d}|V|=4\pi r_{\mathrm{s}}^2\mathrm{d}r_{\mathrm{s}}$。为了计算$\mathcal{P}_1$，我们假设无人机 1 位于球体的表面，另一架无人机，也就是无人机 2 位于以无人机 1 为中心、半径为l的球冠中，如图 3-1 中的阴影部分所示。令$\mathrm{d}l$表示球冠的厚度，可以得到球冠的体积为$2\pi l^2\left(1-\frac{l}{2r_{\mathrm{s}}}\right)\mathrm{d}l$。因此，可以进一步得到$\mathcal{P}_1$，表示如下：

$$\mathcal{P}_1=\frac{2\pi l^2\left(1-\frac{l}{2r_{\mathrm{s}}}\right)\mathrm{d}l}{\frac{4}{3}\pi r_{\mathrm{s}}^3}=\frac{3l^2(2r_{\mathrm{s}}-l)\mathrm{d}l}{4r_{\mathrm{s}}^4} \tag{A-6}$$

将式（A-6）代入式（A-5），得到

$$\mathrm{d}\mathcal{P}=2\left(\frac{3l^2(2r_{\mathrm{s}}-l)\mathrm{d}l}{4r_{\mathrm{s}}^4}-\mathcal{P}\right)\frac{3\mathrm{d}r_{\mathrm{s}}}{r_{\mathrm{s}}} \tag{A-7}$$

通过一系列的运算操作，上式可以表示为

$$r_{\mathrm{s}}^6\mathrm{d}\mathcal{P}+6r_{\mathrm{s}}^5\mathcal{P}\mathrm{d}r_{\mathrm{s}}=\left(9l^2r_{\mathrm{s}}^2-\frac{9}{2}l^3r_{\mathrm{s}}\right)\mathrm{d}l\mathrm{d}r_{\mathrm{s}} \tag{A-8}$$

上述公式两边同时对r_{s}取积分，可以得到

$$\begin{aligned}\mathcal{P}r_{\rm s}^6 &= \int\left(9l^2r_{\rm s}^2-\frac{9}{2}l^3r_{\rm s}\right){\rm d}l{\rm d}r_{\rm s}\\ &= 9l^2{\rm d}l\left(\frac{1}{3}r_{\rm s}^3-\frac{1}{4}lr_{\rm s}^2\right)+c_1\end{aligned} \tag{A-9}$$

其中，c_1是一个待定的常数。值得注意的是，在$r_{\rm s}=\frac{l}{2}$的情况下，两架无人机都位于球体直径的两端，并且都位于球体表面。根据$\mathcal{P}$的连续性，可知$r_{\rm s}=\frac{l}{2}$的概率为0，即$\mathcal{P}=0$。将其代入式（A-9），可以得到$c_1=\frac{3}{16}l^5{\rm d}l$，因此，可以得到$l$的概率密度函数，表示如下：

$$f_{L_1}(l)=\frac{3l^2}{r_{\rm s}^3}-\frac{9l^3}{4r_{\rm s}^4}+\frac{3l^5}{16r_{\rm s}^6},\quad 0\leqslant l\leqslant 2r_{\rm s} \tag{A-10}$$

进而可以得到两架无人机之间的平均距离为

$$\begin{aligned}\mathbb{E}[L_1] &= \int_0^{2r_{\rm s}} l\cdot f_{L_1}(l){\rm d}l\\ &= \frac{36}{35}r_{\rm s}\end{aligned} \tag{A-11}$$

根据詹森不等式，以及前面得到的$C_{\rm erg1}(l)$关于距离l的凸性，可以得到遍历容量的下界，由下式给出：

$$\begin{aligned}&\mathbb{E}[C_{\rm erg1}(l)]\geqslant C_{\rm erg1}(\mathbb{E}[L_1])\\ &= \frac{1}{\ln 2}\left(\ln\left(1+\frac{P}{\sigma^2}\left(\frac{36}{35}r_{\rm s}\right)^{-\alpha}\right)-\frac{2K+1}{2(1+K)^2\left(1+\frac{\sigma^2}{P}\left(\frac{35}{36}r_{\rm s}\right)^{\alpha}\right)^2}\right)\\ &\triangleq C_{\rm erg1}^*\end{aligned} \tag{A-12}$$

以上是式（3-9）的证明。

接下来继续证明式（3-12）。为了证明式（3-12），首先需要判断函数$\tilde{Q}(l)$的凹凸性。根据相关文献①，可以得到函数$\tilde{Q}(l)$中与莱斯因子K有关的$\nu(\sqrt{2K})$和$\mu(\sqrt{2K})$的值，本章中考虑的莱斯因子的取值范围为$1\leqslant K\leqslant 10$。

（1）当$1\leqslant K\leqslant 10$时，$\nu(\sqrt{2K})$和$\mu(\sqrt{2K})$可以通过以下公式获得：

① Bocus M Z，Dettmann C P，Coon J P. An approximation of the first order Marcum Q-function with application to network connectivity analysis. IEEE Communications Letters，2013，17（3）：499-502.

$$\mu(\sqrt{2K}) = 2.174 - 0.592\sqrt{2K} + 0.593(\sqrt{2K})^2 - 0.092(\sqrt{2K})^3 + 0.005(\sqrt{2K})^4 \tag{A-13}$$

$$\nu(\sqrt{2K}) = -0.840 + 0.372\sqrt{2K} - 0.74(\sqrt{2K})^2 + 0.083(\sqrt{2K})^3 - 0.004(\sqrt{2K})^4 \tag{A-14}$$

（2）当 $K=0$ 时，$\mu_0 = 2$ 和 $\nu_0 = -\ln 2$。

在上述两种情况下，都有 $\nu(\sqrt{2K}) < -1$ 和 $\mu(\sqrt{2K}) \geqslant 2$，从而可以合理地评估 $\tilde{Q}(l)$ 的凹凸性，这对于利用詹森不等式来得到中断容量的界限至关重要。$\tilde{Q}(l)$ 的二阶导数可由下式给出：

$$\frac{\mathrm{d}^2\tilde{Q}(l)}{\mathrm{d}l^2} = ((\tau_1\tau_2\tau_3)^2 l^{2\tau_3-2} - \tau_1\tau_2\tau_3(\tau_3-1)l^{\tau_3-2})\mathrm{e}^{-\tau_1\tau_2 l^{\tau_3}} \tag{A-15}$$

其中，为了简化标记，令 $\tau_1 = \mathrm{e}^{\nu(\sqrt{2K})}$，$\tau_2 = \left(\frac{2\sigma^2\vartheta_{\mathrm{th}}(1+K)}{P}\right)^{\frac{1}{2}\mu(\sqrt{2K})}$ 以及 $\tau_3 = \frac{1}{2}\alpha\mu(\sqrt{2K})$。显然，$\frac{\mathrm{d}^2\tilde{Q}(l)}{\mathrm{d}l^2}$ 的正负性完全取决于 $(\tau_1\tau_2\tau_3)^2 l^{2\tau_3-2} - \tau_1\tau_2\tau_3(\tau_3-1)l^{\tau_3-2}$。当 $l < \sqrt[\tau_3]{\frac{\tau_3-1}{\tau_1\tau_2\tau_3}} \triangleq l_{\mathrm{th}}$ 时，得到 $\frac{\mathrm{d}^2\tilde{Q}(l)}{\mathrm{d}l^2} < 0$，$\tilde{Q}(l)$ 关于 l 是凹的。因此，如果 $\mathbb{E}[L_1] < l_{\mathrm{th}}$，平均中断容量的上界表示为 $\mathbb{E}[C_{\mathrm{out1}}]$，可以通过对式（3-7）取平均得到，结果表示为

$$\begin{aligned}\mathbb{E}[C_{\mathrm{out1}}] &\approx \mathbb{E}[\tilde{Q}(l)]\cdot\log_2(1+\vartheta_{\mathrm{th}})\\ &\overset{(a)}{\leqslant} \tilde{Q}(\mathbb{E}[L_1])\cdot\log_2(1+\vartheta_{\mathrm{th}})\\ &\overset{(b)}{=} \log_2(1+\vartheta_{\mathrm{th}})\exp\left(-\mathrm{e}^{\nu(\sqrt{2K})}\left(\frac{2\sigma^2\vartheta_{\mathrm{th}}(1+K)\left(\frac{36}{35}r_{\mathrm{s}}\right)^{\alpha}}{P}\right)^{\frac{1}{2}\mu(\sqrt{2K})}\right)\\ &\triangleq C^*_{\mathrm{out1}},\quad \mathbb{E}[L_1] < l_{\mathrm{th}}\end{aligned} \tag{A-16}$$

其中，不等式 (a) 是通过利用詹森不等式和 $\tilde{Q}(l)$ 的凹性得到的；等式 (b) 是通过将式（3-6）以及 $\mathbb{E}[L_1] = \frac{36}{35}r_{\mathrm{s}}$ 代入不等式 (a) 中得到的。当 $l \geqslant l_{\mathrm{th}}$ 时，得到 $\frac{\mathrm{d}^2\tilde{Q}(l)}{\mathrm{d}l^2} \geqslant 0$，从而可以知道 $\tilde{Q}(l)$ 关于 l 是凸的。因此，当 $\mathbb{E}[L_1] \geqslant l_{\mathrm{th}}$ 时，得到 $\mathbb{E}[C_{\mathrm{out1}}]$ 的下界，由下式给出：

$$\mathbb{E}[C_{\mathrm{out1}}] \geqslant C^*_{\mathrm{out1}},\quad \mathbb{E}[L_1] \geqslant l_{\mathrm{th}} \tag{A-17}$$

以上是式（3-12）的证明。

3. 关于推论 3-1 的证明过程

首先，令 L_2 表示 2D 圆盘中两架无人机之间的距离。根据式（A-5），利用 Crofton 固定点定理可以得到 L_2 的概率密度函数，表示为 $f_{L_2}(l)$。令 P' 表示无人机之间距离为 l 的概率，P_2 表示两架无人机之间距离为 l，并且其中一架无人机位于圆盘边界上的概率。根据式（A-5），可以得到

$$\mathrm{d}P' = 2(P_2 - P')|S|^{-1}\,\mathrm{d}|S| \tag{A-18}$$

其中，$|S|$ 表示圆盘的面积，即 $|S| = \pi r_s^2$，以及 $\mathrm{d}|S| = 2\pi r_s \mathrm{d}r_s$。

假设无人机 1 位于圆盘的边界上，无人机 2 位于以无人机 1 为中心、半径为 l 的圆弧区域，如图 3-3 中的阴影部分所示。令 $\mathrm{d}l$ 表示圆弧区域的厚度，可以得到圆弧区域的面积为 $2\psi l\mathrm{d}l$。进而，可以得到 P_2，如下：

$$P_2 = \frac{2l\mathrm{d}l \arccos\left(\dfrac{l}{2r_s}\right)}{\pi r_s^2} \tag{A-19}$$

参考 $f_{L_1}(l)$ 的推导过程，我们可以得到 L_2 的概率密度函数，表示如下：

$$f_{L_2}(l) = \frac{2l}{r_s^2}\left(\frac{2}{\pi}\arccos\left(\frac{l}{2r_s}\right) - \frac{l}{\pi r_s}\sqrt{1-\frac{l^2}{4r_s^2}}\right), \quad 0 \leqslant l \leqslant 2r_s \tag{A-20}$$

根据式（A-20），可以进一步计算 L_2 的均值，结果如下：

$$\begin{aligned}\mathbb{E}[L_2] &= \int_0^{2r_s} l\cdot f_{L_2}(l)\mathrm{d}l \\ &= \int_0^{2r_s} \frac{2l^2}{r_s^2}\left(\frac{2}{\pi}\arccos\left(\frac{l}{2r_s}\right) - \frac{l}{\pi r_s}\sqrt{1-\frac{l^2}{4r_s^2}}\right)\mathrm{d}l \\ &= \frac{128}{45\pi} r_s \end{aligned} \tag{A-21}$$

在已知 $\mathbb{E}[L_2]$ 的情况下，该推论的其余部分可以遵循定理 3-1 的证明过程，此处不再详细给出。

以上是推论 3-1 的证明过程。

4. 关于推论 3-2 的证明过程

在证明推论 3-2 时，首先令 L_3 表示无人机与地面站之间的距离，根据式（A-6），可以得到距离 L_3 的概率密度函数，表示如下：

$$f_{L_3}(l) = \frac{P_1}{\mathrm{d}l} = \frac{3l^2(2r_s - l)}{4r_s^4}, \quad 0 \leqslant l \leqslant 2r_s \tag{A-22}$$

进一步可以得到 L_3 的均值，表示如下：

$$\mathbb{E}(L_3)=\int_0^{2r_s} l f_{L_3}(l)\mathrm{d}l=\int_0^{2r_s}\left(\frac{3l^3}{2r_s^3}-\frac{3l^4}{4r_s^4}\right)\mathrm{d}l=\frac{6}{5}r_s \tag{A-23}$$

根据定理 3-1 的证明过程，我们可以得到 C_{erg3} 的下界，表示如下：

$$\begin{aligned}\mathbb{E}_{K,L_3}[C_{\mathrm{erg1}}]&\geqslant \mathbb{E}_{L_3}[C_{\mathrm{erg1}}[\mathbb{E}(K)]]\\&\geqslant C_{\mathrm{erg1}}[\mathbb{E}(K),\mathbb{E}(L_3)]\\&=\frac{1}{\ln 2}\left(\ln\left(1+\frac{P}{\sigma^2}\left(\frac{6}{5}r_s\right)^{-\alpha}\right)-\frac{2\bar{K}+1}{2(1+\bar{K})^2\left(1+\frac{\sigma^2}{P}\left(\frac{5}{6}r_s\right)^{\alpha}\right)^2}\right)\\&=C_{\mathrm{erg3}}^*\end{aligned} \tag{A-24}$$

其中，$\mathbb{E}_{K,L_3}[\cdot]$ 表示分别对 K 和 L_3 取平均。当 $\mathbb{E}[L_3]<l_{\mathrm{th}}$ 时，无人机和地面站之间中断容量均值的下界，即 $\mathbb{E}[C_{\mathrm{out3}}]$，可以通过参考式（A-16）的证明得到，结果表示如下：

$$\begin{aligned}&\mathbb{E}_{K,L_3}[C_{\mathrm{out3}}]\leqslant \mathbb{E}_K[\tilde{Q}_1(\mathbb{E}[L_3])]\cdot\log_2(1+\vartheta_{\mathrm{th}})\\&=\log_2(1+\vartheta_{\mathrm{th}})\frac{2}{\pi}\int_0^{\frac{\pi}{2}}\exp\left(-\mathrm{e}^{\nu(\sqrt{2K(\phi)})}\left(\frac{2\sigma^2\vartheta_{\mathrm{th}}(1+K(\phi))\left(\frac{6}{5}r_s\right)^{\alpha}}{P}\right)^{\frac{1}{2}\mu(\sqrt{2K(\phi)})}\right)\mathrm{d}\phi\\&\triangleq C_{\mathrm{out3}}^*,\quad \mathbb{E}[L_3]<l_{\mathrm{th}}\end{aligned} \tag{A-25}$$

当 $\mathbb{E}[L_3]\geqslant l_{\mathrm{th}}$ 时，可以得到 $\mathbb{E}[C_{\mathrm{out3}}]$ 的上界，结果表示如下：

$$\mathbb{E}[C_{\mathrm{out3}}]\geqslant C_{\mathrm{out3}}^*,\quad \mathbb{E}[L_3]\geqslant l_{\mathrm{th}} \tag{A-26}$$

以上是推论 3-2 的证明过程。

附　录　B

1. 关于定理 4-1 的证明过程

正如 4.2 节中的讨论，我们知道 $\tilde{Q}(l)$ 随着距离 l 的增加呈现指数衰减的趋势，并且在区间 $l < l_{\text{th}}$ 上关于 l 是凸的，在区间 $l \geqslant l_{\text{th}}$ 上是凹的。根据引理 4-1 和函数 $\tilde{Q}(l)$ 关于 l 的凹凸性，利用詹森不等式可以建立集群网络中任意选择的无人机中断概率的界限。

当 $\mathbb{E}[l_1] < l_{\text{th}}$ 时，集群网络中任意选择的无人机中断概率关于距离平均的下界，表示为 $\mathbb{E}[P_{\text{out1}}(l_1)]$，由下式给出：

$$\begin{aligned}\mathbb{E}[P_{\text{out1}}(l_1)] &= 1-\mathbb{E}[\tilde{Q}(l_1^{\alpha})] \geqslant 1-\tilde{Q}(\mathbb{E}[l_1]^{\alpha})\\ &= 1-\exp\left(-\mathrm{e}^{\nu(\sqrt{2K})}\times\left(\frac{2\sigma^2\rho_{\text{th}}(1+K)\Gamma\left(\frac{4}{3}\right)^{\alpha}\Gamma(N)^{\alpha}r^{\alpha}}{\Gamma\left(N+\frac{1}{3}\right)^{\alpha}P}\right)^{\frac{1}{2}\mu(\sqrt{2K})}\right)\\ &\triangleq P_{\text{out1}}^{*},\quad \mathbb{E}[l_1] < l_{\text{th}}\end{aligned} \tag{B-1}$$

其中的不等式根据詹森不等式得到。

在保证无人机的连通概率不低于 $1-P_{\text{out1}}^{*}$ 的前提下，我们可以进一步得到保证集群网络中任意选择的无人机连通的最小发送功率，由下式给出：

$$P \geqslant \frac{(-\mathrm{e}^{\nu(\sqrt{2K})}\ln(1-P_{\text{out1}}^{*}))^{\frac{2}{\mu(\sqrt{2K})}}\Gamma\left(N+\frac{1}{3}\right)^{\alpha}}{2\rho_{\text{th}}\sigma^2(1+K)\Gamma\left(\frac{4}{3}\right)^{\alpha}\Gamma(N)^{\alpha}r^{\alpha}} \triangleq P_1^{*},\quad \mathbb{E}[l_1] < l_{\text{th}} \tag{B-2}$$

当 $\mathbb{E}[l_1] \geqslant l_{\text{th}}$ 时，$\mathbb{E}[P_{\text{out1}}]$ 的上界可由下式给出：

$$\mathbb{E}[P_{\text{out1}}] \leqslant P_{\text{out1}}^{*},\quad \mathbb{E}[l_1] \geqslant l_{\text{th}} \tag{B-3}$$

在这种情况下，为了保证集群网络中任意选择的无人机的连通性，无人机发送功率的上界可由下式给出：

$$P \leqslant P_1^{*},\quad \text{如果}\ \mathbb{E}[l_1] \geqslant l_{\text{th}} \tag{B-4}$$

通过结合式（B-2）和式（B-4），从而建立式（4-9）。

以上是定理 4-1 的证明过程。

2. 关于定理 4-2 的证明过程

在给定信道系数h服从参数为K的莱斯分布、h_I服从瑞利分布即$|h_I|^2 \sim \exp(1)$的条件下，Z的概率密度函数可以重写为

$$
\begin{aligned}
f_Z(z) &= \int_0^{\infty} \frac{1+K}{\Omega_x} \exp\left(-K - \frac{1+K}{\Omega_x}(z+y)\right) \mathrm{I}_0\left(2\sqrt{\frac{K(1+K)}{\Omega_x}(z+y)}\right) \frac{\exp\left(-\frac{y}{\Omega_y}\right)}{\Omega_y} \mathrm{d}y \\
&\overset{①}{=} \frac{(1+K)\exp(-K)}{\Omega_x \Omega_y} \int_z^{\infty} \exp\left(-\frac{1+K}{\Omega_x} y_1\right) \mathrm{I}_0\left(2\sqrt{\frac{K(1+K)y_1}{\Omega_x}}\right) \exp\left(-\frac{y_1 - z}{\Omega_y}\right) \mathrm{d}y_1 \\
&\overset{②}{=} \frac{B\exp\left(-K+\frac{B}{2}\right)}{2K\Omega_y} \exp\left(\frac{z}{\Omega_y}\right) \int_{Az}^{\infty} \frac{1}{2} \exp\left(-\frac{y_2+B}{2}\right) \mathrm{I}_0(\sqrt{By_2}) \mathrm{d}y_2 \\
&\overset{③}{=} \frac{B\exp\left(-K+\frac{B}{2}\right)}{2K\Omega_y} \exp\left(\frac{z}{\Omega_y}\right) Q(\sqrt{B}, \sqrt{Az})
\end{aligned}
\tag{B-5}
$$

其中，等式①通过定义$y_1 = y+z$得到；等式②通过定义$y_2 = Ay_1 = \frac{2(\Omega_x + (1+K)\Omega_y)}{\Omega_x \Omega_y} y_1$和$B = \frac{2K(1+K)\Omega_y}{\Omega_x + (1+K)\Omega_y}$得到；根据 Marcum Q 函数的定义可以得到等式③。

参考相关文献[①]中的公式（42），可以得到以下中断概率的表达式：

$$
\begin{aligned}
P'_{\text{out}} &= \Pr(z \leqslant \sigma^2 \rho_{\text{th}}) \\
&= 1 - \int_{\sigma^2 \rho_{\text{th}}}^{\infty} f_Z(z) \mathrm{d}z \\
&= 1 - \int_{\sigma^2 \rho_{\text{th}}}^{\infty} \frac{B\exp\left(-K+\frac{B}{2}+\frac{z}{\Omega_y}\right)}{2K\Omega_y} Q(\sqrt{B}, \sqrt{Az}) \mathrm{d}z \\
&= \underbrace{1 - Q\left(\sqrt{2K}, \sqrt{\frac{2(1+K)\sigma^2 \rho_{\text{th}}}{\Omega_x}}\right)}_{P_{\text{out}}} + \underbrace{\frac{B}{2K} \exp\left(-K+\frac{B}{2}+\frac{\sigma^2 \rho_{\text{th}}}{\Omega_y}\right) Q(\sqrt{B}, \sqrt{A\sigma^2 \rho_{\text{th}}})}_{\Delta P}
\end{aligned}
\tag{B-6}
$$

① Nuttall A. Some integrals involving the Q_M function（Corresp）. IEEE Transactions on Information Theory，1975，21（1）：95-96.

定义 $\Omega_m=\dfrac{(1+K)\Omega_y}{\Omega_x+(1+K)\Omega_y}$，$0<\Omega_m<1$，可以得到 $A=\dfrac{2(1+K)}{\Omega_x\Omega_m}$ 和 $B=2K\Omega_m$。ΔP 可以进一步重写为

$$\Delta P=\Omega_m\exp\left(-K+K\Omega_m+\frac{\sigma^2\rho_{\text{th}}}{\Omega_y}\right)Q\left(\sqrt{2K\Omega_m},\sqrt{\frac{2(1+K)\sigma^2\rho_{\text{th}}}{\Omega_x\Omega_m}}\right)\qquad\text{(B-7)}$$

基于广义 Marcum Q 函数的严格单调性[①]，可以得到以下不等式：

$$\begin{aligned}Q\left(\sqrt{2K\Omega_m},\sqrt{\frac{2(1+K)\sigma^2\rho_{\text{th}}}{\Omega_x\Omega_m}}\right)&\leqslant Q\left(\sqrt{2K},\sqrt{\frac{2(1+K)\sigma^2\rho_{\text{th}}}{\Omega_x\Omega_m}}\right)\ ①\\&\approx\exp\left(-\mathrm{e}^{\nu(\sqrt{2K})}\left(\frac{2(1+K)\sigma^2\rho_{\text{th}}}{\Omega_x\Omega_m}\right)^{\frac{1}{2}\mu(\sqrt{2K})}\right)\ ②\end{aligned}\qquad\text{(B-8)}$$

其中，在 $b>0$ 的条件下，$Q(\sqrt{a},\sqrt{b})$ 随着 $a\in[0,\infty)$ 的增加严格增加，即对于所有的 $a_1\geqslant 0$，$a_2>0$ 和 $b>0$，$Q(\sqrt{a_1+a_2},\sqrt{b})>Q(\sqrt{a_1},\sqrt{b})$[①]成立，因此得到不等式①；将式（4-4）代入公式①可以得到公式②。

由于 $\Omega_x\geqslant 0$，对于任意 $\alpha_I\geqslant\alpha$，$\Omega_m\leqslant 1$ 和 $2K\Omega_m\leqslant 2K$ 总是成立。通过将式（B-8）代入式（B-6），可以得到 P'_{out} 的上界，表示如下：

$$\begin{aligned}P'_{\text{out}}&\leqslant P_{\text{out}}+\Omega_m\exp\left(-K+K\Omega_m+\frac{\sigma^2\rho_{\text{th}}}{\Omega_y}\right)\\&\quad\cdot\exp\left(-\mathrm{e}^{\nu(\sqrt{2K})}\left(\frac{2(1+K)\sigma^2\rho_{\text{th}}}{\Omega_x\Omega_m}\right)^{\frac{1}{2}\mu(\sqrt{2K})}\right)\\&\triangleq\Phi(l,l_I)\end{aligned}\qquad\text{(B-9)}$$

以上是定理 4-2 的证明过程。

3. 关于推论 4-1 的证明过程

当 $K=0$ 时，$\nu(\sqrt{2K})=-\ln 2$ 和 $\mu(\sqrt{2K})=2$。将 $\nu(\sqrt{2K})=-\ln 2$ 和 $\mu(\sqrt{2K})=2$ 代入式（B-9），可以得到

① Sun Y，Baricz Á，Zhou S. On the monotonicity，log-concavity，and tight bounds of the generalized Marcum and Nuttall Q-Functions. IEEE Transactions on Information Theory，2010，56（3）：1166-1186.

$$
\begin{aligned}
P'_{\text{out}} &\leqslant P_{\text{out}} + \frac{\Omega_y}{\Omega_x + \Omega_y}\exp\left(-\frac{\sigma^2\rho_{\text{th}}}{\Omega_x}\right) \text{①} \\
&\approx 1 - \frac{\Omega_x}{\Omega_x + \Omega_y}\exp\left(-\frac{\sigma^2\rho_{\text{th}}}{\Omega_x}\right) \text{②} \\
&\triangleq \Psi(\Omega_x, \Omega_y)
\end{aligned}
\tag{B-10}
$$

其中，通过定义 $\omega_x = \frac{1}{\Omega_x}$ 和 $\omega_y = \frac{1}{\Omega_y}$，等式②可以重新写为 $\mathcal{H}(\omega_x, \omega_y) = 1 - \frac{\omega_y}{\omega_x + \omega_y}\exp(-\sigma^2\rho_{\text{th}}\omega_x)$，因此可以得到 $\mathcal{H}(\omega_x, \omega_y) = \Psi(\Omega_x, \Omega_y)$。将 $\Omega_x = Pl^{-\alpha}$ 和 $\Omega_y = P_I\rho_{\text{th}}l_I^{-\alpha_I}$ 代入 $\Psi(\Omega_x, \Omega_y)$，中断概率可以写成关于 l/l_I 的函数，用 $\Phi_0(l, l_I)$ 表示。

然后，我们求解函数 $\mathcal{H}(\omega_x, \omega_y)$ 关于 ω_x 的一阶导和二阶导，结果表示为

$$
\frac{\partial\mathcal{H}(\omega_x, \omega_y)}{\partial\omega_x} = \left(\frac{\omega_y}{(\omega_x + \omega_y)^2} + \frac{\omega_y\sigma^2\rho_{\text{th}}}{\omega_x + \omega_y}\right)\exp(-\sigma^2\rho_{\text{th}}\omega_x) \geqslant 0
$$

以及

$$
\begin{aligned}
\frac{\partial^2\mathcal{H}(\omega_x, \omega_y)}{\partial{\omega_x}^2} = \exp(-\sigma^2\rho_{\text{th}}\omega_x)\Bigg(&-\frac{2\omega_y}{(\omega_x + \omega_y)^3} - \frac{\omega_y\sigma^2\rho_{\text{th}}}{(\omega_x + \omega_y)^2} \\
&-\sigma^2\rho_{\text{th}}\left(\frac{\omega_y}{(\omega_x + \omega_y)^2} + \frac{\omega_y\sigma^2\rho_{\text{th}}}{\omega_x + \omega_y}\right)\Bigg) \leqslant 0
\end{aligned}
\tag{B-11}
$$

因此，$\mathcal{H}(\cdot)$ 关于 ω_x 是凹的。

在高信噪比条件下，即 $\sigma^2\rho_{\text{th}} \ll \Omega_x \ll 1$，我们可以得到

$$
\frac{\partial\Psi(\Omega_x, \Omega_y)}{\partial\Omega_x} = -\left(\frac{\Omega_y}{(\Omega_x + \Omega_y)^2} + \frac{\sigma^2\rho_{\text{th}}}{\Omega_x(\Omega_x + \Omega_y)}\right)\exp\left(-\frac{\sigma^2\rho_{\text{th}}}{\Omega_x}\right) \leqslant 0 \tag{B-12}
$$

和

$$
\begin{aligned}
\frac{\partial^2\Psi(\Omega_x, \Omega_y)}{\partial{\Omega_x}^2} = \Bigg(&\frac{2\Omega_y}{(\Omega_x + \Omega_y)^3} + \frac{\sigma^2\rho_{\text{th}}(2\Omega_x + \Omega_y)}{\Omega_x^2(\Omega_x + \Omega_y)^2} \\
&-\frac{\sigma^2\rho_{\text{th}}}{\Omega_x^2}\left(\frac{\Omega_y}{(\Omega_x + \Omega_y)^2} + \frac{\sigma^2\rho_{\text{th}}}{\Omega_x(\Omega_x + \Omega_y)}\right)\Bigg)\exp\left(-\frac{\sigma^2\rho_{\text{th}}}{\Omega_x}\right)
\end{aligned}
\tag{B-13}
$$

其中，$\frac{\partial^2\Psi(\Omega_x,\Omega_y)}{\partial\Omega_x^2}\geqslant 0$[①]。因此，在高信噪比条件下，$\Psi(\cdot)$关于$\Omega_x$是凸的。

根据詹森不等式（即如果$f(x)$是凸的，那么$\mathbb{E}[f(x)]\geqslant f(\mathbb{E}[x])$成立[②]）、函数$\Psi(\Omega_x,\Omega_y)$关于$\Omega_x$的凸性，以及函数$\mathcal{H}(\omega_x,\omega_y)$关于$\omega_x$的凹性，我们可以得到

$$\mathbb{E}[\Psi(\Omega_x,\Omega_y)]\geqslant\Psi(\mathbb{E}[\Omega_x],\Omega_y) \tag{B-14}$$

$$\mathbb{E}[\mathcal{H}(\omega_x,\omega_y)]\leqslant\mathcal{H}(\mathbb{E}[\omega_x],\omega_y) \tag{B-15}$$

由于$\mathcal{H}(\omega_x,\omega_y)=\Psi(\Omega_x,\Omega_y)$，可以得到

$$\begin{aligned}\Psi(\mathbb{E}[\Omega_x],\Omega_y)&\leqslant\mathbb{E}_{\Omega_x}[\Psi(\Omega_x,\Omega_y)]\\&=\mathbb{E}_l[\Phi_0(l,l_I)]\\&=\mathbb{E}_{\omega_x}[\mathcal{H}(\omega_x,\omega_y)]\\&\leqslant\mathcal{H}(\mathbb{E}[\omega_x],\omega_y)\end{aligned} \tag{B-16}$$

由于$\Omega_x=Pl^{-\alpha}$，可以得到

$$\mathbb{E}[\Omega_x]=\mathbb{E}[Pl^{-\alpha}]\geqslant P(\mathbb{E}[l])^{-\alpha} \tag{B-17}$$

$$\mathbb{E}[\omega_x]=\mathbb{E}\left[\frac{l^\alpha}{P}\right]\geqslant\frac{1}{P}(\mathbb{E}[l])^\alpha \tag{B-18}$$

由于$\frac{\partial\mathcal{H}(\omega_x,\omega_y)}{\partial\omega_x}\geqslant 0$（给定$\omega_y$的条件下）和$\frac{\partial\Psi(\Omega_x,\Omega_y)}{\partial\Omega_x}\leqslant 0$（给定$\Omega_y$的条件下），$\mathcal{H}(\omega_x,\omega_y)$和$\Psi(\Omega_x,\Omega_y)$分别是关于$\omega_x$和$\Omega_x$的单调递增和递减函数。因此，我们可以得到

$$\Phi_0(\mathbb{E}[l],l_I)=\mathcal{H}\left(\frac{(\mathbb{E}[l])^\alpha}{P},\omega_y\right)\leqslant\mathcal{H}(\mathbb{E}[\omega_x],\omega_y) \tag{B-19}$$

$$\Psi(\mathbb{E}[\Omega_x],\Omega_y)\leqslant\Psi(P(\mathbb{E}[l])^{-\alpha},\Omega_y)=\Phi_0(\mathbb{E}[l],l_I) \tag{B-20}$$

对比式（B-16）、式（B-19）以及式（B-20），我们发现$\Phi_0(\mathbb{E}[l],l_I)$位于$\mathbb{E}_l[\Phi_0(l,l_I)]$的上界和下界之间，因此可以近似得到

$$\mathbb{E}_l[\Phi_0(l,l_I)]\approx\Phi_0(\mathbb{E}[l],l_I) \tag{B-21}$$

这是由于$\mathcal{X}-\mathbb{E}[\mathcal{X}]\xrightarrow{\text{a.s.}}0$，其中 a.s.表示以概率 1 成立。有关$\mathcal{X}-\mathbb{E}[\mathcal{X}]\xrightarrow{\text{a.s.}}0$的证明过程见本附录的第 4 部分。

---

① 在满足$\sigma^2\rho_{\text{th}}\ll\Omega_x\ll 1$的条件下，$\frac{\partial^2\Psi(\Omega_x)}{\partial\Omega_x^2}\geqslant 0$成立。$\Omega_x$和$\sigma^2\rho_{\text{th}}$分别对应空中接收机的信号功率和接收功率，在它们取值合理的情况下，上述条件通常是成立的。

② Kuczma M. An Introduction to the Theory of Functional Equations and Inequalities：Cauchy's Equation and Jensen's Inequality. Berlin：Springer Science & Business Media，2009.

同理，我们可以得到$\frac{\partial \mathcal{H}(\omega_x,\omega_y)}{\partial \omega_y} \leqslant 0$和$\frac{\partial^2 \mathcal{H}(\omega_x,\omega_y)}{\partial {\omega_y}^2} \geqslant 0$。因此，$\mathcal{H}(\omega_x,\omega_y)$关于$\omega_y$是凸的。此外，$\frac{\partial \Psi(\Omega_x,\Omega_y)}{\partial \Omega_y} \geqslant 0$和$\frac{\partial^2 \Psi(\Omega_x,\Omega_y)}{\partial \Omega_y^2} \leqslant 0$也成立，因此$\Psi(\Omega_x,\Omega_y)$关于$\Omega_y$是凹的。根据詹森不等式，可以得到以下结果：

$$\begin{aligned}\Psi(\Omega_x,\mathbb{E}[\Omega_y]) &\geqslant \mathbb{E}_{\Omega_y}[\Psi(\Omega_x,\Omega_y)]\\ &= \mathbb{E}_{l_I}[\Phi_0(l,l_I)]\\ &= \mathbb{E}_{\omega_y}[\mathcal{H}(\omega_x,\omega_y)]\\ &\geqslant \mathcal{H}(\omega_x,\mathbb{E}[\omega_y])\end{aligned} \tag{B-22}$$

由于$\Omega_y = P_I l_I^{-\alpha_I}\rho_{\text{th}}$，可以得到

$$\mathbb{E}[\Omega_y] = \mathbb{E}[P_I \rho_{\text{th}} l^{-\alpha_I}] \geqslant P_I \rho_{\text{th}} (\mathbb{E}[l_I])^{-\alpha_I} \tag{B-23}$$

$$\mathbb{E}[\omega_y] = \mathbb{E}\left[\frac{l_I^{\alpha_I}}{P_I \rho_{\text{th}}}\right] \geqslant \frac{1}{P_I \rho_{\text{th}}} (\mathbb{E}[l_I])^{\alpha_I} \tag{B-24}$$

由于$\frac{\partial \mathcal{H}(\omega_x,\omega_y)}{\partial \omega_y} \leqslant 0$（给定$\omega_x$的条件下）和$\frac{\partial \Psi(\Omega_x,\Omega_y)}{\partial \Omega_y} \leqslant 0$（给定$\Omega_x$的条件下），$\mathcal{H}(\omega_x,\omega_y)$和$\Psi(\Omega_x,\Omega_y)$分别是关于$\omega_y$和$\Omega_y$的单调递减和递增函数。因此，我们可以得到

$$\Phi_0(l,\mathbb{E}[l_I]) = \mathcal{H}\left(\omega_x, \frac{1}{P_I \rho_{\text{th}}} (\mathbb{E}[l_I])^{\alpha_I}\right) \geqslant \mathcal{H}(\mathbb{E}[\omega_x],\omega_y) \tag{B-25}$$

$$\Psi(\Omega_x,\mathbb{E}[\Omega_y]) \geqslant \Psi(\Omega_x, P_I \rho_{\text{th}} (\mathbb{E}[l_I])^{-\alpha_I}) = \Phi_0(l,\mathbb{E}[l_I]) \tag{B-26}$$

对比式（B-22）、式（B-25）以及式（B-26），我们发现$\Phi_0(l,\mathbb{E}[l_I])$位于$\mathbb{E}_{l_I}[\Phi_0(l,l_I)]$的上界和下界之间，因此可以近似得到

$$\mathbb{E}_{l_I}[\Phi_0(l,l_I)] \approx \Phi_0(l,\mathbb{E}[l_I]) \tag{B-27}$$

这是由于$\mathcal{X} - \mathbb{E}[\mathcal{X}] \xrightarrow{\text{a.s.}} 0$。

结合式（B-21）和式（B-27），可以得到以下结论：

$$\mathbb{E}_{l,l_I}[\Phi_0(l,l_I)] \approx \Phi_0(\mathbb{E}[l],\mathbb{E}[l_I]) \tag{B-28}$$

以上是推论 4-1 的证明过程。

4. 关于$\mathcal{X} - \mathbb{E}[\mathcal{X}] \xrightarrow{\text{a.s.}} 0$的证明过程

将推论 4-1 中的$\mathcal{X}$定义为$\mathcal{X} = 1\Big/\sum_{i=1}^{\theta} x_i$，其中$x_i (i=1,2,\cdots,\theta)$是正平方可积（square-integrable）随机变量的序列，其不一定独立于i和$\theta \to \infty$。此外，存在$\varsigma > 0$，使得$\liminf_i \mathbb{E}[x_i] > \varsigma$。

根据大数定理，可以得到

$$\frac{1}{\theta}\sum_{i=1}^{\theta}x_i-\frac{1}{\theta}\sum_{i=1}^{\theta}\mathbb{E}[x_i]\xrightarrow{\text{a.s.}}0,\quad \theta\to\infty \tag{B-29}$$

由于$\frac{1}{\theta}\sum_{i=1}^{\theta}\mathbb{E}[x_i]$不等于 0，可以得到以下结论：

$$\frac{1}{\frac{1}{\theta}\sum_{i=1}^{\theta}x_i}-\frac{1}{\frac{1}{\theta}\sum_{i=1}^{\theta}\mathbb{E}[x_i]}\xrightarrow{\text{a.s.}}0,\quad \theta\to\infty \tag{B-30}$$

也就是说

$$\mathbb{E}\left[\frac{1}{\frac{1}{\theta}\sum_{i=1}^{\theta}x_i}\right]-\frac{1}{\frac{1}{\theta}\sum_{i=1}^{\theta}\mathbb{E}[x_i]}\xrightarrow{\text{a.s.}}0,\quad \theta\to\infty \tag{B-31}$$

利用式（B-30）减去式（B-31），可以得到

$$\frac{1}{\frac{1}{\theta}\sum_{i=1}^{\theta}x_i}-\mathbb{E}\left[\frac{1}{\frac{1}{\theta}\sum_{i=1}^{\theta}x_i}\right]\xrightarrow{\text{a.s.}}0,\quad \theta\to\infty \tag{B-32}$$

这意味着$\theta\mathcal{X}-\theta\mathbb{E}[\mathcal{X}]\xrightarrow{\text{a.s.}}0$，如果$\theta\to\infty$。

根据 a.s.收敛的定义：$\forall\varepsilon>0$，存在一个θ_1，对于$\theta_1>\theta$，使得

$$\Pr(|\theta_1(\mathcal{X}-\mathbb{E}[\mathcal{X}])|<\varepsilon)=1 \tag{B-33}$$

成立，进而可以得到

$$\Pr(|(\mathcal{X}-\mathbb{E}[\mathcal{X}])|<\varepsilon)=1 \tag{B-34}$$

因此

$$\mathcal{X}-\mathbb{E}[\mathcal{X}]\xrightarrow{\text{a.s.}}0,\quad \theta\to\infty \tag{B-35}$$

索 引

X

Z

彩　　图

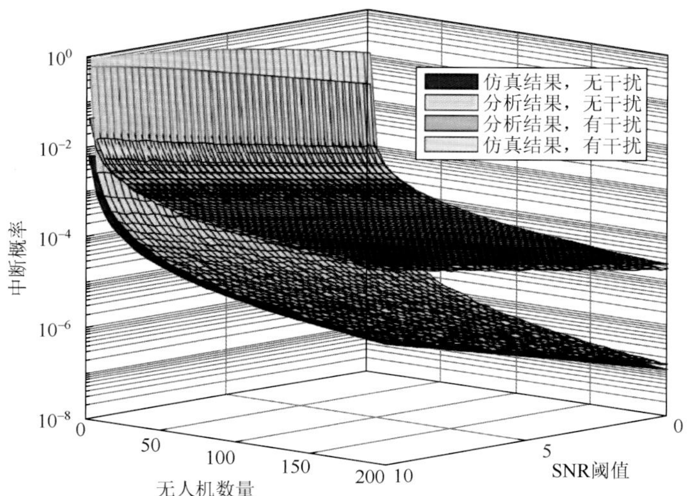

图 4-5　中断概率随无人机数量以及 SNR 阈值的 3D 变化趋势图（$K=K_I=0\text{dB}$， $r=500\text{m}$）

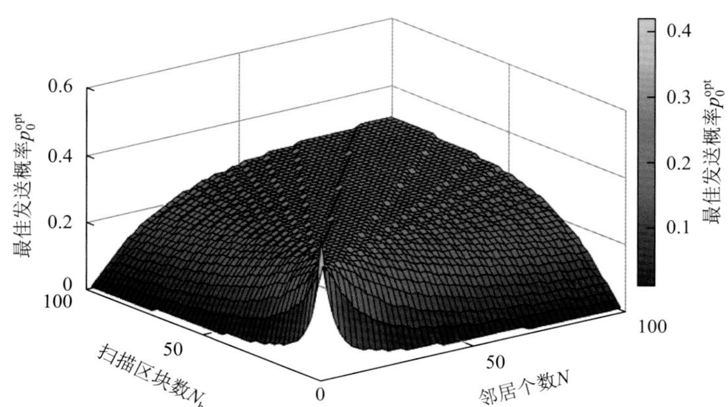

图 6-11　不同 N 和 N_b 时，最佳发送概率的变化情况图

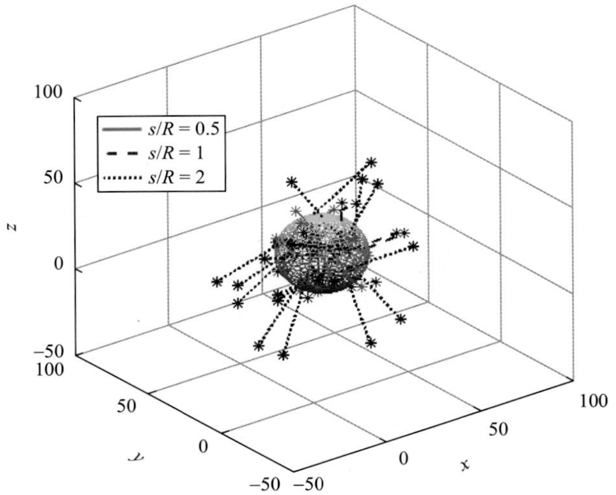

图 6-14　无人机离开邻域的概率与移动距离之间的关系图

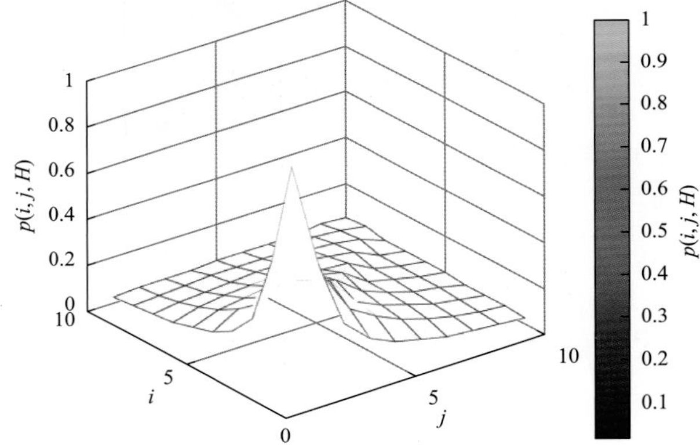

图 7-21　二维分布空间中 $p(i,j,H)$ 与位置的关系（第一象限）

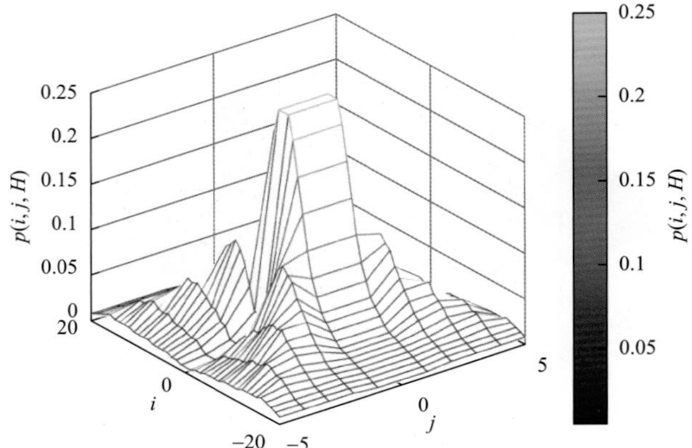

图 7-22　二维矩形区域内 $p(i,j,H)$ 与位置的关系（全区域）

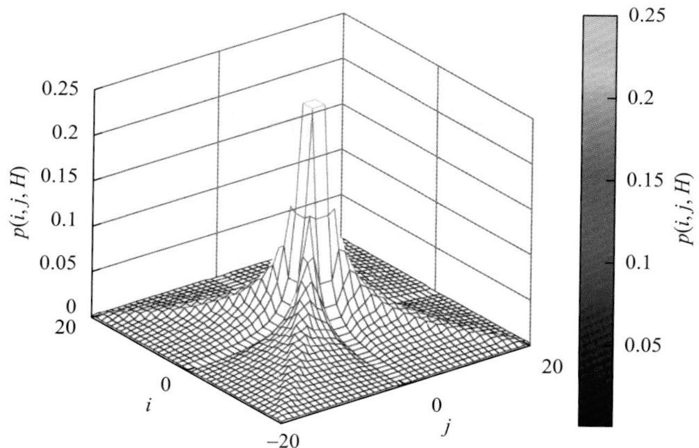

图 7-23　二维正方形区域内 $p(i,j,H)$ 与位置的关系（全区域）

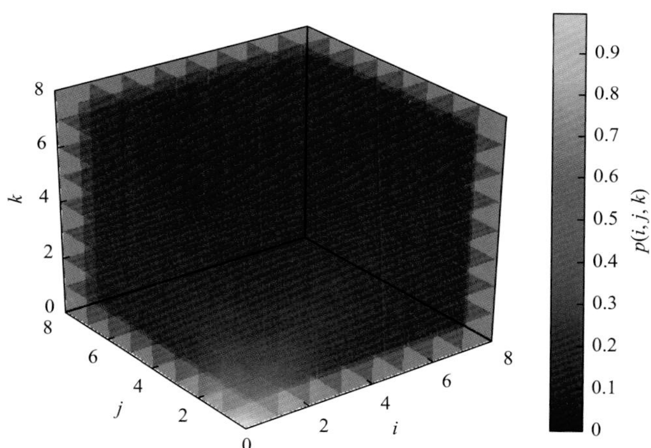

图 7-24　三维立方体区域内 $p(i,j,k)$ 与位置的关系（第一象限）

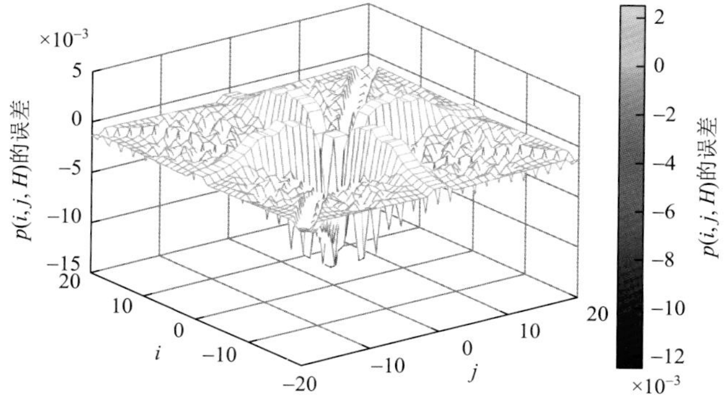

图 7-25　二维情况下 $p(i,j,H)$ 的计算值与仿真值之间的误差（全区域）

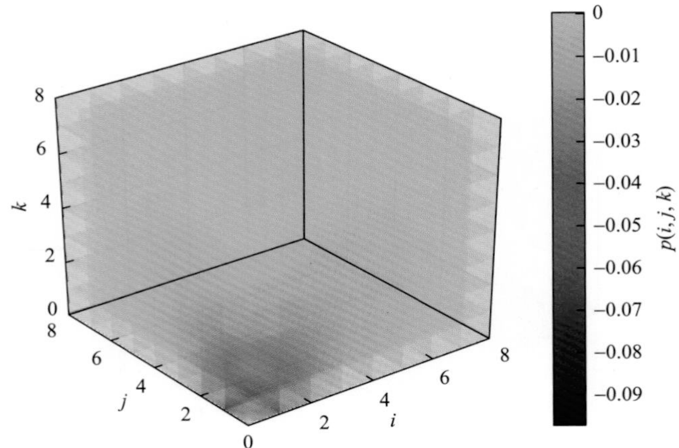

图 7-26　三维情况下 $p(i, j, k)$ 的下界计算值与仿真值之间的误差（第一象限）

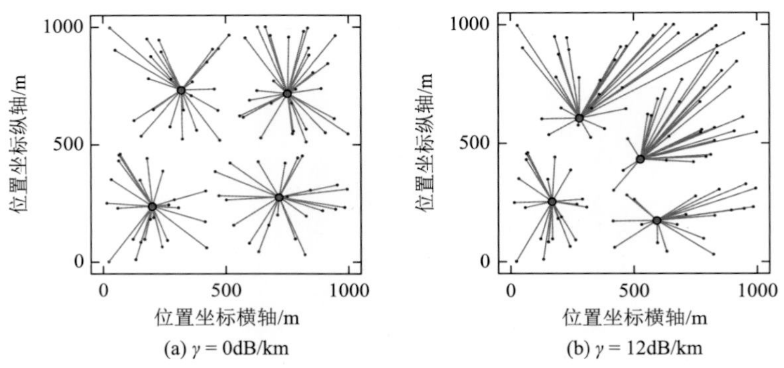

图 9-5　用户均匀分布时的 UBS 部署位置及用户分配结果

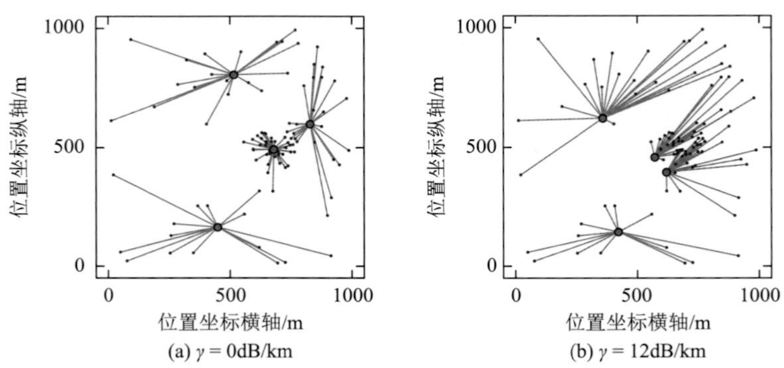

图 9-6　存在热点地区时的 UBS 部署位置及用户分配结果